우주 패권의 시대,
4차원의 우주 이야기

우주 패권의 시대, 4차원의 우주 이야기

별다른 시각의 별볼일 있는 우주 이야기

이철환
지음

도서출판 새빛
SAEVIT

머리말

경제학도가
우주에 꽂히게 된 사연

"저 점을 다시 보세요. 저기가 바로 이곳입니다. 저것이 우리의 고향입니다. 저것이 우리입니다. 지구는 우주라는 거대한 극장의 아주 작은 무대입니다. 우리의 만용, 우리의 자만심, 우리가 우주 속의 특별한 존재라는 착각에 대해, 저 희미하게 빛나는 점은 이의를 제기합니다. 우리 행성은 사방을 뒤덮은 어두운 우주 속의 외로운 하나의 알갱이입니다..."

천문학자 칼 세이건

우주는 참으로 광활하고 방대하며 신비스러운 존재이다. 80억 명의 인구가 살아가고 있는 이 지구는 넓디넓은 우주의 극히 일부에 지나지 않는다. 지구는 태양이 중심 항성인 태양계에 속하는데, 태양과 같은 항성이 우리 은하에만도 수천억 개가 있다. 그리고 우주에는 우리 은하와 같은 은하계가 또다시 수천억 개나 존재한다고 하니 실로 우주는 그 끝을 알 수가 없다. 그래서 우주를 공부하다보면 저명한 천문학자 칼 세이건도

말했듯이 인간이 얼마나 나약한 존재인지를 깨닫게 되면서 겸손해진다고
한다.

우주가 인간에게 지니는 의미는 매우 다양하다. 오랜 세월 동안 우주의
중심은 지구이며, 지구 바깥의 세상은 신들의 세상으로 간주되어 왔다. 그
래서 달과 별이 들어차 있는 우주는 숭배의 대상이었고, 우주로 나아간다
는 것은 상상 속에서나 가능한 일이었다. 인간은 별을 노래하며 찬미하였
고 자신과 국가의 운명을 물어보고 부탁하기도 했다. 또 농경생활의 동반
자로, 캄캄한 밤길을 걷거나 험난한 바다 항해를 할 때는 중요한 좌표로
삼아 왔다. 그러나 20세기 과학이 발전하면서부터는 도저히 이룰 수 없으
리라고 생각했던 그러한 꿈들이 현실이 되어가고 있다. 즉 인간은 우주의
실체를 파악하는 시도를 진행 중이며, 다른 한편으로는 우주를 개발의 대
상으로까지 여기고 있다.

1957년 소련은 인류 최초의 인공위성인 스푸트니크 1호 발사에 성공했
다. 그리고 미국은 1969년 아폴로 11호를 달에 착륙시켜 마침내 인류의 첫
발자국을 달에 남기는 역사를 이뤄내었다. 이후로도 세계 각국은 과학 연
구 목적의 인공위성, 방송과 통신, 기상관측, 군사첩보용 인공위성에 이르
기까지 다양한 쓰임새의 인공위성을 쏘아 올리고 있다. 그리고 이제는 민
간인 우주의 시대, 즉 뉴 스페이스(New Space) 시대가 열리고 있다.

최근 우주개발에 관한 일련의 소식이 전해지면서 일반인들의 우주에
대한 관심이 한층 더 커지고 있다. 2020년 5월, 미국의 민간 우주기업 스
페이스X가 인간을 실은 우주선을 쏘아 올려 국제우주정거장에 도달했다.

우리나라도 2022년 6월, 한국형 발사체 '누리호(KSLV-II)'를 700km 우주 상공에 성공적으로 쏘아 올렸다. 이는 우리나라 우주개발 40년 역사상 기념비적 사건이었다. 연이어 2022년 8월에는 달에도 우주탐사선을 발사해 보냈다.

여기에 조만간 일반인들도 우주여행이 가능할 것으로 알려지면서 다양한 우주관광 상품들이 출시되고 있다. 그리고 우주에서 에너지를 공급받거나 희귀 광물을 채취해서 활용하는 방안도 강구되고 있다. 또 위성 인터넷망 구축 프로젝트도 추진되고 있다. 이는 우주상공에 통신위성을 발사해 전 세계에 초고속 인터넷을 보급하겠다는 계획이다.

나아가 언젠가는 우주에 도시를 건설하여 인간이 정주하게 되는 날도 있을 것으로 기대되고 있다. 지구는 온난화로 인한 기상이변과 자연재해, 환경오염, 자원고갈 등으로 인해 인류가 더이상 삶의 터전으로 삼기에 적당하지 못한 곳이 되어가고 있기 때문이다. 이를 위해 '제2의 지구' 발굴 과업이 수행되고 있다. 지금까지는 화성이 지구와 여러모로 환경이 유사한 강력한 후보지역으로 꼽히고 있다. 그 결과 '화성 식민지 건설'이라는 프로젝트까지 등장하고 있는 것이다.

우주개발의 목적이 지난 냉전시대에는 국가의 위상 제고와 군사적 목표에 맞추어져 있었다. 물론 냉전이 끝난 지금도 미국·중국·러시아·일본 등은 우주군 및 우주부대를 창설해 운영하고 있다. 그런데 21세기 민간주도의 뉴 스페이스(New Space) 시대가 열리면서부터는 우주개발 목적의 초점이 점차 경제적 관점으로 흘러가게 된다. 우주산업이 태동하고 있으며 우주관광과 우주도시 건설 프로젝트가 추진되고 있는 것이다.

우주산업은 수학·물리학 등 기초학문부터 인공지능(AI)·전기전자·통신·기계·생명과학 등 산업과 전후방 파급효과가 매우 크다. 국가안보에 미치는 영향도 지대하다. 이에 따라 우주관련 새로운 산업과 시장이 만들어지고 있다. 특히 민간 우주업체 스페이스X의 유인우주선 발사 성공은 우주경제 확장에 대한 기대를 한층 더 키우고 있다.

많은 투자전문가들은 이제 인류의 마지막 투자처는 우주가 될 것으로 내다보고 있다. 미국의 금융기관 모건스탠리(Morgan Stanley)와 뱅크 오브 아메리카(BoA) 등은 글로벌 우주산업 시장이 2030년부터는 1조 달러 규모를 넘어설 것으로 전망하고 있다. 그런 만큼 우리도 우주산업을 미래 먹거리 산업으로 적극 육성 개발해 나가야 할 것이다.

그런데 경제학도가 어울리지 않게 왜 우주론을 들고 나왔을까? 사실 이 책을 쓰는 동안 비전공자인 내가 우주를 논한다는 자체가 주제넘은 일이라고 생각되어 움츠러들기도 하였다. 그럼에도 필자가 우주를 공부하고 나아가 집필까지 하게 된 데는 몇 가지 이유가 있다.

첫째는 지금은 우주패권의 시대이기 때문이다. 그동안 지구상에서 선두다툼을 벌이던 나라들이 이제는 지구 밖의 우주공간에서도 패권장악을 위해 자신에게 유리한 새로운 질서와 표준을 형성해 나가고 있는 중이다. 이들은 우주공간에 정찰 위성을 띄워 상대방의 은밀한 비밀이 담긴 정보를 수집해서 활용하고 있다.

나아가 우주에서 자국의 안보와 경제를 위협하는 행위를 방지한다는 명분으로 우주군을 만들어 마치 우주전쟁이라도 벌이려 하고 있다. 특히,

미국과 중국의 패권다툼은 우주에서도 이어지고 있다. 빠른 성장으로 세계 2위의 경제대국 지위를 따낸 중국이 '우주굴기(宇宙崛起)'를 내세워 우주에서도 위협적인 존재로 부상하자, 미국은 이를 노골적으로 견제하고 있다.

패권다툼은 정치적 영역에서만 일어나는 게 아니라 인문사회 그리고 경제적 영역에서도 나타나고 있다. 우주는 지구에서 구하기 어려운 여러 가지 자원의 보고이다. 이에 우주강국들은 각종 광물 채굴권을 두고서 치열한 경쟁을 벌이고 있다. 또 아직은 상상력을 바탕으로 만들어진 것이지만 우주, 특히 우주패권 경쟁과 연관된 소설과 영화들이 수없이 많이 쏟아져 나오고 있다.

여기에 우리가 생활하고 있는 지구가 기후변화와 환경오염 등으로 점차 살기 어려운 곳으로 되어가자 '제2의 지구'를 발굴하는 노력도 한창 진행 중이다. 그 결과 이제 우리 일상의 영역에 우주와 관련되지 않은 분야를 찾아보기 어려울 정도가 되어 버렸다. 이런 상황에서 우주를 염두에 두지 않은 정치, 경제 그리고 인문의 영역은 그 의미가 부족하거나 아예 없을 것이다.

둘째, 연결과 융합 그리고 통섭적 접근의 중요성이 강조되고 있는 '제4차 산업혁명' 시대에서는 경제학도 또한 우주에 관심을 가질 필요가 있다는 점이다. 지금은 단독으로는 힘을 발휘하기 어려우며, 모든 것이 융합되어야만 시너지를 내거나 또 다른 독창적 산물이 탄생할 수 있는 시대이다. 이제 연결의 의미는 인간과 인간을 넘어 인간과 사물(AI), 사물과 사물의 연결(IoT)로까지 확대되고 있다. 또 온라인(Online)과 오프라인(Offline)이 실시간으로 연결되고, 현실과 사이버 세계가 연결되고 있다.

예를 들어, 21세기 세상을 바꿔놓았다는 스마트폰은 기존의 전화기에 카메라, 음향기기 MP3 등 각종 기계기술이 융합되어 차원이 다른 새로운 제품으로 탄생한 것이다. 또 '금융(finance)'과 '기술(technology)'이 결합한 서비스 또는 그런 서비스를 하는 회사를 가리키는 용어인 '핀테크(fintech)'가 이제는 너무나 일상적으로 활용되고 있다. 그리고 인간의 지적능력을 컴퓨터 기술에 접목하여 새로운 인간상, 즉 인공지능(artificial intelligence)을 탄생시켰다. 이제 인공지능은 미래경제사회의 새로운 게임체인저(game changer)로 간주되고 있다.

천체학에서도 마찬가지다. 우주의 신비와 자연과학 역시 더 커다란 도약과 발전을 기하기 위해서는 주변 학문의 도움을 받아야만 한다. 우주에서 채취한 암석덩어리에 대한 연구 분석은 처음에는 주로 지질학자의 몫이었다. 연구 성과가 단편적일 수밖에 없었다. 그러나 이후 물리학자와 화학자 그리고 생물학자들이 함께 모여 공동연구를 시작하면서부터 우주의 신비를 보다 심층적으로 풀어나갈 수 있게 되었다. 그리고 미래에는 인문학자, 또 정치학자와 경제학자들이 우주의 가치와 활용도를 한층 더 높여나갈 것이다.

셋째, 우주는 경제적 관점에서도 매우 중요한 산업의 한 분야라는 점이다. 지금까지의 우주개발은 주로 패권국가들 국력 과시용으로 이루어져 왔다. 그러나 미래의 우주개발은 민간기업이 우주개발에 진입하는 등 우주의 상업화가 더 빠르게 진전될 것이고, 우주탐사와 우주자원 확보 등 우주개발을 통한 경제적 이득을 확보하려는 움직임이 강해질 것이다. 그 결과 글로벌 우주산업 시장은 급속히 성장하여 머지않아 그 규모가 1조 달러를 넘어설 것으로 전망되고 있다.

우주산업은 발사체·인공위성·지상국 등 하드웨어 인프라와 항법장비 등의 제품, 위성서비스 및 소프트웨어가 어우러진 막대한 부가가치를 지닌 산업이다. 예를 들면 누리호에 들어가는 부품 수는 약 37만 개로 일반 자동차 약 2만 개, 항공기 20만 개를 크게 웃돈다. 그만큼 산업연관 효과가 크다는 뜻이다. 이에 스페이스X와 블루 오리진 등 기존 우주기업 외에도 정보통신 기술을 기반으로 한 스타트업(startup) 형태의 기업들이 대거 탄생하고 있다. 또 우주 관광산업 역시 크게 신장될 것으로 보인다.

생명공학과 신소재 산업도 유망분야이다. 이는 지구에서는 불가능했던 무중력 상태에서의 인체실험과 화학반응에 관한 여러 가지 연구실험이 가능하기 때문이다. 이에 따라 순도 100%의 결정체를 만들 수 있으며, 이러한 기술은 특수 신소재나 새로운 의약품 개발에 도움이 된다. 그리고 우주에서는 어떤 종류의 금속도 모두 혼합할 수 있기에 이론적으로만 가능했던 센서 소재, 고성능 반도체 등 특수 재료를 개발할 수도 있을 것이다.

에너지와 광물산업의 미래 또한 밝은 편이다. 지구의 에너지와 자원은 빠르게 고갈되어 가고 있기 때문이다. 고갈 전에도 지구온난화와 공해유발 문제 등으로 석탄과 석유 같은 화석자원의 활용에는 많은 제약이 따르고 있다. 우주는 이러한 문제를 해결해 줄 것으로 기대되고 있다.

달에는 21세기 최고의 전략 자원으로 꼽히는 희토류 외에도 우라늄과 헬륨3 등이 풍부하게 매장된 것으로 추정된다. 특히, 지구에는 거의 없지만 달엔 최소 100만t이 존재하는 것으로 추정되는 헬륨3은 인류의 미래를 풍요롭게 해줄 강력한 대체 에너지원으로 꼽힌다. 우주 태양광 발전소 건설 이슈 또한 이와 맥락을 같이 한다고 볼 수 있을 것이다.

　지적 호기심에서 시작한 일이기는 했지만, 눈앞에 다가온 이 융합의 시대, 그리고 무한경쟁의 시대에 개인이나 국가가 제대로 생존해나가기 위해서는 우주에 대한 연구와 투자가 매우 중요하다는 결론에 이르게 되었다. 그래서 나는 우주가 지니는 의미를 천체학 측면에서뿐만 아니라 인문사회학적 관점에서도 접근해보았다. 이 책은 이런저런 생각들을 정리해 놓은 결과물이다. 물론 천문학 전공자가 아닌 사람으로서의 한계가 있을 것이다. 따라서 감히 나는 이 책이 독자들에게 우주에 대한 관심을 불러일으키는 촉매제 내지 입문서의 역할을 할 수 있었으면 하는 바램을 가져본다.

　지금 인류는 제2의 지구를 찾아서, 그리고 새로운 대륙이자 미지의 세계 우주를 향해 힘찬 발걸음을 내딛고 있다. 우리도 결코 이 대열에서 뒤처질 수 없다. 한시바삐 관련 인프라를 정비하고 우주산업의 생태계도 육성해나가야 한다. 다행히 우주강국 실현을 위한 우리의 기초자산은 꽤 튼튼한 편이다. 즉 IT라든지, 통신과 반도체 등의 분야에서 기술적 우위를 가지고 있다. 이를 우주개발에 접목시킨다면 우리의 우주산업 또한 세계적인 경쟁력을 갖출 수 있게 될 것이다. 우리 대한민국이 우주강국으로 우뚝 서는 날이 하루빨리 오기를 기대한다.

1장.

우주의 인문학

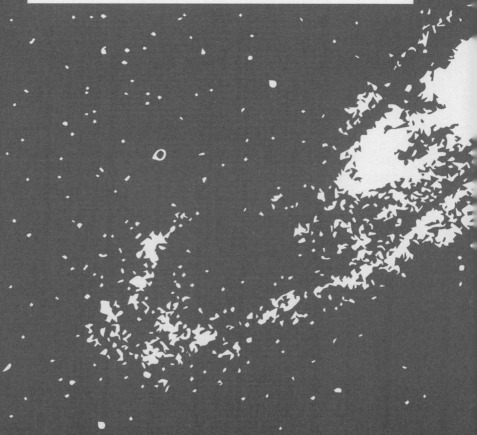

"헤아릴 수 없이 넓은 공간과 셀 수 없이 긴 시간 속에서 지구라는 작은 행성과 찰나의 순간을 앤, 당신과 함께 보낼 수 있음은 나에게 큰 기쁨이었다."
(In the vastness of space and the immensity of time, it is my joy to share a planet and an epoch with Annie.)

- 칼 세이건 (Carl Sagan)

우주의 탄생,
창조론과 진화론

우주란 지구를 포함한 모든 별이 있는 끝없이 넓은 곳을 뜻한다. 무한한 시간과 온갖 사물을 포괄하는 공간을 뜻하기도 한다. 한자로는 집 '우(宇)', 집 '주(宙)'가 합해져 우주(宇宙)가 되었다. 영어에서는 Universe, Space, Cosmos가 모두 '우주'를 표현하지만, 그 개념은 명확하게 나뉜다.

'Universe'란 모든 천체를 포함한 우주 전체를 가리킬 때 쓰는데, 즉 대우주를 뜻한다. 이 세상 삼라만상을 의미하므로 인간 또한 우주의 일부가 된다. 'Space'는 Universe보다는 그 의미가 다소 한정적인데, 보통은 지구 대기권 바깥의 천체와 천체 사이의 공간을 말한다. 이 지구 대기권과 우주의 경계선은 국제항공연맹(FAI)에 의해 설정되었으며, 흔히 '카르만 라인(Karman line)'이라고 한다. 천문학이나 항공우주공학에서 우주라 하면 보통 이 Space를 의미하며, 특히 지구궤도 근처나 태양계 내의 우주공간을 주로 연구대상으로 삼고 있다.

'Cosmos'는 혼돈(chaos)에 대비되는 질서 있는 통일체로서의 세계를 가리키는데, 철학적·관념적인 의미를 내포하고 있다. 일반적으로 작은 지구와 대비되는 광대하고 신비로운 우주라는 뉘앙스를 지닌다.

이처럼 우주는 드넓은 공간이다. 그러나 대부분은 인간이 살아가기 힘든 척박한 환경을 지니고 있다. 그러면 인류가 살아가고 있는 지구란 어떤 존재일까? 사실 방대한 우주 속에서 차지하는 지구의 위상은 너무나 미미할 따름이다. 그러나 우리 인류에게는 거의 전부라 할 만큼 중요한 존재이다. 인류가 생명체로서 태어나 숨을 쉬면서 먹고 마시며 행복하게 살아갈 수 있는 터전이 되고 있기 때문이다. 현재 생물이 살아갈 만한 행성 중에서 유일하게 생명체의 존재가 확실하게 알려진 행성이다.

그렇다면 지구는 다른 우주공간과 달리 어떤 조건을 갖추고 있기에 인간이 이처럼 생명을 유지하며 정착해서 살아가고 있는 것일까?

첫째, 사람이 생명을 유지하기 위한 전제 조건이 되는 액체상태의 물과 대기층 등이 존재한다. 현재까지 발견된 생물체는 모두 탄소 유기화합물이다. 그런데 이 탄소 유기화합물은 물과 대기 두 조건이 없으면 만들어지지 않는다.

둘째, 우주를 구성하고 있는 수많은 기본 입자들 사이에 존재하는 네 가지 힘, 즉 중력(gravitational force)·전자기력(electromagnetic force)·강력핵력(strong nuclear force)·약력(weak nuclear force)의 비율이 매우 안정적인 균형점을 유지하고 있다. 만약 이들의 비중이 조금만 달랐더라도 물질을 구성하는 안정적인 원자들이 존재할 수 없었을 것이다. 따라서 지적인 생명체는커녕 안정적인 천체 구조도 등장하지 못했을 것이다.

셋째, 우주의 밀도가 정확하게 '임계밀도(臨界密度, critical density)'라 불리는 값에 근접해 있다. 만약 우주 탄생 초기에 이 밀도가 조금만 더 컸더라면 우주는 지적 생명체가 탄생할 틈도 없이 수축하여 멸망했을 것이다. 그리고 조금만 더 작았더라면 안정적인 천체 구조가 생겨날 틈도 없이 빨리 팽창하여 멸망했을 것이다.

넷째, 지구는 은하계의 적절한 위치에 존재한다. 은하의 중심부에는 초거대 블랙홀(Black hole)이 있을 뿐만 아니라 별의 밀도가 높아 초신성(超新星, supernova) 폭발 또는 블랙홀의 감마선 폭발로 인해 멸망할 확률이 높다. 반대로 항성의 생성과 소멸이 적은 구역인 은하 외곽 쪽은 철과 같은 중금속 함량이 부족하여 생명체가 유지되지 못했을 것이다.

또 은하 중심으로 더 가까이 있었더라도 너무 많은 중금속 함량에 의해 생명체가 살아남을 수 없었을 것이다. 이는 태양과의 거리에도 적용된다. 만약 지구와 태양 사이의 거리가 너무 가까웠다면 생물체가 타죽었을 것이고, 너무 멀었다면 얼어 죽을 것이다. 한마디로 지구는 '골디락스 존(goldilocks zone)'에 위치한다는 것이다.

다섯째, 태양계를 구성하는 다른 행성들과도 매우 적절한 관계를 유지한다. 지구 근처에 위치한 수성, 금성, 화성은 크기가 작아서 지구의 궤도에 악영향을 주지 않으며, 소행성이나 혜성의 궤도를 자주 비틀지도 않는다. 반대로 바깥쪽의 행성들, 특히 목성은 큰 덩치와 중력으로 외부에서 오는 위험물질들을 빨아들여서 내행성들을 보호하는 방파제 역할을 한다. 지구의 위성인 달의 크기 또한 너무나도 적절하다. 만약, 달의 규모가 훨씬 더 컸더라면 큰 조석간만의 차로 인하여 바다는 지구를 위협하는 공포의 존재가 되었을 것이다.

여섯째, 지구 자체가 지니는 천체로서의 구조와 성분이 매우 적절하다. 우선, 지구의 궤도가 매우 안정적이다. 약간만이라도 더 타원궤도였다면 연간 기온 차이가 수십 도에 이르렀을 것이다. 또 암석행성이기에 생명체가 살아갈 수 있다. 목성형 가스 행성들은 가스로 구성되어 있는 만큼 생명체를 기대하기 어렵다. 지구형 암석 행성도 화성처럼 작은 행성은 내부가 빨리 식어버려서 지각 아래의 두꺼운 암석층인 맨틀의 대류가 일어나지 않는다. 이에 자기장이 없어지고 대기가 항성풍에 날아가 버리게 된다.

아울러 지구상에는 물이 충분히 공급되며, 바다와 육지가 적절한 비율로 형성되어 있다는 점도 생명체 존립요인이 된다. 특히, 바다는 행성의 기온을 적절하게 유지하는 데 있어서 매우 큰 역할을 한다. 지구 표면의 약 70%를 차지하는 바다의 면적이 작았더라면 그만큼 행성의 기후변화가 극심해서 생명체가 살 수 있는 공간이 한정되고 진화의 기회도 적었을 것이다.

이처럼 지구가 인류에 살기에 적합한 조건을 갖춘 천체라는 점에서 탄생에 대한 논란이 오랫동안 이어져 오고 있다. 이는 큰 틀에서 창조론 vs 진화론과 우주론의 대립으로 간주될 수도 있다. 우선 창조론자들은 지구의 존재는 마치 기적처럼 느껴지고 있다는 주장을 펴고 있다. 즉 우주를 이루고 있는 기본적인 물질과 천체 구조들, 그리고 생명체들은 우주의 기초적인 상수들이 아주 좁은 범위에 있어야만 존재할 수 있게 된다. 그런데 이 모든 조건이 우연히 만족되었을 가능성은 극히 낮으며 누군가에 의해 미세하게 조정되었다는 것이다. 그리고 조정자는 바로 창조주라고 주장한다.

인류는 아주 오랜 옛적부터 우주가 신의 창조로 이뤄진 것으로 믿어 왔다. 창조론으로 대표되는 이 견해는 인간의 삶과 역사, 지구와 우주의 탄생 등이 신의 개입에 의해 이루어진다는 가설을 바탕으로 하고 있다. 물론 이 창조론에도 바빌론의 빛의 신 '아후라 마즈다(Ahura Mazda)'에 의한 천지창조설, 수메르의 물의 신 '엔키(EN.KI)' 신화, 이집트의 태양신 '라(Ra)'에 의한 우주창조 등 다양하다.

그중에서도 기독교적 창조론은 가장 광범위하게 영향력을 미치고 있다. 기독교는 유일신 하나님의 주권적이고도 자의적인 계획과 의지와 섭리에 의해, 말씀으로써 무(無)에서 온 우주 만물을 창조하셨다는 하나님의 창조론을 강조한다. 이 창조론은 성경의 맨 첫 번째 선언인 창세기 1장 1절에 나오는 "태초에 하나님이 천지를 창조하시니라"는 말씀에 근거한다. 하나님은 맨 처음 빛을 창조하였고, 이어서 물과 하늘, 흙과 식물, 천체, 물고기와 새, 육상 동물과 인간의 순서로 6일간에 걸쳐 천지를 창조하였다는 것이다.

그러나 과학이 발전하면서 이에 대한 반론이 형성되고 있다. 이에 의하면 조정자를 가정하지 않아도 우연적으로 적당한 상수를 갖는 우주와 지구가 생길 수 있다는 결론에 도달한다. 즉 시행횟수가 매우 많아진다면 우연히 조정된 우주와 지구가 탄생할 수 있다는 것이다. 우주론과 진화론은 이 주장의 범주에 속한다.

우주론은 우주의 기원과 진화 및 구조를 연구하는 학문이다. 아무리 성능이 좋은 천문 관측기구로도 우주의 끝을 살피기는 어렵다. 그렇지만 우리가 살필 수 없는 곳이라고 하더라도, 우주공간이 계속 펼쳐져 있을 것임은 분명하다. 이런 생각을 바탕으로 우주공간에 관한 모든 것을 연구하는 학문이 바로 우주론과 우주과학이다.

우주론에서는 우주공간에 떠 있는 여러 가지 물체들의 분포와 운동 형태 등을 관찰하고, 우주의 현재 모습을 비롯하여 과거에 일어났었거나 미래에 일어날지도 모르는 갖가지 현상들을 탐구한다. 과거에는 우주에 대한 이해를 증진시키기 위해 주로 망원경을 활용하여 천체의 운동을 관찰했다. 그러나 현대에 와서는 관측을 통해 알 수 없는 우주의 탄생에서 멸망까지의 변화, 가시거리 바깥의 우주 등을 파악하기 위해 수학과 물리학, 그리고 화학과 지질학 등과 협력하면서 우주과학이 급속히 발전해나가고 있다.

한편, 진화론은 우주의 기원에 관한 이론이라기보다는 인류의 기원에 대한 이론이다. 19세기 후반 찰스 다윈(Charles Robert Darwin)은 〈종의 기원〉과 〈인류의 혈통〉을 출간하면서 다음과 같은 주장을 내놓았다. "지구가 처음 생성될 때 존재하였던 종(種, species)이 현존하는 것은 극히 드물다. 종은 원형으로부터 형질이 변화하여 현재 생존하는 데 유리하도록 바뀐 것들이다. 인간도 이 같은 자연의 법칙으로 진화되어 오늘의 모습에 이르렀다." 그리고 많은 증거를 제시하며 동물들의 여러 변종이 수백만 년에 걸쳐 진화해온 결과라고 주장하였다.

그의 주장에 따르면 인간은 신에 의한 피조물이 아니라 현존하는 자연의 진화과정 중에서 우연히 나타난 종에 지나지 않는다는 것이다. 지구상에 처음으로 생물이 생긴 것은 약 35억 년 전의 일이다. 처음에는 눈에 잘 보이지도 않을 정도의 작은 식물이 바닷물 속에 생겨났고, 이후 육지에도 식물과 동물이 생겨났다. 이 과정에서 인류 또한 수백만 년 전 혹은 수만 년 전에 탄생한 것으로 추측되고 있다는 것이다. 이 진화론의 탄생은 세계 인류를 뒤흔든 사건 중 하나였고, 아직도 학문과 사회 각 부분에 영향을 미치고 있다.

우주의 중심,
천동설과 지동설

우주의 기원과 구조 등 우주를 이해하려는 초기의 시도는 과학적 사실보다 철학과 종교적 신앙에 기반을 두었다. 우선, 고대 그리스 시대 철학자들이 사물의 본질을 탐구하면서 아울러 우주의 근원에 대해서도 다양한 견해를 제시하였다.

그리스 최초의 철학 학파는 기원전 6세기에 성립된 이오니아학파라고도 불린 밀레투스 학파(Milesian school)이다. 이들은 사물의 본질, 즉 '아르케(arche)'가 도대체 무엇인지에 대해 고민하였다. 학파 창시자인 탈레스(Thales)는 이 아르케를 물이라고 정의하였고, 아낙시메네스(Anaximenes)는 공기로 보았다. 이처럼 밀레투스의 철학자들은 만물의 근본 물질을 찾으려고 노력하고 고민하였다.

한편, 이들보다 수십 년 후에 나타난 헤라클레이토스(Heraclitus)는 사물의 본질을 불이라고 정의했다. 또 불은 변화를 의미하며, 모든 것은 이러한 변화 속에 있다고 했다. 그리고 이러한 변화는 변하지 않는 하나의 법칙인 '로고스(logos)'에 따라 조화를 이루고 있는 것이라고 주장하였다. 이 로고스는 이후 플라톤과 중세철학이 이어받으면서 서양철학의 가장 중요한 개념으로 자리 잡게 된다.

이후 BC 5세기로 접어들면서 엠페도클레스(Empedocles)는 만물의 근본물질로서 '4 원소론'을 내놓았다. 4 원소(atom)란 흙, 물, 불, 공기로, 이 4 가지가 만물의 근본요소라는 것이다. 이 '4 원소론'은 이후 철학자 플라톤(Platon)과 아리스토텔레스(Aristotle) 등을 거치면서 오랫동안 서구사회의 철학과 과학 세계에 큰 영향을 끼쳤다. 특히 우주과학과 우주론에 지대한 영향을 끼쳤다.

플라톤의 제자 아리스토텔레스는 BC 4세기에 지구중심 우주론을 내놓았다. 이는 지구를 중심으로 태양과 행성들이 반투명한 구에 붙어 공전하며, 가장 바깥쪽 구에 붙박이별이 매달려 있다는 가설이었다. 이러한 생각은 발전을 거듭하여 AD 2세기 프톨레마이오스의 천동설 모형으로 절정에 달했으며, 13세기에는 토마스 아퀴나스(Thomas Aquinas)에 의해 그리스도교 신학으로 채택되었다. 천동설이란 지구가 우주의 중심이며, 다른 모든 천체가 정지해 있는 지구의 주위를 돌고 있다는 학설이다.

이 천동설은 코페르니쿠스의 지동설이 나오기 전까지 오랫동안 정설로 되어 왔다. 특히 서구사회에서는 우주관으로써 뿐만 아니라, 세계관과 종교관이 되어 왔다. 이 천동설은 당시에는 관측사실과 정합성에서도 지동설보다 우위에 있었다. 천동설의 내용은 AD 150년경 알렉산드리아의 클라우디우스 프톨레마이오스(Claudius Ptolemaeos)가 편찬한 천문학과 수학 백과사전인 〈알마게스트(Almagest)〉에 체계적으로 정리되어 있다. 알마게스트는 중세 이슬람 세계를 거쳐 중세 유럽에 전달되어 17세기 초반까지 약 1,500년간 아랍과 유럽의 천문학자들에게 기초안내서 역할을 했다.

이처럼 천동설이 오랜 세월 대세로 세상을 지배해 왔다. 그러나 태양이 우주의 중심으로 나머지 행성들은 태양 주위를 돌고 있으며 지구 또한 그 행성 중 하나라는 이론, 즉 태양중심설은 헬레니즘 시대에도 있었다. 피타고라스(Pythagoras)학파의 한사람인 필로라우스(Philolaus), BC 3세기의 그리스 천문학자 아리스타르코스(Aristarchus)가 그들이다. 특히 아리스타르코스는 태양은 달보다 훨씬 멀리 떨어져 있을 뿐만 아니라 달이나 지구보다 훨씬 크다는 사실도 밝혀냈다. 그러나 당시의 관습으로는 이를 받아들이기 어려웠기에 별다른 주목을 받지 못하였다.

'천동설(geocentric theory)', 즉 지구중심설의 구체적인 내용은 다음과 같다. 우주의 중심에 지구가 있고, 태양을 비롯한 모든 천체는 대략 하루에 걸쳐 지구 주위를 공전한다. 그러나 태양이나 행성의 공전속도는 각기 다르기에 시기에 따라 보이는 행성도 각기 다르다.

딱딱한 구체인 천구(天球)가 지구와 태양, 행성을 포함한 모든 천체를 감싸고 있으며, 항성은 천구에 붙어있거나 천구에 뚫린 미세한 구멍으로 빛이 새어나와 보이는 것으로 여겨졌다. 천구란 지구 위의 관측자를 중심으로 반지름이 무한대인 구면을 상정하여 모든 천체를 그곳에 투영해서 나타내는 가상의 구(球)이다. 행성과 항성은 신의 보이지 않는 힘에 의해 움직인다. 그리고 모든 변화는 지구와 달 사이에서만 일어나며 더 멀리 있는 천체들은 정기적인 운동을 반복할 뿐 어떤 변화도 일어나지 않는다고 여겼다.

한편, 천동설은 단순히 천문학 이론에 그치지 않고 당시의 철학이나 종교관을 담고 있었다. 즉 신이 지구를 우주의 중심으로 둔 것은 그것이 인간이 사는 특별한 천체이기 때문이며, 지구는 우주의 중심임과 동시에 모든 천체의 주인이기도 하다는 것이다. 그리고 모든 천체는 지구의 종이며 주인을 따르는 형태로 운동한다고 보았다. 중세 유럽에서는 기독교 신학에 부합하는 이 천동설을 공식적인 우주관으로 간주하였다.

프톨레마이오스 체계가 당시로서는 매우 뛰어난 것이며, 지구를 중심으로 움직이는 행성 및 태양의 운동을 설명하는데 더 이상의 것은 없을 정도다. 만약 태양계의 행성 운동이 모두 타원이 아니라 원운동이었다면, 프톨레마이오스 체계에서 행성의 운행을 거의 완벽하게 설명할 수 있을 것이다. 그러나 후에 밝혀졌지만, 사실 행성은 태양을 초점 중의 하나로 두는 타원운동을 하고 있다. 이에 따라, 이후의 천동설은 타원운동을 원운동으로 설명하기 위한 방향으로 발전했다.

그러나 천여 년 동안 지배했던 지구중심 이론도 과학의 발전과 함께 점차 힘을 잃게 된다. 코페르니쿠스와 갈릴레오 갈릴레이 등의 천문학자들이 새로운 관측 증거들을 바탕으로 태양중심설을 들고 나왔다. 1543년, 과학사를 뒤흔드는 역사적 사건이 발생한다.

폴란드의 천문학자 니콜라우스 코페르니쿠스(Nicolaus Copernicus)가 〈천구의 회전에 대하여(De Revolutionibus Orbium Coelestium)〉라는 책을 통해 기존의 천동설을 뒤집고 지동설을 주창한 것이다. 이후 요하네스 케플러의 '행성운동 법칙'과 아이작 뉴턴의 '만유인력의 법칙'은 지구가 움직인다는 사실에 대한 이론과 근거를 제시하면서 지구중심설을 밀어내는데 성공하게 되었다.

'지동설(Heliocentric theory)'은 태양을 중심으로 지구를 포함한 행성이 공전한다는 점에서 혁명적인 발상이었다. 그러나 코페르니쿠스의 지동설역시 완벽한 이론은 아니었다. 아리스토텔레스와 프톨레마이오스 우주관의 전체 골격은 그대로 두고 세부만 바꾼 변혁이었다. 따라서 기본적으로천구는 그대로 존재했고, 행성과 지구는 여전히 이 천구들에 고정되어 돌도록 되어 있었다.

무엇보다도 원을 중요시하는 경향을 그대로 고수했다. 코페르니쿠스가 원 궤도를 고집하게 된 이유는 그 역시 원이 기하학적으로 완벽한 도형체라고 생각했으며, 나아가 인간이 살아가는 자연이 완벽한 형체를 취하지 않는다고는 도저히 상상할 수 없었기 때문이다.

그런데 코페르니쿠스의 이론이 발표된 이후 100년이 지나도록 지동설은 여전히 위험한 종교 논쟁의 대상이 되었을 뿐 커다란 주목을 받지 못하였다. 왜 당시 사람들은 지동설을 믿지 못했을까? 우선 그들은 만약 지구가 태양 주위를 빠르게 돌고 있다면 우리는 항상 빠르게 불어오는 바람을 느껴야 할 것이라고 생각했다.

또 위로 던져 올린 물체가 제자리에 떨어지는 것도 지구가 빠르게 돌고 있지 않는 증거라고 생각했다. 지구가 우주의 중심이 아니라 태양이 우주의 중심이라면 사과가 땅으로 떨어지는 대신, 태양을 향해 하늘로 빨려 올라가야 할 것이라고 주장하면서 지동설을 반대했다.

그러나 이러한 전통의 올가미는 코페르니쿠스의 가설과 주장을 이어받은 브라헤, 케플러와 갈릴레이 등의 노력에 의해 결국 하나하나 제거된다. 17세기의 튀코 브라헤(T. Brahe)는 지구를 중심으로 하면서도, 달과 지구를 제외한 모든 행성이 태양 주위를 도는 우주를 구상했다.

그는 또 새로운 별과 혜성을 발견하였다. 다만, 브라헤의 태양계는 프톨레마이오스 천동설의 발전형이라고도 말할 수 있다. 이후 브라헤의 조수 요하네스 케플러(Johannes Kepler)가 케플러의 행성운행 법칙을 발견하면서 코페르니쿠스의 지동설은 마침내 참된 근대 이론으로 정착하게 된다.

케플러가 발견한 행성의 운행 법칙, 즉 유명한 '케플러의 법칙(Kepler's laws of planetary motion)'은 다음과 같다.

첫째, 타원의 법칙이다. 행성은 태양을 하나의 초점으로 한 타원궤도를 갖는다. 둘째, 동일 면적의 법칙이다. 태양과 행성을 잇는 직선은 일정한 시간에 일정한 면적을 이루면서 움직인다. 그 결과 행성이 태양 가까운 곳에 있을 때는 빨리 돌고, 먼 곳에 있을 때는 늦게 돈다. 셋째, 조화의 법칙이다. 행성이 태양을 한 바퀴 도는 데 걸리는 시간의 제곱은 행성궤도 반경의 세제곱에 비례한다.

케플러가 행성의 운동에 대한 법칙을 발견하기는 했지만, 그는 행성들이 왜 그와 같은 운동을 하는가에 대해서는 밝혀내지 못했다. 이 문제를 해결한 사람은 아이작 뉴턴(Isaac Newton)이었다. 뉴턴은 '운동의 법칙(laws of motion)'과 '만유인력의 법칙(law of universal gravity)'을 이용하여 케플러의 법칙을 설명하는 데 성공했다.

뉴턴운동의 제1 법칙은 관성의 법칙이고, 제2 법칙은 가속도의 법칙이며, 제3 법칙은 작용 반작용의 법칙이다. 이를 통해 정지한 물체는 정지해 있고, 직선으로 등속운동을 하는 물체는 물체의 운동을 유지한다는 것을 설명하였다. 또 행성이 태양으로 떨어지지 않고 타원운동을 유지하는 것은 행성은 운동 방향을 유지하려는 반면, 중력이 매 순간 행성의 운동 방향과 수직으로 작용하여 운동 방향을 바꾸기 때문이라는 사실을 증명하였다.

한편, 만유인력의 법칙은 질량을 가진 물체 사이의 중력 끌림을 기술하는 물리학 법칙이다. 뉴턴은 이 법칙을 그의 운동 제2 법칙에 대입하여 행성의 가속도를 구할 수 있었고, 이를 통해 행성의 궤도가 타원형임을 증명할 수 있었다.

17세기 이탈리아의 과학자 갈릴레오 갈릴레이(Galileo Galilei)는 자신이 제작한 천체망원경으로 천체를 관측함으로써 코페르니쿠스의 지동설을 지지하는 증거들을 수집했다. 그는 또 종교 재판의 압력을 받고 지동설을 취소하는 척했지만, 재판장을 나오면서 "그래도 지구는 돈다"라고 말한 것으로 유명하다.

갈릴레오는 1610년 발표한 〈별의 전령(sidereus noncius)〉에서 달에도 산맥과 바다가 있고, 목성에는 목성을 중심으로 회전하는 위성이 있으며, 은하수는 엄청난 수의 별들로 이루어져 있다는 결론을 내렸다. 또 태양에는 흑점이 아주 많으며, 모양이 변하면서 이리저리 옮겨 다닌다는 사실도 밝혀냈다. 이는 가장 완벽한 것으로 알았던 천체 태양조차도 불완전성을 보이고 있다는 것을 의미하였다.

이러한 과정을 통해 아리스토텔레스로부터 프톨레마이오스까지 주장한 우주의 영원불변성과 고귀함은 점차 설득력을 잃어가고 있었다. 케플러 이후 지동설 옹호론이 연이어 제시된 것이다. 뉴턴은 이론적으로 지구가 타원형 궤도를 지닌 채 움직이고 있다는 사실을 증명해 내었으며, 갈릴레오는 자신이 만든 천체망원경을 통해 이를 입증하였다. 더구나 케플러의 책은 어려운 라틴어로 된 전문학술서였지만, 갈릴레오의 책은 쉬운 이탈리아어 운문으로 되어있었다.

현대에 이르러서는 관측기술의 발달로 천문학과 우주론의 발전이 획기적으로 이루어지고 있다. 우선, 항성인 태양도 우리 은하 내부의 한 별에 불과하다는 것, 그리고 태양 또한 은하 중심의 블랙홀을 중심으로 타원운동을 하고 있는 것이 밝혀졌다. 더 나아가 태양계가 속해 있는 우리 은하도 우주에 존재하는 수많은 은하 중의 하나에 불과하다는 사실까지도 확인되었다.

신화와
설화 속의 우주

아득히 먼 옛날, 사람들은 밤하늘에 깨알같이 박혀 있는 별과 하늘을 가로지르는 은하수를 보면서 여러 가지 이야기를 만들어 내었다. 이처럼 전설과 신화 속에 묻혀 있던 밤하늘의 별과 은하수가 베일을 벗기 시작한 것은 그리 오래되지 않았다. 천체망원경의 등장과 함께 새롭게 발전한 천문학은 이전의 그 상상의 세계를 차츰 현실의 세계로 바꾸어 나가게 되었다.

지구에서 살아가는 인간에게 가장 소중한 천체는 아마도 해와 달일 것이다. 해는 우리에게 빛과 에너지를 제공해주고 있다. 달 또한 밤에 볼 수 있는 가장 밝은 천체인 데다가, 일정한 주기를 지닌 채 차고 기울기 때문에 인간이 시간을 측정하는 데 많은 도움을 주고 있다.

여러 가지 천문현상 중에서 낮에 태양이 가려지는 일식(日蝕, solar eclipse)과 밤에 달이 가려지는 월식(月蝕, lunar eclipse)은 예나 지금이나 인간에게 있어 매우 놀랍고도 환상적인 천문현상이다. 다만, 일식이 월식보다는 더 자주 일어나고 있다. 그러나 일식은 지구의 한정된 지역에서만 볼 수 있지만, 월식은 밤이라면 어디에서나 자주 관측된다. 또 지구의 본그림자가 달의 본그림자보다 훨씬 크기 때문에 월식이 일식에 비해 지속 시간이 길다. 옛적에는 이런 현상이 다양한 미신과 결합하여 두려움의 대상이었다. 그렇지만 오늘날에는 호기심과 축제의 대상이 되고 있다.

옛사람들은 해가 뜨고 지는 것을 축복이라 생각하였다. 아울러 태양이 사라질까 두려워하며 살아왔다. 그래서 옛사람들은 태양을 신으로 숭배하였으며 태양이 뜨고 지는 하루하루의 삶을 소중하게 여겼다. 그 결과 태양과 관련되어 내려오는 전설과 신화는 수없이 많다.

이집트 신화에 등장하는 태양신 이야기는 다음과 같다. 이집트의 태양신은 '케프리(Khepri)·라(Ra)·아툼(Atum)'의 세 가지 모습으로 등장하는데 각각 아침·정오·저녁의 해를 상징했다. 이렇게 변모하는 태양은 밤이 되면 죽음의 세계로 향했다가 다음 날 아침이 되면 다시 바다에서 떠올라 여행을 계속했다. 태양이 힘을 얻게 하는 것은 죽은 왕인 파라오(pharaoh)들의 역할이었다. 밤이 되면 죽음의 세계에서 깨어난 파라오는 험난한 세계를 넘어 신들의 세계로 향했다. 그리고 태양에 힘을 실어주고 다시 잠들었다. 이처럼 태양을 깨우며 세상의 안정을 지키는 것이 바로 태양신의 아들인 파라오의 역할이었다.

마야와 아즈텍(The Aztec)에서는 태양에 힘을 실어주기 위해 희생이 필요하다고 생각했다. 특히, 아즈텍 사람들은 태양이 네 번 파괴되고 다섯 번째 태양의 시대에 살고 있다고 생각했다. 그리고 언젠가 종말이 온다고 생각했다. 그래서 태양이 매일 떠오르게 하려면 사람의 피와 심장을 태양과 전쟁의 신에게 바쳐야 한다고 믿었다. 이를 위해 해마다 '꽃의 전쟁'이라 불리는 전쟁을 치른 후, 잡은 포로를 신에게 바쳤다.

그리스 신화에서도 어김없이 태양신이 등장한다. 태양신으로는 티탄족(Titans)의 헬리오스(Helios)와 제우스(Zeus) 가문의 아폴론(Apollon)이 있다. 이중 헬리오스는 네 마리의 날개 달린 천마들이 끄는 불수레를 타고 매일 새벽 동쪽 땅에서 출발하여 하루종일 하늘을 가로질러 서쪽으로 내려가는 여행을 했다. 이 과정에서 불수레가 뿜어내는 빛과 열이 세상을 비추고 달구었다. 하루는 헬리오스의 아들인 파에톤 (Phaëthon)이 하루만 자신이 수레를 끌게 해 달라고 했다.

용감하게 불수레를 몰기 시작한 파에톤이었지만, 수레를 조종하는 건 쉽지 않았다. 처음에 너무 높게 날자 대지가 추워서 떨었다. 그러나 나중에는 너무 낮게 날아서 대지가 불에 탈 지경이었다. 아프리카에 사막이 많이 형성된 것도, 거기에 사는 사람들의 피부가 까맣게 된 것도 모두 그 때문이라고 한다. 마침내 강물과 바다마저 말라버릴 지경이 되었을 때, 제우스가 벼락을 내려 파에톤을 죽이고 말았다.

달 또한 사람들은 오래전부터 태양과 함께 신으로 여겨져 왔다. 태양을 낮의 지배자로 인식한 것처럼, 달은 밤을 지배하고 영향을 주는 존재로 본 것이다. 해만큼 밝지는 않아도 어두운 밤을 지켜주었기에 달은 오히려 해보다 더 믿음직하고 대단한 존재로 여겨왔다.

특히 한낮의 태양 빛이 뜨거워 주로 밤에 활동을 해야만 했던 중동지역에서는 달과 별의 가치가 절대적이었다. 자연히 밤 문화가 발전하게 되었다. 이는 〈아라비안나이트(Arabian Nights, A Thousand and One Nights)〉 혹은 〈천일야화(千—夜話)〉라고 불리는 문학작품이 만들어지고, 커피라는 각성제가 탄생하게 된 배경이기도 하다. 아울러 다수의 중동 국가들은 국기에 달과 별로 디자인하고 있다.

보름달에 대해서는 더 커다란 의미를 부여하였다. 동양에서는 보름달이 풍요와 생명의 상징이었다. 정월 대보름과 추석을 명절로 기념하는 것은 물론이고, '보름달 같다'라는 말은 매우 아름답다는 표현이었다. 보름달을 보며 소원을 빌기도 했다. 이처럼 동양에서는 보름달을 신비하고도 귀중한 존재로 여기고 있다.

반면, 서양에서는 신비한 존재인 동시에 불길한 존재로도 여기고 있다. 특히, 마법이나 악마와 관련이 있다고 여겼다. 보름달이 뜨는 밤이면 늑대인간이 나타나 사람을 해치고 마녀들이 축제를 벌이며 희생자들을 찾는다고 생각했다. 보름달의 마력이 사람들을 미치게 한다고 생각한 것인지, '달과 같은'이란 뜻의 '루나틱(lunatic)'이란 단어에는 '정신이상'이라는 뜻도 담겨있다.

우리나라에선 〈해와 달이 된 오누이〉라는 동화가 유명하다. 옛날 먼 옛날, 어느 산속에 홀어머니와 오누이가 살고 있었다. 어느 날 떡을 팔고 돌아온 어머니를 잡아먹은 호랑이가 오누이의 집을 습격했을 때, 오누이는 재빨리 뒤뜰 나무 위로 올라가 하늘을 향해 살려달라고 빌었다. 그러자 하늘에서 밧줄이 내려왔다. 밧줄을 타고 하늘로 올라간 오누이는 해와 달이 되었다. 처음에는 오빠가 해, 누이가 달이 되기로 했다. 그러나 밤이 무섭다는 누이의 말에 서로 바꾸어 오빠가 달, 누이가 해가 되었다고 한다.

한편, 그리스 신화에서는 우주를 창조하였다. 신화 속에는 태초에 우주가 만들어지기 전인 혼돈의 상태 '카오스(chaos)'에서 우주가 창조되면서 이뤄지는 정돈의 상태 '코스모스(cosmos)'로 이전하는 상황이 잘 나타나 있다. 우선, 혼돈의 상태 '카오스'에서 대지의 여신 '가이아(Gaia)'가 태어난다. 가이아는 하늘의 신인 우라노스(Uranus)와 바다의 신 폰토스(Pontos)를 낳았고, 자식인 우라노스와 결혼하게 된다. 이후 12명의 티탄이라는 거신족과 손과 얼굴이 백 개씩 달린 헤카톤케이르(Hecatoncheir), 눈이 하나뿐인 키클로페스(Cyclopes)라는 괴신들도 낳았다.

그러자 우라노스는 그 같은 괴물들을 낳은 가이아를 원망하며 그들을 모두 어미인 가이아의 자궁 속, 즉 지하의 암흑세계인 타르타로스(Tartaros)에 가두어 빛을 보지 못하게 한다. 가이아는 오장육부가 뒤틀리는 고통을 맛보며 복수의 음모를 꾸민다. 가이아는 몸속에서 꺼낸 낫으로 티탄의 막내 크로노스(Kronos)를 시켜 우라노스의 생식기를 자르게 한다. 이에 화들짝 놀란 우라노스는 몸을 일으켜 저 높은 곳으로 달아나 더이상 대지에 가까이 오는 일이 없었다. 이로 인해 우라노스와 가이아, 즉 하늘과 땅은 영원히 갈라져서 다시는 섞이지 않게 되었다.

우라노스는 달아나면서 자신이 낳은 자식들을 비난하며 '티탄'이라고 불렀다. 그리스어로 '티탄(Titan)'은 깡패 혹은 불한당이라는 어원을 지니고 있다. 우라노스는 자신에게 반역한 크로노스에게 언젠가는 반드시 후회하게 될 것이라고 저주를 퍼붓는다.

이후 우라노스를 거세한 크로노스는 신들의 패권을 차지하게 되나, 그는 가이아와 맺었던 협약을 깨버린다. 즉 크로노스는 우라노스를 거세하면 타르타로스에 갇혀 있는 자식들을 해방시키기로 가이아와 약속했었지만, 마음이 변한 것이다. 배신감에 앙심을 품은 가이아가 크로노스를 저주한다. 크로노스는 시간과 세월을 주관하는 신으로 'chronicles(연대기)', 'chronic(만성적인)'의 어원이기도 하다.

우라노스와 가이아의 저주를 동시에 받은 크로노스는 가장 확실하고 극악무도한 방식으로 저주를 피하려 한다. 그는 아내 레아(Rhea)가 잉태한 자식을 낳는 즉시 통째로 집어삼킨다. 그리하여 헤스티아(Hestia), 데메테르(Demeter), 헤라(Hera), 하데스(Hades), 포세이돈(Poseidon) 등 5명의 자식을 차례대로 먹어치운다. 레아의 고통은 커져갔고, 마침내 우라노스와 가이아에게 재앙을 피할 계책을 내려달라고 간청한다. 레아는 어두운 밤을 이용하여 여섯 번째 아기인 제우스를 품에 안고 산기슭의 동굴에 숨긴다. 그러고는 크로노스에게 강보로 싼 커다란 돌을 넘겨준다. 그는 새로 태어난 자식으로 착각하고 꿀꺽 삼킨다.

성장한 제우스는 가이아와 손잡고 꾀를 써서 아비의 몸 안에 있던 형제들을 토해 내게 한다. 이후 제우스는 형제들과 손잡고 아버지 세대인 티탄 신족과 싸워 승리하여 우주와 세상의 패권을 차지한다. 이들이 그리스 로마 신화의 신족, 즉 올림포스(Olympos)산에 살고 있다고 전해지는 12명의 신이다. 숫자가 12명인 이유는 12달의 별자리로 신들을 정했기 때문이다. 모든 신이라는 의미로 판테온(Pan-Theon)이라고도 불렸다.

올림포스에 사는 신들의 세계에서 최고의 계층은 당연히 모든 신들의 왕인 제우스의 형제들과 자식들로 구성되었다. 우선, 제우스(Zeus)는 하늘을 지배하는 신이자 모든 신들의 정점에 위치한 신이다. 그리고 형제들로는 바다를 다스리며 명실상부 올림포스의 제2인자인 포세이돈(Poseidon), 제우스의 누이이자 아내인 최고의 여신 헤라(Hera), 제우스의 누이이자 곡물을 주관하는 여신 데메테르(Demeter), 제우스의 형이자 지하세계를 주관하는 하데스(Hades)가 있다.

또 자식으로는 전쟁과 지혜와 공예의 여신 아테나(Athena), 미와 사랑의 여신 아프로디테(Aphrodite), 사냥과 달의 여신 아르테미스(Artemis), 태양신이자 음악· 궁술의 신인 아폴론(Apollon), 나그네의 수호신이자 상업의 신인 헤르메스(Hermes), 불과 대장간의 신 헤파이스토스(Hephaistos), 전쟁과 군대의 신 아레스(Ares) 등이 있다. 이 밖에도 포도주의 신으로 통하는 디오니소스(Dionysos)가 있다.

그리스 신화 속의 신들은 태양계 행성과도 연계되어 있다. 제우스는 태양계 내 천체 중 가장 큰 목성(Jupiter)이다. 헤르메스는 수성(Mercury), 아프로디테는 금성(Venus), 가이아는 지구(Earth), 아레스는 화성(Mars), 크로노스는 토성(Saturn), 우라노스는 천왕성(Uranus), 포세이돈은 해왕성(Neptune), 하데스는 명왕성(Pluto)이 되었다.

점성술과
별자리 이야기

〈신약성경〉에 동방박사들이 하늘의 별을 보고 아기 예수를 찾아가는 이야기가 나온다. 여기서 동방은 페르시아나 아라비아 지역을 말하며, 박사란 점성술사를 의미한다. 이 동방박사들은 베들레헴의 별을 보고 메시아(Messiah)의 탄생을 알았다. 그리고 메시아를 만나기 위해 예루살렘으로 향한다. 마침내 마구간에서 탄생한 아기 예수에게 경배하고, 자신들의 보물인 황금과 유향, 그리고 몰약을 바친다.

옛날 사람들은 별, 즉 천체의 움직임이 인간의 생활과 자연을 지배한다고 믿었다. 따라서 인간의 운명도 천체의 움직임이 결정짓는다고 생각하였다. 고대로부터 내려온 점성술의 관찰 대상은 주로 수성, 금성, 화성, 목성, 토성 등의 행성이었다. 예를 들면 목성과 금성은 행운의 별이며, 화성과 토성은 불행과 재난의 별이라고 생각하였다. 또 두 개의 행성이 만나면 전염병이나 흉년, 혹은 혁명 같은 커다란 사건이 일어날 징조로 보았다.

특히 혜성은 불길한 징조로 여겼는데, 느닷없이 나타나는 혜성은 균형의 파괴로서 역모와 재난 등 나쁜 전조로 해석되었다.

하늘의 태양과 달, 그리고 별은 시간과 계절에 따라 규칙적인 변화를 보이지만 나머지 행성은 순행하다가 돌연 역행하는 경우도 있다. 그러나 고대인들은 그 이유를 몰랐기 때문에 신비스럽게만 생각하였다. 이처럼 행성의 역행은 주기적으로 나타나지만, 그 빈도가 드물기에 점성술사에게는 민감한 관심거리였고 일반적으로 나쁜 징조로 해석하였다. 그래서 중세에는 나라마다 점성술사를 두고 별의 움직임을 늘 관찰하도록 했다. 또 점성술은 연금술에도 영향을 주었다. 당시의 연금술사들은 금으로 변할 수 있는 7개의 금속은 7개 행성의 지배를 받는다고 생각하였다.

점성술(占星術)은 천체 현상을 관측하여 인간의 운명과 장래를 예측하는 기술이다. 하늘의 현상은 언제나 인간이 경외심을 가지는 대상이었고, 이러한 현상과 법칙이 인간을 지배한다는 사상은 일찍이 고대로부터 이어져 왔다. 아직도 우리 주변에서 활용되고 있는 육십갑자(六十甲子)나 황도12궁(黃道十二宮) 등은 이러한 사상이 반영된 사례라 할 수 있다.

점성술은 방법과 용도에 따라 국가의 일을 점치는 것과 개인의 운수를 점치는 일로 구분된다. 특히 국가의 일을 점치는 천변점성술(天變占星術)은 위정자가 크게 신경을 쓰는 분야였다. 옛날 제왕들은 국태민안(國泰民安)을 치세의 목표로 삼았고, 역성혁명(易姓革命)을 두려워하였다. 조금이라도 새로운 천문현상이 나타나면 제왕은 점성술사를 불렀다. 그 때문에 점성술사는 제왕의 정치고문 역할을 하였고 따라서 발언권도 강하였다.

이로 인해 옛날에는 점성술을 '제왕(帝王)의 학(學)'이라고 보았다. 전제 정치 하에서 점성술은 군주에게 봉사하는 학문으로 발전하였고, 군주만이 그 지식을 사용하는 자유를 독점하고 있었다. 이후 시대가 흐름에 따라 점성술은 일반 국민에게도 퍼져나갔다.

점성술이 처음 사용되기 시작한 곳은 고대 메소포타미아 지역이었다. 이때의 점성술은 개인의 운명을 살펴보는 현대의 점성술과는 달리, 주로 국가의 흥망이나 농사의 성공 여부 등 나라의 운명을 미리 알아보는 방식으로 활용되었다. 이러한 점성술이 대대적으로 퍼지기 시작한 것은 알렉산드로스 대왕의 헬레니즘 시대 성립 이후다. 메소포타미아 지방에 국한되어 있던 점성술이 그리스, 이집트, 인도, 페르시아 지방으로 전파되기 시작한 것이다. 사실 이 시기에 대부분의 점성학적 체계가 정립되었다.

그러나 기독교의 발흥 이후로 로마제국을 비롯한 서방 세계에서 점성술은 쇠퇴하기 시작했다. 다만, 페르시아 사산왕조 시대 이후 오리엔트 세계를 제패한 아랍인들은 점성술을 계속 발전시켜 나갔다. 아랍 제국은 당시 동서의 교통로에 있었던 나라인 만큼 그리스와 로마의 점성술은 물론, 페르시아와 저 멀리 인도의 점성술까지도 융합해서 자신들만의 점성술을 만들어 나갔다.

그동안 쇠퇴했던 서방 세계에서의 점성술은 십자군 전쟁을 계기로 아랍권으로부터 유입되면서 르네상스 시대에는 다시 부흥하는 듯하였다. 하지만 갈릴레이와 아이작 뉴턴에 의해 과학적 사고관이 대두되면서 점성술은 점점 미신적이고 비과학적인 것으로 취급되어 갔다.

그러다가 또다시 각광을 받게 된 것은 인간이 의식화할 수 없는 어떤 힘의 작용영역, 즉 무의식(無意識) 영역이 발견된 20세기로 접어들면서부터다. 우주와 인간 사이에서의 의식과 무의식, 전체와 부분의 관계 등이 정립됨에 따라 점성술도 새로이 조명되기 시작했다.

한편, 중국이나 우리나라에서도 역대 군주는 천문현상에 항상 유의하였다. 중국의 고전 삼국지(三國志)에도 별을 보고 사람의 운명을 예견하는 대목이 다수 나온다. 예를 들면 촉나라의 책사 제갈량은 별의 움직임을 보고 자신의 죽음을 예견했고, 위나라의 사마의는 이 사실을 알아채고 촉나라를 공격하였다. 우리나라에서의 이와 유사한 관측기록들은 〈고려사〉, 〈조선왕조실록〉 등에 많이 실려 있다.

별자리란 여러 개의 별이 모여서 형태를 이루고 있는 모양을 뜻한다. 오래전부터 별자리는 세상의 많은 문명과 문화에 강한 영향을 미쳤다. 우선, 별자리는 농사를 짓는 데 중요한 지침이 되어주었다. 별의 움직임과 밝기, 가시성 등은 규칙적이고 예측 가능한 것으로 간주 되었기에 별자리 모양에 따라 파종과 수확 시기가 정해졌다. 예컨대 오리온자리는 겨울 초입에, 봄에는 게자리, 여름에는 전갈자리, 가을에는 물병자리가 뚜렷하게 보인다.

이와 함께 별자리는 도보 여행자와 항해의 길잡이 역할도 해주고 있다. 예컨대 북극성(北極星, pole star)은 천구(天球)의 북쪽에 자리한 별을 부르는 이름이다. 북극성은 고정된 별이 아니라 세차운동(歲差運動)의 영향으로 지구의 자전축이 움직이면서 25,770년을 주기로 바뀌는데, 오늘날의 북극성은 작은곰자리의 α별 '폴라리스(Polaris)'이다.

이 별의 겉보기등급은 2.0등급으로 50등 정도에 불과하다. 그러나 천구의 북극에 위치하기 때문에 땅 위에서 북극성을 관찰하면 방향을 잡을 수 있다. 북극성의 위치는 기본적으로 고정적이며, 다른 별들이 그 주위를 돌면서 움직인다. 오늘날에도 바다에서 길을 잃은 어부들은 북극성을 보면서 집으로 돌아올 수가 있다.

북두칠성(北斗七星, Big Dipper, the Plough)은 큰곰자리의 꼬리와 엉덩이 부분 일곱 개의 빛나는 별을 뜻하는데, 그 모양은 국자 모양과 닮았다. 북두칠성은 밝고 모양이 뚜렷해서 항해의 지침이나 여행의 길잡이로 이용되고 있다. 또 북극성을 중심으로 일주운동(日周運動)을 하고 북반구에서는 사계절 어느 때나 볼 수 있다.

따라서 그 위치를 보면 밤에도 시간을 알 수 있어 밤에 시간을 측정하는 방법으로 활용되었다. 우리나라 민간신앙에서는 북두칠성을 신으로 모시기도 했다. 즉 북두칠성은 비, 수명, 인간의 운명 등을 관장하는 것으로 여겨져 칠성단을 쌓고 그 위에 정화수를 놓아 빌기도 했다.

한편, 남십자성(南十字星, Southern Cross) 또는 남십자자리라고 불리는 별자리도 방향을 잡는 데 도움이 된다. 남반구에서는 1년 내내 볼 수 있으며, 북반구의 북회귀선에서도 겨울과 봄에 몇 시간 정도 볼 수 있다. '十' 자 모양이 정확히 정남쪽의 방향을 가리키는 것은 아니지만, 매우 근접해 있기에 대항해 시대 이래 뱃사람들에게 항로를 알려주는 길잡이가 되고 있다.

오늘날의 별자리 명칭은 오래전 각 나라나 지역마다 다르게 사용되고 있던 것이 하나로 통합되면서 생긴 것이다. 별자리의 기원은 BC 5천 년경 바빌로니아 지역에 살던 유목민인 칼데아인들로부터 시작되었다. 그들은 가축을 키우고, 푸른 초목을 따라 이동하는 생활을 하였다.

이에 밤하늘을 자주 쳐다보게 되었고, 밝은 별들을 연결시켜 동물에 비유하면서부터 별자리가 만들어지기 시작하였다. BC 3천 년경에 만든 이 지역의 표석에는 양·황소·쌍둥이·게·사자·처녀·천칭·전갈·궁수·염소·물병·물고기자리 등 태양과 행성이 지나는 길목인 황도(黃道)를 따라 배치된 12개의 별자리, 즉 황도12궁(黃道十二宮)을 포함한 20여 개의 별자리가 기록되어 있다.

BC 2천 년경 지중해 무역을 하던 페니키아인들에 의해 바빌로니아와 이집트의 천문학이 그리스로 전해지게 되었다. 이후 별자리 이름에 그리스 신화 속의 신과 영웅, 동물들의 이름이 추가되었다. 그 결과 AD 150년경 그리스 천문학자 프톨레마이오스가 그리스 천문학을 집대성한 〈테트라비블로스(Tetrabiblos)〉와 〈알마게스트〉라는 책에는 북반구 별자리를 중심으로 한 48개의 별자리가 실려 있다. 그 분포를 보면 황도상에 있는 별자리가 12개, 황도 북쪽에 있는 별자리가 21개, 황도 남쪽에 있는 별자리가 15개 등이다. 이 별자리들은 15세기까지 유럽에 널리 알려져 활용되었다.

15세기 이후에는 항해가 발달함에 따라 남반구의 별들도 다수가 관측되어 새로운 별자리들이 첨가되기 시작하였다. 대항해 시대 이후 서양인들이 남반구에 진출하면서 항해사들은 남쪽 하늘의 새로운 별자리들을 발견하여 기록하였다. 또 근대 천문학의 태동과 함께 망원경이 발달함에 따라 어두운 별과 작은 별들도 관측할 수 있게 되어 다수의 새로운 별자리들이 만들어지게 되었다.

20세기 초에 이르러 별자리 이름은 지역에 따라 다르게 사용되고, 그 경계도 달라서 자주 혼란이 생기고 불편한 일이 많이 발생하였다. 때마침 1922년 국제천문연맹 제1회 총회에서 별자리의 계통 정리 필요성이 거론되었고, 1930년 총회에서 하늘 천체에서 황도를 따라서 12개, 북반구 하늘에 28개, 남반구 하늘에 48개로 총 88개의 별자리를 확정하였다. 이 모든 별자리 이름은 라틴어 고유의 이름이거나 단어로 되어있다.

우리가 알고 있는 별자리 이름은 대체로 그리스 신화와 라틴어에 기원을 두고 있다. 또 대부분의 별자리에는 설화가 얽혀 있다. 예컨대 페르세우스(Perseus)자리는 할아버지 아크리시우스 왕을 죽여서 아르고스의 왕위를 계승할 것이라는 예언의 주인공이자, 다나에와 제우스의 아들인 페르세우스의 이름을 딴 것이다. 페르세우스는 자신뿐만 아니라 처가 또한 모두 별자리를 가지고 있다. 안드로메다(Andromeda)자리와 카시오페이아(Cassiopeia)자리, 케페우스(Cepheus)자리가 바로 그것으로 각각 페르세우스의 아내와 장모, 장인에 해당한다.

바다의 신인 포세이돈의 아들이자 강력한 힘을 지닌 사냥꾼 오리온(Orion)은 사냥의 여신이자 달의 여신인 아르테미스와 서로 사랑하던 사이였다. 그러나 아르테미스의 오빠인 태양의 신 아폴론이 이를 탐탁하게 여기지 않았다. 아폴론은 오리온을 난폭한 성격을 지니고 있을 뿐만 아니라 인간이기에, 도저히 신과는 맺어질 수 없는 존재라고 생각하였다.

결국, 아르테미스와 오리온이 결혼한다는 소식을 들은 아폴론은 오리온을 죽이려고 전갈을 보낸다. 이후 전갈과 오리온은 둘 다 하늘에 올라 별자리가 되었다. 오리온은 겨울 하늘 높은 곳에 위엄있게 놓여있으며, 전갈자리는 여름 하늘에 낮게 떠 오리온을 쫓는 형상을 하고 있다.

천상의 별과
지상의 별

별(星, star)이란 천구에 붙박여 있어서 별자리를 기준으로 거의 움직이지 않으며, 하나의 점같이 보이는 천체이다. 그러나 실제의 별은 중심의 온도와 압력이 대단히 높기에 핵융합이 일어나고 있다. 별은 이처럼 수소원자가 서로 결합하여 헬륨원자가 되는 이른바 핵융합반응을 통해서 생성되는 막대한 에너지로 빛이나 열을 발산한다.

별의 지름은 보통 지구의 100배 정도이며, 지구가 속한 태양계에서 이런 크기에 빛과 열을 내는 별은 항성(恒星)인 태양이 유일하다. 따라서 행성(行星), 혜성(彗星), 유성(流星) 등에도 '성(星)'자가 붙어있으나 엄밀한 의미에서는 별이 아니다. 태양계의 대표적인 별인 태양은 보통별로서, 지름이 지구의 109배이며 질량은 지구의 약 33만 배에 달한다.

별을 문자나 도형으로 표기할 때는 ☆와 ＊ 같은 5각이나 6각으로 뾰족한 모양으로 사용하기도 한다. 이는 밤하늘 밝게 빛나는 별에서 '반짝'

하고 퍼져 나오는 빛살을 추상화한 것으로 보인다. 5각 별의 경우 오망성 (Pentagram)이라고 불리며, 오망성을 뒤집은 형태인 역 오망성(⛧)은 악마인 사탄을 상징하는 상징으로 채택되기도 했다. 6각 별은 다윗의 별이라고 불리며 현재 이스라엘의 국기에 사용되고 있다.

우주에는 수조 개에 달하는 별이 있다. 이 중에서 사람이 맨눈으로 밤하늘에서 볼 수 있는 별은 5~6천 개 정도에 불과하다. 이마저도 매연에 찌든 도시에서는 극히 일부만을 볼 수 있다. 더욱이 낮에는 태양 빛이 너무 밝아서 별을 볼 수 없다. 밤이 되어 하늘이 어두워져야만 별을 볼 수 있다. 별이 태양처럼 밝게 빛나 보이지 않는 까닭은 태양계 밖의 매우 먼 거리에 있기 때문이다. 지구에서 볼 때는 반짝이는 작은 점으로만 보인다. 태양계에서 가장 가까운 별은 태양에서 약 4.3광년 떨어져 있는 센타우루스 (Centaurus) 자리 프록시마(Proxima Centauri) 별이며, 가장 먼 별은 수백억 광년 거리에 있는 외부은하계에 존재한다. 1광년은 약 9.5조 km의 먼 거리이다.

별은 태양처럼 외롭게 홀로 있는 경우가 많지만, 지구와 달의 관계처럼 두 개의 별이 가까이 있으면서 인력을 통해 서로 영향을 주는 것도 많다. 이런 별들을 쌍성(雙星)이라고 하는데, 하늘에 있는 모든 별들 중 약 절반이 쌍성이다. 때로는 두 개의 별 외에 세 개 또는 그 이상의 별들로 구성된 다중성계(多重星系) 또는 많은 별로 구성된 성단(星團) 등의 형태로도 존재한다.

별의 종류는 밝기· 색깔· 온도· 질량· 크기· 화학조성· 나이 등에 따라 매우 다양하다. 우선, 별은 그 밝기에 따라 겉보기등급(apparent)과 절대 등급(absolute)으로 나뉜다. 겉보기등급, 즉 실시등급(實視等級)은 지구에서 보이는 별의 밝기를 측정한 지표이다. 별의 밝기는 별이 방출하는 복사선 의 양에 따라 결정된다. 이에 따라 지구와 가까운 별일수록 상대적으로 밝기가 강할 수밖에 없으며, 반대로 멀리 있는 별은 밝기가 강하더라도 빛이 먼 공간을 이동하는 동안 분산되기 때문에 상대적으로 약해 보일 수 밖에 없다.

별의 밝기 등급은 통상 6단계로 나눈다. 맨눈으로 볼 수 있는 가장 밝 은 별이 1등성이고 가장 어두운 별의 등급은 6등성이 된다. 그러나 망원경 을 사용하면 그보다 어두운 별도 보인다. 6등성보다 어두운 별은 7등성, 8 등성 등으로 나타낸다. 또 1등성보다 밝은 별도 많다.

0등성은 1등성보다 밝고, -1등성은 0등성보다 밝다. 이처럼 등급의 수 가 높은 별일수록 어둡고, 낮은 별일수록 밝다. 1등급 간의 밝기 차이는 약 2.5배로, 1등성은 2등성보다 2.5배가 밝고, 2등성은 3등성보다 2.5배가 밝다. 따라서 1등성의 밝기는 6등성의 약 100배가 된다. 태양은 그 어떤 별보다 밝다. 태양의 실시등급은 -26.7이고, 보름일 때 달의 등급은 -12.6 쯤이다.

절대등급이란 모든 별을 32.6광년 혹은 10파섹 떨어져 있다고 가정하 고 밝기의 등급을 매긴 것이다. 절대등급은 별의 밝기를 관측할 때 주관 적인 요소를 배제하므로 겉보기등급보다 별의 진정한 밝기를 잘 반영한 다고 볼 수 있다. 태양의 겉보기등급은 -26.7등급이지만 절대등급은 고작 4.8등급에 불과하다. 그런데 겉보기등급 기준 4.8등급은 하늘에 먼지가 많이 낀 도시에서는 잘 보이지 않을 정도로 어두운 별에 속한다.

　별은 저마다 파란색에서 붉은색 사이에 해당하는 고유의 색깔을 가지고 있다. 별의 색깔은 곧 그 별의 표면온도를 나타내는데, 일반적으로 별의 온도를 따지는 데는 '색지수(Colour Index)'가 중요한 잣대가 된다. 색지수를 참조하면 따뜻한 색이라 생각되는 빨간색과 노란색 별들은 오히려 차가운 별이고, 차가운 색으로 생각되는 파란색과 보라색 별들이 뜨거운 별이라고 한다.

　가장 뜨거운 별은 보라색별인데 보라색별의 표면 온도는 무려 42,000K에 달한다. 이것은 태양의 표면온도보다 7배 이상 더 높은 온도이다. 뒤이어서 파란색별이 30,000K에 달한다. 태양과 같은 노란색별은 5,500K에 불과해 상대적으로 차가운 편이며, 적색거성은 그보다 더 낮아서 3,800K에 불과하다. K는 영국의 물리학자 켈빈(kelvin)의 이름에서 따온 것이며, 열역학적 온도의 단위로 절대온도라고도 한다. 일상생활에서 많이 쓰이는 섭씨온도와의 관계를 보면, 0(zero)K는 섭씨 -273.15도이다.

　이렇게 일반적인 색의 느낌과 차이가 나는 이유는 보통 차가운 색을 내는 별들이 젊은 별들이고, 따뜻한 색을 내는 별들이 조금 늙은 별들이기 때문이다. 젊은 별들은 방출하는 복사에너지의 양이 많기에 색깔 자체는 차가워 보일지언정 온도가 굉장히 높고, 늙은 별들은 복사에너지의 양이 적기 때문에 상대적으로 온도가 낮은 것이다.

　별의 종류는 별의 크기 또는 진화의 정도에 따라 정해지기도 하는데, 주계열(主系列)의 별과 거성(巨星), 초거성(超巨星), 백색왜성(白色矮星), 중성자별(中性子星), 블랙홀(black hole) 등으로 나뉜다. 이 여러 종류의 별 중에서 가장 나이가 어린 별은 주계열의 별들이고, 가장 나이 많고 진화된 별은 백색왜성· 중성자별· 블랙홀이다. 사실상 중성자별과 블랙홀은 별이라기보다 별의 부스러기 또는 흔적이라 하겠다.

그리고 크기가 큰 별 중에는 지름이 태양의 수백 배가 넘는 초거성도 다수 있다. 지금까지 관측된 가장 큰 별로는 백조자리 NML이 태양 지름의 1,650배, 방패자리 UY Scuti는 1,700배, 그리고 Stephenson 2-18는 태양 지름의 2,150배에 달한다고 한다. 또 가장 무거운 별은 황새치자리의 R136a1로, 질량이 태양의 265배에 이른다.

이처럼 별, 즉 스타는 원래 관측 가능한 천체를 지칭하는 말이다. 그런데 스타는 밤하늘에만 있는 것은 아니다. 땅에도 많은 스타들이 있다. 가수, 영화배우, 탤런트, 개그맨, 운동선수 등 어떠한 분야에서 크게 유명하여 대중적으로 사랑을 받는 사람들을 우리는 '스타'라고 부른다. 오히려 현실의 생활 속에서는 이들을 지칭하는 뜻으로 더 자주 사용되고 있다. 더 나아가 이 스타보다 더 유명세를 타는 인기인은 슈퍼스타(Superstar)라고 한다. 스타는 셀러브리티(Celebrity), 셀렙(Celeb), 대세(大勢)라고도 불리고 있다.

스타는 일반적으로 연예계와 스포츠 분야에서 활약하지만, 사회관계망 서비스(SNS)의 활용빈도가 폭증하면서 소셜 스타(social star)도 탄생하고 있다. 이는 인스타그램, 페이스북 등의 소셜미디어에서 많은 팔로우(follow)를 거느린 일반인을 뜻한다. 보통 자신의 일상을 SNS에 올리거나 특정 분야의 정보를 올리다가 팔로어가 증가하면 광고 영상까지 붙는다. 이들 소셜 스타들은 유명 인사에 비해 광고비가 적게 드는 반면, 수많은 팔로우를 거느리고 있으며 친숙하고 신뢰감도 줄 수 있어 광고업계에서는 이들에 대한 선호도가 갈수록 높아지고 있다.

군대의 장군과 제독들도 흔히 스타로 불리고 있다. 이들은 계급장에 별이 들어가기에 '장성(將星)'이라고도 불린다. 장군이 되면 수천, 수만에 이르는 장병들을 호령하고 지휘한다. 국가와 사회에 미치는 영향력 또한 지대하다. 국가를 수호하는 군의 최고 우두머리 계급이며, 특히 전시에는 국가운명을 결정하는 막중한 역할을 한다.

이들 지상의 스타들은 매스미디어에 의해 대중에게 자신을 부각시킬 수 있는 기회가 많다. 또 이들의 언행이나 지니고 있는 소지품 등은 시중의 화젯거리가 되기도 하고 크고 작은 유행을 일으키는 등 대중에 영향을 끼치기도 한다. 그리고 수많은 열성 팬들을 거느리고 일반인들은 상상하기 어려울 정도의 부와 명예를 누리며 살아간다. 한 시대의 스타는 당대를 사는 대중이 가진 욕망과 꿈, 두려움 등이 투영된 존재이자 사람들이 대리만족을 얻는 대상이다. 그러기 때문에 이러한 스타들을 통해 그 시대의 사회상을 들여다볼 수 있게 된다.

사람들은 왜 스타를 좋아하는 것일까? 스타는 사람들이 스스로 결여하고 있다고 느끼는 부분을 대신해서 환상적으로 충족시켜 주는 대상이다. 그래서 사람들은 자신이 좋아하는 스타와 자신을 무의식적으로 동일시하게 된다. 스타와 동일시하는 순간 사람들은 대리만족을 느끼게 되면서 자신의 고달프고 초라한 현실로부터 벗어나는 기쁨과 행복을 만끽한다.

나아가 이제 대중 스타는 자본주의 경제가 원활히 돌아가게 하는데도 필수불가결한 존재가 되어있다. 특히 문화산업의 영역에서 그러하다. 이는 광고의 모델이 되는 스타는 소비자들의 구매욕구를 불러일으키는 가장 중요한 연결고리 역할을 하게 되기 때문이다. 또 광고뿐만 아니라 대중매체를 통해 소개되는 스타의 주거공간· 의복· 취미· 기호식품 등 일상생활조차도 대중들의 소비를 자극하는 중요한 요인이 되고 있다.

스타가 있으면 스타를 추종하고 따르는 팬이 있다. 스타와 팬은 서로에게 필요한 존재다. 그리고 '팬덤(fandom)'은 팬이라는 현상과 팬으로서 의식을 포괄적으로 지칭하는 개념이다. 산업사회의 대중문화에서 일반적으로 나타나는 현상이다. 일반적으로 팬덤은 고전예술 분야보다는 대중문화 분야에서 주로 나타난다. 또 팬덤은 남성보다는 여성, 성인보다는 청소년층에서 많이 나타나는 경향을 보인다.

스타는 땅에서나 하늘에서나 스스로의 힘으로 빛나는 존재들이다. 해처럼 스스로를 태워서 주위에 빛과 열을 주는 존재가 바로 스타, 즉 별이다. 땅의 스타도 마찬가지다. 밤하늘의 스타는 스스로를 태워서 빛을 내고, 땅의 스타들은 스스로를 태워서 이름을 알린다. 지구는 스스로 타지 않는다. 따라서 지구를 스타, 별이라고 부르지는 않는다. 지구는 행성일 뿐이다. 달도 타지 않는다. 달이 떴다고 더워지지는 않는다. 달이나 행성들이 빛을 내는 것은 스스로의 능력이 아니라 햇빛을 반사하기 때문이다.

이처럼 스타가 되기 위해서는 많은 노력을 해야 한다. 그리고 스타가 된 이후에는 그가 발휘하는 영향력에 걸맞은 책임이 따른다. 그러한 노력과 책임을 다함으로써 자신을 태워서 주위에 즐거움과 행복을 주는 존재가 바로 스타인 것이다. TV에 자주 등장하지만 사람들에게 기쁨과 행복을 주지 못할 경우, 그는 더이상 스타가 아니다.

UFO의 출현

　미확인 비행물체를 뜻하는 UFO(unidentified flying object)를 목격했다는 보고 건수는 전 세계적으로 연간 8천 건 이상에 달한다. 그러나 기존에 알려진 물체를 오인하여 UFO로 신고한 사례도 많다. 새떼, 유성, 비행기 불빛 혹은 조명등, 스텔스기, 인공위성, 기상관측기구나 구름, 풍선, 드론을 UFO로 오해하는 경우가 허다하다. 또 우주 쓰레기가 지구로 낙하하는 과정에서 불타는 광경이 UFO로 오인되는 경우, 심지어 별을 UFO로 오인하는 경우도 없지 않는 등 그 종류는 헤아릴 수 없이 많다.

　'Unidentified'라는 용어가 내비치는 것처럼 음모론과 영화의 소재로도 자주 원용되고 있다. 제2차 세계대전 당시 나치 독일이 무엇인가 이상한 원반 모양의 비행선을 개발하려고 했다는 이야기도 있고, 미국 뉴멕시코주 로즈웰 (Roswell) 시와 군사작전 지역인 네바다주의 '제51구역(Area 51)'은 미국 TV 시리즈인 〈THE X-FILES〉에 등장하기도 했다. 또 성화(聖畫)를 비롯해 중세 시대의 그림에 UFO로 보이는 물체들이 섞여 있다는 주장을 하는 사람들도 있는데, 이는 하늘에서 내려오는 신성한 빛을 묘사한 것을 UFO로 착각한 것으로 여겨지고 있다.

대다수의 UFO 목격자들은 목격된 물체가 외계에서 온 물체이거나, 어쩌면 군용 비행체일 수도 있지만, 틀림없이 지능이 있는 자들이 조종하는 것으로 여긴다. 이러한 추론은 UFO들이 무리를 이루어 편대비행을 하며, 그들의 방향·밝기·움직임이 일정하다가도 어떤 의도를 가진 것처럼 갑작스럽게 변화한다는 사실에 바탕을 두고 있다.

통상 UFO로 추정되는 비행물체는 일반 비행체와는 달리 급격히 방향을 전환한다. 일반 비행체는 방향 전환 시 일정 반경을 그리면서 회전을 하지만, UFO는 직각으로 꺾어 회전한다. 그리고 속도가 아주 빠르다는 특징을 지닌다. 목격보고에 대한 신빙성은 2명 또는 그 이상의 서로 무관한 목격자들이 있었는지 여부, 안개와 조명 등의 관측상태, 그리고 관측방향 등에 따라 차이가 나게 된다.

미국은 세계에서 UFO 목격담이 가장 많이 나오는 나라다. 그중에서도 '로즈웰 사건'은 UFO 미스터리의 시발점이다. 1947년 미국 뉴멕시코주 로즈웰에 UFO가 추락해 미군이 비행접시 잔해와 외계인 사체를 수거해 갔다는 소문이 퍼졌다. 그 이후 지금까지도 전 세계 곳곳에서는 UFO를 보았거나 촬영했다는 주장이 매일 나오다시피 한다.

미국 네바다주의 군사시설 '51구역(Area 51)'은 스텔스기를 비롯한 첨단 비행 무기 실험장이라는 것이 정설이다. 그러나 오래전부터 외계인이나 UFO에 대한 연구를 하고 있으며, 지구에 추락한 UFO 잔해를 회수해서 보관 중이거나 아예 외계인과 공동연구가 진행 중이라는 음모론이 끊이질 않고 있다. 2019년에는 대규모 인파를 형성해 9월 20일에 제51구역을 급습하자는 기이한 이벤트가 사회관계망 서비스(SNS)로 전파되어, 200만 명 가까운 참가자를 모으기도 했다. 물론 이 사건은 하나의 해프닝으로 끝났다.

이 같은 음모론은 이곳이 군사시설이란 점을 감안한다 치더라도 경비가 지나치게 삼엄하다는 점, 미국 정부가 작성한 지도에는 표기되어 있지 않으며 위성사진으로 볼 때 마치 서클(circle) 같은 기묘한 구조물이 발견된다는 점 등으로 인해 더욱 확산되었다. 그리고 이 지역 주변에 사는 사람들이 밤에 UFO가 지나가는 듯한 소리나 모습을 보았다는 주장, 또 정체불명의 발광 물체가 출몰하거나 의문의 굉음이 울리는 것을 들었다는 증언들도 가세되었다.

그런데 UFO는 제2차 세계대전 이후 우주항공 공학이 발전하면서 세인들의 관심이 더 커지게 되었다. 1948년 미국 공군은 '블루북 프로젝트(Project Blue Book)'라는 UFO 보고서 문서들을 보관하기 시작했다. 이 '블루북 프로젝트'에는 1969년까지 1만 2,618건의 UFO에 대한 목격 또는 사건의 보고가 기록되었다. 그리고 각각의 기록들은 이미 밝혀진 대로 천문·대기·인공적인 현상으로 '확인'되거나, 정보가 충분하지 못한 경우를 포함해서 '미확인'으로 분류되었다.

이 계획은 물리학자 콘던이 작성한 보고서 'Condon Report'가 내린 결론을 바탕으로 1969년 12월에 종결되었다. 콘던은 보고서를 통해 '외계인

가설(ETH, Extra Terrestrial Hypothesis)'을 확실하게 부인했으며, 더 이상의 조사는 필요 없다고 선언했다.

이 보고서에 따르면, UFO로 목격한 것의 90%는 거의 천문학적·기상학적 현상이나 비행기, 새, 기구, 탐조등, 고온 가스, 그리고 때때로 특별한 기상학적 조건이 복잡하게 뒤얽혀 생긴 현상인 것으로 판명되었다. 백악관도 2011년 UFO에 대한 공식 답변에서 "미국 정부는 지구 밖에 어떤 생명체가 있다는 증거 혹은 외계 존재가 인류와 접촉한 적이 있다는 증거를 갖고 있지 않다."라고 발표했었다.

그런데 2019년 6월, 미국 국방부는 미국 상원의원들에게 UFO 기밀 브리핑을 했다. 이에 따르면 미군 전투기 조종사들이 훈련 도중 UFO를 여러 번 목격했다고 한다. 이들은 2014년 여름부터 2015년 3월까지 대서양 연안 상공에 거의 매일 이상한 비행체들이 나타났으며, 이들 물체에는 눈에 보이는 엔진이 없었음에도 극초음속으로 3만 피트(feet) 상공까지 도달했다고 전했다.

더욱 놀라운 것은 그 물체가 온종일 한 자리에 머물렀으며, 움직이는 방향도 자유자재로 바꾸었다는 것이다. 조종사들은 이 비행체가 미국 정부의 기밀 고성능 드론(drone) 프로그램의 일부라고 생각했지만, 자칫 충돌할 뻔한 일까지 발생하자 안전을 우려해 상부에 보고했다고 증언하였다.

2020년 4월에도 미국 국방부는 UFO를 보여주는 짧은 영상 3편을 공식 배포했다. 공개된 영상에서는 UFO처럼 보이는 물체가 적외선 카메라에 포착돼 빠르게 움직인다. 공개된 영상 중 2건에는 군인들이 UFO의 빠른 속도에 두려워하며 탄성을 지르는 음성도 담겨있다. 드론일 수 있다고 추정하는 목소리도 들린다.

영상을 공개하면서 국방부는 "그동안 유포되어 온 영상이 진짜인지 아닌지에 대한 대중들의 오해를 풀기 위해 동영상들을 공개했다. 철저하게 검토한 결과 영상 공개가 어떤 민감한 군사적 능력이나 시스템을 보여주는 것은 아니라 판단했다."라고 말했다. 다만, 같은 해 5월 해군에서는 UFO가 아니라 무인항공시스템, 즉 드론일 가능성이 있다는 해명을 내놓았다.

이처럼 그동안 함구로 일관해 왔던 UFO에 대한 미국 정부의 입장이 다소 변화하는 조짐을 보이고 있다. 물론, 이것이 미국 국방부가 UFO를 인정한다는 것은 아니다. 다만, 식별할 수 없는 비행물체를 조금 더 잘 이해할 필요가 있음을 인정한 것이다. 이는 군사작전 중 조종사나 군인이 물체를 식별할 수 없다면 심각한 문제이기 때문이다. 이를테면 공중의 이상 물체가 러시아나 중국이 미군 정보를 수집하기 위해 띄운 드론이었을 가능성도 없지 않았을 것이라는 점이다.

2021년 6월 미국 정부는 UFO에 대한 국방 및 정보분석가들의 보고서를 발표하면서, 기존의 UFO 대신 미확인 공중 현상을 의미하는 'UAP(Unidentified Aerial Phenomena)'라는 용어를 사용하였다. 이는 비행체들이 정말 실체가 있는 물체인지조차 알 수 없기 때문이다. 그러면서도 보고서는 "UAP는 항공 안전과 관련한 사안을 제기했으며, 국가안보에 위협이 될 수도 있다. 한 가지로 설명하기는 어렵다."라고 기술했다.

현재 미군은 UFO와 같은 이상물체 식별을 효율화하기 위해 인공지능 등 새로운 기술을 활용하고 있다. 이러한 새로운 기술에는 센서에서 들어오는 모든 신호를 분석하기 위해 그것들을 결합하고, 또 식별할 수 없는 관측치는 분리하는 시스템도 포함되어 있다. 시스템은 인근 차량이나 궤도위성에도 센서를 할당하여 실시간으로 추가 정보를 수집할 수 있기에, 훨씬 더 완벽한 이미지를 확보할 수 있다.

인공위성이 무수히 발사되는 오늘날 첨단과학의 시대에도 UFO에 대한 목격담은 여전히 여기저기서 들리며, 사진 또한 갈수록 더 선명해지는 경우가 많다. 이에 따라 미국을 위시한 주요국들은 UFO를 외계인의 존재 문제와 연계시켜 보다 정밀한 연구와 검토를 진행해 나가는 중이다.

외계인의 존재와
침략 가능성

'외계인(外界人)'이란 직역하면 바깥 세계에서 온 사람이지만, 일반적으로는 지구 바깥에 사는 인간과 비슷하거나 그 이상의 지성을 가진 생명체를 포괄적으로 뜻한다. 영어로는 흔히 외부인을 통칭하는 '에일리언(Alien)'으로 칭하지만, 'Extraterrestrial Life'를 사용하기도 한다. 여기에서 따온 약칭이 다름 아닌 'E.T'이다.

외계인의 존재에 대해서 현대과학으로는 단정적으로 있다고 말할 수도 또 없다고 말할 수도 없다. 이는 사람이 관찰 가능한 우주에만도 수천억 개에 달하는 은하가 있고, 또다시 각 은하마다 수천억 개에 달하는 별들이 있을 정도로 우주가 방대하기 때문이다.

더욱이 전체 우주의 크기를 제대로 알지를 못하고 있을 뿐만 아니라 생명체가 존재하는지 여부, 생명체가 지성을 발전시키는 쪽으로 진화할 확률 등 그 어떤 것에 대해서도 정확히 알지 못하는데 기인한다. 즉 달과 화성을 제외한 태양계 내 어떤 천체에도 생명이 없다고 확언하지 못한다는 것이다. 더 나아가 달과 화성에도 생명체가 존재할 가능성이 있다고 주장하는 사람도 없지 않다.

미의 여신 '비너스(Venus)'라는 이름과는 달리 사람이 살기에 너무나 혹독한 환경을 지닌 금성에도 생명체가 존재할 가능성이 있는 것으로 밝혀졌다. 2020년 미국과 영국 등 공동 연구팀은 과학 저널인 네이처(Nature) 천문학과 천문생물학지에 금성 대기 구름에서 원소 인(P)의 수소화합물인 포스핀(phosphine, PH3)을 발견했다고 발표했으며, NASA도 이에 관심을 가지고 적극 대응해 나갈 생각이라고 밝혔다. 포스핀은 생명체가 존재하느냐를 결정하는 주요 변수가 되는 물질이다.

인류가 외계 생명체에 대해 구체적으로 관심을 기울이기 시작한 것은 20세기 후반 들어 미국의 아폴로계획 등을 통해 본격적인 우주 진출에 나선 직후부터였다. 외계문명에 대한 언급으로는 이탈리아의 물리학자 엔리코 페르미가 1950년에 제안한 '페르미 역설(Fermi paradox)'이 유명하다.

"이해하기 어려울 정도로 방대한 우주의 규모를 생각하면, 인류 문명과 같이 외계지성체가 세운 외계문명의 존재는 너무나도 당연하다. 정말 외계인들이 존재한다면 그 중 먼저 발생해 오랜 시간 존재해온 선구자 문명도 있을 것이고, 일부는 이미 지구에 와 있어야 한다. 하지만 그 외계문명들은 대체 모두 어디에 있는 건가?" 이것이 바로 페르미 역설이다.

이 문제를 과학적으로 이론화하기 위해 여러 가지 모델이 만들어졌다. 미국의 천문학자 프랭크 드레이크가 만든 '드레이크 방정식(Drake equation)'도 그중 하나다. 우주의 크기와 별들의 수에 매혹된 드레이크는 '우리 은하'에 존재하는 별 중 행성을 가지고 있는 별의 수를 어림잡고, 거기서 생명체를 가지고 있는 행성의 비율을 추산한 다음, 다시 생명이 고등생명으로 진화할 수 있는 환경을 가진 행성의 수로 환산하는 식을 만들었다.

이 식에 기초해 드레이크 자신이 예측한 우리 은하 내 문명의 수는 약 1만 개에서 수백만 개에 이른다. 드레이크는 이에 그치지 않고, 전파망원경을 이용해 외계로부터의 신호를 찾기 위해 가까이 있는 두 별의 주변에서 오는 신호를 찾는 시도를 하였다. 이는 공식적인 외계 지적생명체 탐사, 곧 '세티(SETI)'의 출발점이 되었다.

외계의 지적생명체 탐사, 일명 'SETI(Search for Extra-Terrestrial Intelligence)'는 외계 지적생명체를 찾기 위한 일련의 활동을 포괄적으로 부르는 말이다. 외계행성들로부터 오는 전자기파를 찾거나, 그런 전자기파를 보내서 외계 생물을 찾는 것을 목적으로 한다. 1960년 미국 코넬 대학교의 '오즈마계획(Ozma Project)'이 SETI의 시작이었다.

SETI는 1984년, 천문학자이자 〈코스모스(Cosmos)〉의 저자인 칼 세이건(Carl Sagan)에 의해 SETI 연구소가 설립되면서, NASA를 비롯해 다수의 과학재단으로부터 후원을 받는 국가지원 프로젝트가 되었다. 이 계획에는 스티븐 호킹(Stephen William Hawking)을 비롯해 많은 과학자들이 관심을 보였고, 영화감독인 스티븐 스필버그는 10만 달러를 기부하기도 했다. 그러나 별다른 성과가 없자 1993년 미국 의회는 세금낭비라는 이유로 지원을 중단하였다. 현재는 민간에서 후원을 받으며 SETI@home의 체제로 연구를 지속 중이다.

한편, NASA는 2021년 '제임스웹' 우주망원경을 쏘아 올리면서 지금까지 발견된 외계행성들의 대기분석을 실시하고, 이를 통해 외계생명체의 존재 여부를 확인해볼 예정이다. 이 경우 SETI와 같은 기존의 방법에 비해 외계생명체의 발견 확률을 수만 배로 올릴 수 있게 된다. 물론 이 방법으로도 외계생명체의 지능이 얼마나 발달했는지는 알 수 없다. 그러나 외계생명체가 존재하는 외계행성들을 발견하는 것만으로도 SETI 프로그램 또한 탄력을 받을 것으로 전망된다.

이처럼 우주에는 우리 외에도 다른 문명이 있을 것이라는 점에 대해서는 많은 과학자들이 동의하고 있다. 그런데도 우리는 왜 외계인들을 한 번도 본 적이 없는 것일까? 그 이유를 행성 간 거리가 너무나 멀어 어떤 문명도 그만한 거리를 여행할 수 있는 기술을 확보하지 못했기 때문이라고 과학자들은 생각하고 있다.

또 다른 하나의 장애요인은 통신수단의 문제이다. 비록 외계문명이 존재한다 하더라도 그들과 교신하기에는 우리의 통신수단이 너무나 원시적이라 외계인들이 신호를 보내온다 하더라도 우리 기술로는 그것을 포착하지 못할 수도 있다는 것이다.

더 커다란 장애요인으로는 시간의 문제가 있다. 100광년 저쪽의 문명 세계에서 온 메시지를 받았다고 하면 그것은 100년 전에 보낸 내용일 것이며, 그에 대해 회신을 한다면 또 다른 100년 뒤에나 도달할 것이다. 더욱이 우리 인류가 문명을 일구어온 지는 1만 년도 채 안 된다. 우주의 길고

긴 역사에 비하면 거의 찰나에 불과하다. 다른 문명도 만약 그렇다면, 이 오랜 우주의 시간 속에서 두 찰나가 동시에 존재할 확률은 거의 0에 가깝다는 말이 된다. 이러한 것들이 바로 외계인을 만날 수 없는 가장 근본적인 장애요인인 것이다.

과거 외계인의 신호로 착각해 논란이 된 사건 두 가지를 소개한다. 하나는 '와우 시그널'이다. 1977년 8월 15일 밤, SETI 프로젝트의 일반 참여자이자 오하이오 주립대학 교수였던 제리 R. 이만(Jerry R. Ehman)은 탐지된 전파의 컴퓨터 데이터를 출력하여 분석하던 중 특별한 신호를 발견하였다.

이 신호는 외계 신호일 가능성이 있는 10kHz 이하의 매우 좁은 주파수 폭을 가진 전파였는데, 전파망원경 Big Ear telescope에서 72초간 수신되었다. 위치는 궁수자리 안쪽이었다. 그러나 이 신호는 그 이후로 더이상 발견되지 않았다. 여전히 이 신호의 정체는 논란으로 남아있다. 당시 신호를 받고 놀라 종이에 'Wow!'라고 적었기에, 오늘날 '와우 시그널(Wow! Signal)'로 불리고 있다.

다른 하나는 '오무아무아' 사건이다. 2017년 하와이대학교 망원경에 담배 시가(cigar)모양의 물체가 포착되었는데, 이것이 외계인이 보낸 성간비행체라는 해석이 나와 주목을 받았다. 이 물체는 하와이 원주민 언어로 '먼 곳에서 온 메신저'라는 뜻을 가진 '오무아무아(Oumuamua)'라고 불렸다.

오무아무아는 태양의 중력에 붙잡히지 않을 정도로 속도가 빨랐고, 혜성 주변에서 보통 관찰되는 먼지와 가스, 얼음 등의 물질도 발견되지 않았다. 그러나 과학자들이 후속 연구를 통해 이는 성간비행체가 아니며, 다른 별을 도는 거대한 가스형 행성에서 떨어져 나온 물체인 것으로 결론 내렸다.

2020년 6월, 영국 노팅엄대 천체물리학과 크리스토퍼 콘슬라이스(Christopher Conselice) 교수와 톰 웨스트비(Tom Westby) 연구원은 흥미로운 연구결과를 발표했다. 그들은 지구와 같이 지능을 가진 생명체가 발달할 환경이 갖춰진다면, 은하계 내 다른 곳에서도 지능을 가진 생명체가 생겨났을 것이라고 가정하였다. 그러면서 이 가정을 '우주생물학의 코페르니쿠스 원리(Astrobiological Copernican Principle)'라고 말했다.

이들은 행성에서 생명체가 형성되는 데는 최소 40억 년, 최대 45억~55억 년의 세월이 걸렸을 것이라는 추산을 했다. 이런 추산에는 은하계 항성 형성의 역사, 항성의 금속 함량, 항성의 지표 공간에 생명체가 형성될 가능성 등이 고려되었다. 이 법칙에 따르면 활동적이고 소통이 가능한 지능의 문명체가 최소한 36개 이상 존재할 것으로 전망했다.

그러나 잠재적 외계문명과 쌍방향 소통을 하는 것은 불가능하다고 보았다. 이는 가장 가까운 외계문명이 있을지도 모르는 행성도 지구에서의 거리가 약 1만 7천 광년에 달해, 다른 외계문명이 보낸 신호가 지구에 다다르는 데는 너무 오랜 시간이 걸리기 때문이라고 설명했다. 또 이들 문명의 생존기간이 우리와 달리 길지 않다면 우리 은하 안에서는 지구가 유일한 문명일 가능성도 있다고 말했다.

한편, 만약 외계인이 존재한다면 그들이 지구를 침략할 가능성도 있다는 가설이 제기된다. 만약 인류와 비슷한 탄소 생명체라면 대기가 있는 지구는 그들이 살기 적절한 행성이라고 생각하여 침략할 가능성이 없지 않다. 또 인류의 존재 자체가 외계인에게 위협적이라고 판단할 경우에도 외계인은 충분히 지구를 침략할 여지가 있을 것이다.

더욱이 외계인이 이미 지구를 지배하고 있다는 음모론마저 없지 않다. 이들의 주장에 의하면 지금 현재 세계를 지배하고 있는 생명체는 보통 인간이 아니라, 파충류 외계인 렙틸리언(Reptilian)들이다. 그들은 '일루미나티(Illuminati)' 사탄 의식을 행하는 자들이며, 그 의식과정에 인간을 희생 제물로 드리고 희생 제물인 인간의 피를 마신다. 그들은 세계 각국의 정부를 배후에서 조종하고, 자기들의 장기구상에 따라 세계의 정치와 경제, 전쟁 등 모든 것을 주관하고 있다는 것이다.

또 이 일루미나티의 계급은 단계적으로 층을 이루는데, 핵심 세력은 렙틸리언이라고 하는 파충류 외계인이라는 것이다. 일루미나티 피라미드 조직에서 가장 높은 곳에는 그들의 신인 루시퍼(Lucifer)가 있고, 바로 아래 실질적인 지배계층인 렙틸리언들이 있다. 그리고 그 아래에는 하수인 격인 상류층 인간들이 있으며, 가장 낮은 계층에 일반 대중들이 존재한다는 것이다.

외계인 존재 여부에 대한 몇 가지 명언을 소개한다. 영국의 미래학자 아서 C. 클라크(Arthur C. Clarke)는 "두 가지 가능성이 있다. 우주에 우리만 존재하거나 그렇지 않거나. 둘 다 똑같이 무서운 일이다. (Two possibilities

exist: Either we are alone in the Universe or we are not. Both are equally terrifying.)"
라고 했다.

또 SETI를 창설한 칼 세이건(Carl Sagan)은 "우주에 만약 우리만 있다면 엄청난 공간의 낭비겠죠. (If it's just us, it seems like an awful waste of space.)"라는 말을 남겼다.

그리고 영국의 물리학자 브라이언 콕스(Brian Cox)는 페르미 역설과 외계인 침략 가능성에 대해 다음과 같은 의견을 제시하였다.

"페르미 역설에 대한 해답 중 하나는, 자기 자신을 파괴할 수 있는 힘을 지닌 세계가 존속되는 것이 불가능하다는 것이며, 이를 방지하기 위해 국제협력적인 해법이 필요하다. (One solution to the Fermi paradox is that it is not possible to run a world that has the power to destroy itself and that needs global collaborative solutions to prevent that.)"

별,
문학과 예술이 되다

밤하늘에 빛나는 별만큼 오랜 세월 동안 사람들의 사랑과 관심을 받아 온 대상도 없을 것이다. 어떤 작가는 별을 모르고 사는 것은 세상이 가진 아름다움의 반을 포기하고 사는 것이라고도 말했다. 우리가 보는 세상의 반은 하늘이고, 살아가는 시간의 반은 밤이기 때문이다. 그리고 그 밤하늘의 주인공이 바로 별이기 때문이기도 하다. 별은 사랑을 이어주는 좋은 소재이기도 하다. 사랑 노래에 가장 많이 등장하는 단어 중의 하나가 바로 별이다. 별자리 신화에 가장 많이 등장하는 이야기 또한 사랑의 이야기다.

프랑스 작가 알퐁스 도데(Alphonse Daudet)의 〈별〉은 언제 읽어도 가슴이 찡해지며 여운이 남는 아름다우면서도 잔잔한 감동을 주는 작품이다. 주제는 가슴 설레는 첫사랑에 대한 기억이다. 문체는 간결하고 담백하다. 그 줄거리는 이렇다.

"나는 프로방스 지방 뤼브롱산의 목장에서 홀로 양떼를 치는 양치기 소년이다. 이곳은 마을에서 멀리 떨어져 있기에 몇 주일씩 양떼와 사냥개만 상대하며 혼자 지내기도 한다. 그래서 나는 보름마다 한 번씩 양식을 가져다주는 농장 식구들에게 마을 소식을 전해 듣는 것이 가장 큰 즐거움이다. 사실 내가 제일 궁금해하는 관심사는 주인집 딸인 아름다운 스테파네트에 대한 소식이다. 어느 날 뜻밖에 스테파네트가 양식을 싣고 목장에 나타난다.

그런데 공교롭게도 그날 점심나절에 내린 소나기로 강물이 불어나 스테파네트는 마을로 돌아갈 수 없게 된다. 무수한 별들이 빛나는 밤하늘을 바라보며 나는 모닥불 앞에 앉은 스테파네트에게 별에 관련된 아름다운 이야기를 들려준다. 이야기를 듣고 있던 스테파네트는 내 어깨에 머리를 기대고 잠이 든다. 나는 밤하늘의 숱한 별들 중에서 가장 가냘프고 빛나는 별이 길을 잃고 내게 기대어 쉬는 모습을 지켜보며 밤을 지새운다."

주옥같은 명대사를 수없이 남긴 프랑스 작가 생텍쥐페리(Antoine de Saint-Exupéry)의 〈어린 왕자(Le Petit Prince)〉도 별이 모티브가 된다.

- 가장 중요한 건 눈에 보이지 않아.
- 별들은 아름다워, 보이지 않는 한 송이 꽃 때문에.
- 어른들은 누구나 처음엔 어린이였다, 그러나 그것을 기억하는 어른은 별로 없다.
- 사막이 아름다운 것은 어딘가에 샘을 감추고 있기 때문이야.
- 누군가에게 길들여진다는 것은 눈물 흘릴 일이 생긴다는 것일지도 모른다.
- 사람들 속에서도 외로운 건 마찬가지야.

– 만약 오후 4시에 네가 온다면, 나는 3시부터 행복해지기 시작할 거야.

소설의 줄거리는 이러하다.

"비행기 고장으로 사막에 불시착한 조종사인 나는 한 소년을 만난다. 소년은 자신이 사는 작은 별에 사랑하는 장미를 남겨 두고 세상을 보기 위해 여행을 온 어린 왕자였다. 어린 왕자는 이웃한 여러 별을 여행한다. 권위만 내세우는 왕과 젠체하는 사람, 자책만 일삼는 술꾼과 소유하는 것만이 중요하다고 생각하는 부자, 책상을 떠나지 않으면서 세상의 지도를 그리는 지리학자와 일에 중독되어있는 가로등 켜는 사람 등 다양한 사람들과 만나게 되고 그들의 잘못된 가치관에서 석연치 않음을 느낀다.

어린 왕자가 마지막으로 도착한 별이 지구이다. 거기서 뱀과 장미꽃을 만나게 된다. 그리고 여우와 나는 그의 친구가 되어 많은 이야기를 나눈다. 특히 여우와 어린 왕자는 서로를 길들여 세상에서 하나밖에 없는 꼭 필요한 존재로 남는다. 그러나 어린 왕자는 자신만의 특별한 존재인 장미를 떠올리며 떠나온 별로 다시 돌아가기로 결심한다.

때마침 비행기 엔진 수리를 마친 나는 어린 왕자와의 이별을 몹시 서글퍼하며 그가 모래언덕에서 사라지는 것을 지켜본다. 시간이 지나 나는 밤하늘을 바라보면서 어린 왕자의 별과 그의 장미꽃에 대해 생각한다. 그리고 어떤 마음으로 바라보느냐에 따라 세상이 달라질 수 있다는 것을 깨달으며 어린 왕자를 그리워한다."

윤동주의 서시(序詩) 〈별 헤는 밤〉 또한 별이 모티브가 되었다.

이 작품은 밤하늘의 별을 통해 아름다웠던 유년 시절을 회상하며, 이상에 대한 동경과 자기 성찰을 형상화하고 있다. 별은 과거를 회상케 하는 매개체 역할을 한다. 또 별은 '추억, 사랑, 쓸쓸함, 동경, 시' 등 우리가 지향하는 내적 세계를 나타내는 동시에, 그리워하는 세계에 속한 아름다운 이름들을 비유한다. 우리가 그리워하는 세계에 대한 것들은 아름답지만 공간적으로는 멀고 시간적으로는 되돌아갈 수 없는 과거에 있다. 이런 점에서 우리가 그리워하는 세계에 속한 것들의 실상은 별의 이미지와 맞아떨어진다. 별은 어둠 속에 아름답게 반짝이는, 그러나 닿을 수 없는 거리에 있는 것이기 때문이다.

계절이 지나가는 하늘에는
가을로 가득 차 있습니다.
나는 아무 걱정도 없이
가을 속의 별들을 다 헤일듯합니다.
가슴 속에 하나 둘 새겨지는 별을
이제 다 못헤는 것은
쉬이 아침이 오는 까닭이요,
내일 밤이 남은 까닭이요,
아직 나의 청춘이 다하지 않은 까닭입니다.

별 하나에 추억과
별 하나에 사랑과
별 하나에 쓸쓸함과
별 하나에 동경과

별 하나에 시와

별 하나에 어머니, 어머니

어머님, 나는 별 하나에 아름다운 말 한마디씩 불러봅니다. 소학교 때 책상을 같이 했던 아이들의 이름과 패(佩), 경(鏡), 옥(玉) 이런 이국 소녀들의 이름과, 벌써 아기 어머니된 계집애들의 이름과, 가난한 이웃 사람들의 이름과, 비둘기, 강아지, 토끼, 노새, 노루, '프랑시스 잠', '라이너 마리아 릴케' 이런 시인의 이름을 불러 봅니다.

이네들은 너무나 멀리 있습니다.

별이 아스라이 멀듯이

어머님, 그리고, 당신은 멀리 북간도에 계십니다.

나는 무엇인지 그리워

이 많은 별빛이 내린 언덕 위에

내 이름자를 써 보고,

흙으로 덮어 버리었습니다.

딴은 밤을 새워 우는 벌레는

부끄러운 이름을 슬퍼하는 까닭입니다.

그러나 겨울이 지나고 나의 별에도 봄이 오면

무덤 위에 파란 잔디가 피어나듯이

내 이름자 묻힌 언덕 위에도

자랑처럼 풀이 무성할 거외다.

일생을 불우하게만 살았던 네덜란드 화가 빈센트 반 고흐(Vincent van Gogh)의 대표작 〈별이 빛나는 밤〉에는 그의 고독과 광기에 찬 삶의 모습이 송두리째 담겨있다. 그가 그린 밤하늘에서는 구름과 대기, 별빛과 달빛이 폭발하고 있다. 하늘은 굽이치는 두꺼운 붓놀림으로 불꽃 같은 사이프러스(cypress) 나무와 연결되고, 그 아래의 마을은 대조적으로 평온하고 고요하다.

고흐가 그의 동생 테오에게 보낸 편지 속에는 "나는 별을 보면 항상 꿈을 꾼단다. 왜 우리는 별에 더 가까이 갈 수 없을까, 살아있는 동안에는 별에 갈 수 없으므로 우리를 별까지 데려다주는 수단은 죽음이다"라는 이야기가 담겨있다. 하늘 위에 떠 있는 별처럼 그는 불멸을 꿈꿨을지도 모른다. 이제까지 살아온 세상을 뒤로 한 채 별에 다가가기만을 꿈꿀 만큼 그는 외롭고 지쳐 있던 것이 아닐까...

이 작품이 사람들에게 주는 이미지가 너무 강렬했기에 결국 노래로도 만들어지게 된다. 〈Vincent〉라는 이 노래는 미국의 싱어송라이터(Singer-songwriter) 돈 매클레인(Don McLean)이 고흐의 일대기를 읽고 그를 추모하기 위해 쓴 곡이다. 그는 책을 읽던 그날 밤, 너무나 가슴이 설레어서 잠을 이룰 수 없었고, 하룻밤 만에 이 노래를 완성했다고 한다.

Starry, starry night

Paint your palette blue and gray

Look out on a summer's day

With eyes that know the darkness in my soul

Shadows on the hills

Sketch the trees and the daffodils

Catch the breeze and the winter chills

In colors on the snowy linen land

별들이 총총히 빛나는 밤에

당신의 팔레트를 파란색과 회색으로 물들여요

여름날 밖을 내다보아요

내 영혼의 어두움을 아는 그런 눈으로요

언덕 위의 그림자들

나무도 그려 넣고 수선화도 그려요

불어오는 미풍과 겨울의 한기를

새하얀 화폭에 색칠해 담아요

Now I understand

What you tried to say to me

How you suffered for your sanity

How you tried to set them free

They would not listen they did not know how

Perhaps they'll listen now

Starry, starry night

이젠 깨달았어요

당신이 나에게 뭘 말하려고 했었는지

얼마나 영혼이 아팠는지

얼마나 그들로부터 자유를 갈망했는지

그들은 어떻게 듣는지도 모른 채, 들으려 하지 않았죠

지금은 아마 귀를 기울일 거예요

별들이 총총히 빛나는 밤에

필름에
투영된 우주

우주는 필름을 통해서도 그 신비함과 아름다움이 조명되었다. 대다수 영화와 TV 시리즈물은 상상 속의 이야기이지만, 현실에서 일어난 실제상황을 다큐멘터리 형식으로 만든 것도 다수 있다. 대표적인 다큐멘터리 영화로는 아폴로 13호의 비극을 그린 동명의 〈아폴로 13〉이라는 작품이 있다. 이제 400㎞ 우주상공에 떠 있는 국제우주정거장을 배경으로 한 영화도 조만간 만들어질 것으로 보인다. 이는 영화배우 톰 크루즈가 스페이스 X 및 NASA와 함께 국제우주정거장에서 영화제작 프로젝트를 추진중에 있기 때문이다.

가장 먼저 만들어진 우주영화는 1953년에 제작된 H.G. 웰스(Herbert George Wells)의 동명 소설을 영화화한 〈우주전쟁(War Of The Worlds)〉이다. 외계인의 침략으로부터 살아남기 위해 싸우는 한 미국인 가족의 눈을 통해 인류에 일어나는 엄청난 재앙을 보여주는 SF(Science fiction) 영화다. 영화는 면역력이 없는 외계인들이 지구의 세균과 바이러스에 감염되어 죽게 되는 것으로 끝이 난다. 이 영화는 2005년에 또다시 스티븐 스필버그 감독, 톰 크루즈 주연으로 리메이크(remake)되었다.

그러나 우주에 대한 대중들의 관심을 보다 뜨겁게 불러일으킨 필름은 1966년부터 제작된 〈스타 트렉(Star Trek)〉과 1977년 조지 루카스 감독에 의해 만들어진 시리즈물 〈우주전쟁(Star Wars)〉이라 하겠다.

1997년에 제작된 〈콘택트(Contact)〉라는 영화는 천문학자 칼 세이건을 추모하며 만들어졌다. 주인공 엘리는 어렸을 적 외계인으로부터 교신을 받은 기억을 지니고 사는 소녀이다. 그리고 자신이 찾고자 하는 절대적인 진리의 해답은 과학에 있다고 믿었다. 엘리는 대학에 들어가 과학을 공부하고 박사학위를 딴다. 이후 그가 평생을 걸고 매달리기로 결심한 프로젝트는 외계의 지적생명체 탐사 프로그램 SETI이다. 그러나 SETI 프로그램은 경제성이 없었기에 결국 정부의 지원이 중단되고 만다. 이에 엘리는 기업들의 후원금 모집에 나서게 되지만 모금은 쉽지 않았고 많은 고초를 겪는다.

하루는 글로벌 대기업을 찾아 후원금 지원요청을 위한 발표를 하는데, 심사위원들은 공상과학 소설에나 나올법한 수준의 프로젝트에는 지원하지 않겠다고 말한다. 이에 엘리는 비행기나 인공위성, 휴대폰도 처음에는 공상과학 소설에서 나온 개념이라면서 당장 눈앞의 성과와 이익에만 급급하면 어떻게 과학의 발전이 이뤄졌겠냐며 설득하여 결국 후원금을 받아낸다. 참으로 인상적인 장면이다.

이후에도 엘리는 많은 시련을 겪게 되는데, 특히 외계인을 찾아나서는 미국 정부의 프로젝트 선발과정은 유별났다. 엘리는 이 프로젝트에 응모하여 몇 명의 선두그룹에 포함되었다. 그러나 최종 선발과정에서 무신론자라는 이유로 탈락하게 된다. 심사위원들은 전 인류의 90% 이상이 어떤 형태의 신이든 신봉하고 있는 상황에서 신을 믿지 않는 사람을 인류 대표로 보기에 부적절하다는 이유를 들었다.

이처럼 여러 번의 우여곡절을 거치게 되지만 마침내 엘리는 외계 탐사선을 타고 우주로 나아가게 된다. 이후 지구로 귀환한 엘리는 자신의 18시간 우주여행 경험을 설명하지만, 카메라에 찍힌 건 잡음뿐이라 이를 증명하는 데는 실패한다. 그러나 엘리는 외계 여행이 단순한 환각이었다고 하더라도 자신에게는 충분히 의미 있는 경험이었다고 여기며 살아간다.

〈그래비티(Gravity)〉는 2013년 공개된 알폰소 쿠아론 감독의 SF 영화로, 우주 영화의 새로운 패러다임을 제시한 걸작으로 꼽힌다. 영화는 허블 우주망원경을 수리하기 위해 우주를 탐사하던 여성연구원 라이언 스톤이 사고로 인해 소리도 산소도 존재하지 않는 광활한 우주 한가운데에 홀로 남겨지는 상황에서 시작된다.

지구로부터 600km 떨어진 곳, 깊이도 넓이도 알 수 없는 그 무한의 공간에서 스톤은 철저히 고립된다. 망망대해 같은 공간에서도 절망에 굴복하지 않고 인간의 한계를 뛰어넘어 결국 생존하고야 마는 인간의 모습은 우주공간이 지닌 압도적인 고요함과 깊이를 알 수 없는 공포감 사이를 오가며 오묘한 경이로움을 선사한다.

영화는 중력이 없는 우주에서 실제 촬영한 것처럼 카메라가 등장인물 주변과 배경을 지속적으로 회전하면서 정적 속에서 진행된다. 그 결과 관객으로 하여금 함께 우주를 유영(游泳)하며 관람하는 착각을 불러일으킴으로써 체험적 영화의 목적을 잘 살려낸다. 또 극 초반에는 등장인물들을 지켜보는 전지적 시점의 화면을 보여주지만, 위성의 파편으로 인해 주인공의 재난이 시작되면서부터는 1인칭 시점으로의 변화를 준다.

주인공 스톤이 묶여 있던 구조물로부터 떨어져나가는 순간 관객은 다시 처음 시작 장면과 비슷한 지구의 이미지를 보게 된다. 그리고 그 안에 한없이 작아서 점과도 같이 보이는 스톤이 점점 화면으로 다가오면서 오랜 시간 클로즈업(close-up)된다. 이는 광활한 우주에서 아주 작은 존재인 인간의 무력함을 나타내면서 동시에 클로즈업된 스톤의 얼굴을 통해 관객이 영화 속 재난의 긴박함을 주인공과 함께 느끼게 하는 효과를 준다. 이 시점부터 관객들은 인간이 살 수 없는 우주공간에 혼자 남은 공포를 주인공과 함께 체험하게 되는 것이다.

〈인터스텔라〉는 2014년에 개봉한 영화로 〈인셉션〉, 〈다크 나이트〉로 유명한 크리스토퍼 놀란(Christopher Edward Nolan)이 메가폰을 잡은 작품이다. '인터스텔라(Interstellar)'는 중간을 뜻하는 'inter'와 별을 뜻하는 'stellar'의 합성어다.

점점 황폐해가는 지구를 대체할 인류의 터전을 찾기 위해, 새롭게 발견된 우주에서 먼 거리를 가로질러 지름길로 여행할 수 있다고 하는 가설적 통로, 웜홀(wormhole)을 통해 항성 간(Interstellar) 우주여행을 떠나는 탐험가들의 모험이 연대기 순으로 그려진다. 광활한 우주 이미지를 제대로 구

현하려면 필름 영화 고유의 질감이 필요하다는 놀란 감독의 판단 때문에
35mm 필름으로 촬영되었다.

영화제작 과정의 이야기도 흥미롭다. 처음에는 스티븐 스필버그가 영
화제작에 흥미를 보여 조너선 놀란(Jonathan Jonah Nolan)에게 〈인터스텔
라〉의 각본 작업을 맡겼다. 조너선 놀란은 4년 동안 캘리포니아 공과대학
에서 상대성 이론을 공부하면서 시나리오 작업에 매달렸다. 그러나 영화
기획이 생각보다 길어졌고, 2009년 스필버그의 드림웍스가 파라마운트
에서 디즈니로 옮겨가면서 '인터스텔라 프로젝트'에는 새로운 감독이 필
요하게 됐다. 조너선은 자기 형인 크리스토퍼 놀란에게 시나리오를 보여
줬고, 관심을 보인 놀란은 〈인터스텔라〉에 여러 아이디어를 제시하면서
스필버그를 대신하여 메가폰을 잡게 된다.

줄거리는 이러하다. 세계 각국의 정부와 경제가 완전히 붕괴된 미래가
다가온다. 지난 20세기에 범한 잘못이 전 세계적인 식량 부족을 불러왔고,
NASA도 해체되었다. 이때 시공간에 불가사의한 틈이 열리고, 남은 자들
에게는 이곳을 탐험해 인류를 구해야 하는 임무가 지워진다. 사랑하는 가
족들을 뒤로 한 채 인류라는 더 큰 가족을 위해, 그들은 이제 희망을 찾아
우주로 간다. 그리고 우린 답을 찾을 것이다. 늘 그랬듯이…

화성인이란 뜻을 지닌 영화 〈마션(The Martian)〉은 앤디 위어의 동명 소
설을 원작으로 각색되었다. 〈에이리언(Alien)〉, 〈프로메테우스〉로 유명한
리들리 스콧 감독의 2015년 작품이다. NASA의 자문을 받아 만들어진 이
영화는 모래 폭풍으로 인해 화성에 홀로 남겨진 지구인이 화성에서 살아

남는 과정을 그린다. 화성에 혼자 남겨진 우주비행사 마크 와트니의 생존을 위한 분투와, 그를 구하려는 주변 사람들의 노력을 그린 작품이다.

줄거리는 이러하다. NASA의 아레스3 탐사대에 속한 마크 와트니는 동료들과 함께 화성탐사의 임무를 맡게 된다. 마크는 화성탐사 도중 예기치 못한 모래 폭풍으로 인해 팀원들과 떨어져 고립되고, 동료들은 마크를 찾아 헤맨다. 마크와의 통신이 두절되자 동료들은 마크가 사망했다고 판단하고 화성을 떠난다. 그사이 마크는 극적으로 살아남고, 산소 호흡기와 기지 둘 중 하나라도 고장 나면 죽음에 이르게 되는 극한 상황에서 홀로 화성을 표류하게 된다.

마크는 NASA와 동료들에게 자신의 생존을 알리기 위한 방법을 찾아내 연락을 시도한다. 그러나 구조대가 화성에 도착하기까지는 빨라도 4년이 걸리고, 마크에게 남은 식량은 오직 한달치 뿐이다. 마크는 식물학자로서의 전공을 살려 감자를 직접 재배하기 위해 온갖 노력을 기울이며 지구 귀환을 기다린다.

2016년 개봉한 영화 〈히든 피겨스(Hidden Figures)〉는 1962년 머큐리 계획이 있었던 당시 NASA에서 일했던 흑인 여성들의 실화를 바탕으로 만들어졌다. 영화는 컴퓨터 전문가인 캐서린 존슨(Katherine Johnson), 메리 잭슨(Mary W. Jackson), 도로시 본(Dorothy Vaughan) 등 세 사람의 흑인 여성 이야기를 다루고 있다.

특히 수학자 캐서린에 대한 이야기는 감동적이다. IBM 컴퓨터의 도입으로 계산원들의 필요성이 급감하자 캐서린 역시 업무에서 배제되는 처지에 놓였다. 그러나 프렌드쉽 7호 발사를 앞두고 우주선의 발사 및 회수 좌표 계산에 컴퓨터 오류가 발생했다. 이에 평소 캐서린을 눈여겨보았던 우주선 선장 글렌은 "그 똑똑한 여성에게 확인을 맡겨 달라. 그녀가 괜찮다 하면 나도 괜찮다."라고 말할 정도로 신뢰를 보낸다.

초를 다투는 순간 계산을 마친 캐서린이 정확한 좌표를 전달하자, 글렌은 그녀에게 감사 인사를 전하며 우주선에 오른다. 그리고 무사히 지구로 귀환한다. 이런 일이 있은 뒤, 캐서린은 아폴로 11호 발사 프로젝트에도 참여하여 핵심적인 역할을 수행하게 된다.

또 다른 주인공인 메리 잭슨도 커다란 영광을 안게 되었다. 2020년 6월, NASA는 워싱턴DC 본부의 명칭을 '메리 W. 잭슨 헤드쿼터(Mary W. Jackson NASA Headquarters building)'로 변경한다고 발표했다. 그 이유로서 〈히든 피겨스〉 중의 한 사람인 메리 잭슨은 NASA의 성공에 기여한 놀랍고도 뛰어난 전문가들 가운데 한 사람일 뿐만 아니라, 많은 흑인과 여성을 위해 공학과 기술 분야에서 장벽을 허무는 데 공헌했기 때문이라고 밝혔다.

2장.
우주의 천문학

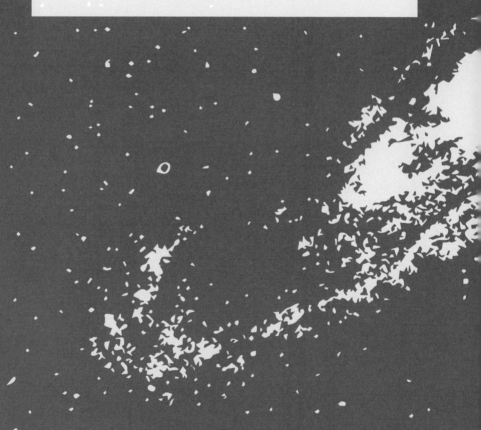

"우주를 이해하고자 하는 노력은 인생을 웃음거리보다 좀 더 나은 수준으로 높여 주는 몇 안 되는 일 중 하나이며, 이러한 노력은 인간의 삶에 약간은 비극적인 우아함을 안겨준다."
(The effort to understand the universe is one of the very few things that lifts human life a little above the level of farce, and gives it some of the grace of tragedy.)
- 스티븐 와인버그 (Steven Weinberg)

우주의 생성과 진화,
빅뱅

우주가 어떻게 생겨났는가를 설명하는 이론이 우주 기원설이다. 그동안 지구나 태양계의 탄생 과정을 밝히려 했던 이론은 상당히 많이 있었다, 그러나 사실 이들 모두가 만족할 만한 수준의 것들은 아니었다. 그런데 우주의 탄생 과정을 밝혀내는 과제는 지구나 태양계 등의 탄생 과정을 설명하는 것과는 비교할 수 없을 정도로 어렵다. 그것은 우주에 관해 밝혀진 사실이라고는 극히 미미해서 아직도 모르는 부분이 너무나 많기 때문이다. 그나마 이제까지 알려진 가장 타당성이 높다고 생각되는 몇 가지 이론을 통해 우주 탄생에 얽힌 비밀을 알아보기로 한다.

우선, 정적우주론(靜的宇宙, static universe)과 동적우주론(動的宇宙, dynamic universe)의 대립이다. 우주는 고정불변의 공간일까, 아니면 팽창과 축소를 반복할까? 우주는 고정불변의 공간이라는 이론이 '정적우주론'이고, 팽창과 축소를 반복한다는 이론이 '동적우주론'이다. 19세기 이전의 우주론은 우주는 영원히 변하지 않는다는 정적우주론이 지배적이었다. 그러나 이 두 우주론의 대립은 허블의 관찰로 인해 마침내 끝맺음을 하게 된다. 허블이 도플러 효과와 적색편이 현상으로 지구와의 거리가 먼 천체일수록 지구와 더 빨리 멀어진다는 사실을 발견하였기 때문이다.

현대우주론은 1917년 물리학자인 알베르트 아인슈타인(Albert Einstein)에 의해 처음으로 제시되었다. 그의 이론은 3가지 가정에 기반을 두었다. 첫째, 우주가 거시적으로 균질성과 등방성을 가진다는 것이다. 즉 우주는 언제나 모든 곳에서 평균적으로 동일하다고 가정했다. 둘째, 이 균질성과 등방성을 가진 우주가 공간 기하학적으로 닫혀 있다는 주장이다. 즉 우주는 유한하지만, 그 가장자리나 경계는 없다는 것이다. 셋째, 우주의 거시적 성질은 시간에 따라 변하지 않는 '정적(靜的)'이라는 것이다.

이처럼 위대한 과학자 아인슈타인마저 정적우주론을 지지한 배경은 당시에는 우주가 팽창한다는 사실이 알려지기 전이었으며, 우주는 영원 불변하다는 생각이 지배적이었기 때문이다.

그런데 1929년 미국의 천문학자 허블(Edwin Powell Hubble)은 우주는 정적이라고 한 아인슈타인의 가정에 문제를 제기하면서 몇 가지 측정을 했다. 그는 측정을 통해 우주는 팽창하거나 수축하는 '동적(動的)' 상태에 있다는 사실을 입증하였다. 허블의 측정은 '도플러 효과(Doppler effect)'를 바탕으로 하고 있다. 이는 파원(派源)과 관측자가 서로 접근하면 진동수가 증가하고 서로 멀어지면 감소한다는 것이다. 지나가는 열차의 기적 소리가 변하는 현상은 소리에서 나타나는 도플러 효과의 대표적인 예이다.

도플러 효과는 파원이 빛인 경우 '적색편이(赤色偏移, red shift)' 현상으로 나타난다. 빛을 내는 천체가 관측자로부터 멀어지는 경우, 빛의 파장이 길어지게 된다. 일반적으로 파장이 길수록 붉게 보이기 때문에, 물체의 스펙트럼이 붉은색 쪽으로 치우친다는 의미에서 적색편이라고 한다. 우주론적 적색편이(cosmological redshift)는 공간의 팽창 자체 때문에 빛의 파장이 길어지는 현상으로, 지구에서 수백만~ 수십억 광년 멀리 떨어져 있는 천체들로부터 관측된다.

허블은 또 은하의 속도가 거리에 정비례함을 증명하면서 '허블 상수(Hubble's constant)'라는 값을 만들어 내었다. 허블 상수는 우주의 기원과 직접적인 관계가 있는데, 그 이유는 현재 은하들이 서로 멀어지고 있다면 과거에는 이들이 더 가까웠을 것이기 때문이다. 오늘날 관측결과 허블 상수의 값은 72.1±2.0(km/s)/Mpc로 산출되고 있다. 이는 1백만 파섹 당 초속 약 70km의 속도로 은하들이 멀어지고 있다는 의미이다. 그리고 이를 기반으로 추정한 우주의 나이는 약 138억 년으로 나타나고 있다.

참고로 천체들 사이의 거리를 나타낼 때 자주 사용되는 단위로는 광년(光年, light-year), 천문단위(AU, astronomical unit), 파섹(pc, parsec) 등이 있다. 빛은 진공 속에서 1초 동안에 약 30만km를 진행하므로 1년 동안에 진행하는 거리는 $9.46×10^{12}$km(약 9조 5천억km)에 해당한다. 이 거리를 1광년이라고 한다. 우리가 살고 있는 태양계가 속해 있는 은하를 '우리 은하'라고 하는데, 그 길이가 10만 광년이나 된다.

천문단위 AU는 태양에서 지구까지의 거리인 약 1억 5천만km를 1로 보았을 때의 상대적인 거리를 나타낸 것이다. 또 파섹(pc)은 지구의 공전궤도 지름을 기선으로 했을 때 지구에서 관측되는 천체의 연주시차가 1초가 되는 거리이다.

따라서 1pc의 거리에 있는 별의 연주시차는 1초이며, 1pc에 대한 거리는 초(")단위로 나타낸 연주시차의 역수가 된다. 바꾸어 말하면 1pc는 연주시차가 1"(초 혹은 각초, 1/3,600도)인 거리다. 연주시차(年周視差, annual parallax)란 태양과 바라보는 천체를 잇는 직선, 그리고 지구와 바라보는 천체를 잇는 직선이 이루는 각의 차이를 말하는데, 이는 지구가 태양 주위를 공전하기 때문에 생기는 현상이다.

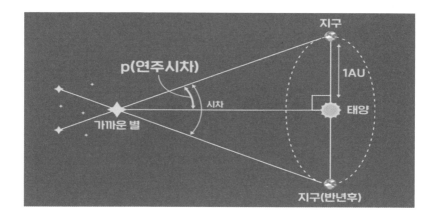

1파섹은 약 3.26광년, 혹은 약 206,265AU에 해당한다. 정밀한 천문 관측기구로도 별의 연주시차가 0.01" 이하가 되면, 다시 말해 100파섹 이상이면 정확하게 측정하기가 쉽지 않다. 연주시차가 0.01"인 별의 위치는 지구에서 100파섹, 곧 326광년쯤 떨어진 거리이다. 주로 외부은하나 은하단을 다룰 때 쓰이는 거리 단위는 메가파섹(Megaparsec, 1Mpc=100만pc)으로, 1 메가파섹은 326만 광년에 해당한다.

천문 단위(AU)	1AU = 1.496×10⁸ km		시간	1평균 태양일 = 8.64×10⁴ s
광년(ly)	1ly = 9.46×10¹² km = 6.324×10⁴ AU			= 24ʰ 00ᵐ 00ˢ
				1항성일 = 8.6164×10⁴ s = 23ʰ 56ᵐ 04.06ˢ
파섹(pc)	1pc = 3.08×10¹³ km = 2.063×10⁵ AU = 3.26 ly			1태양년(회귀년) = 365.2422 일
			각거리	1rad = 57.296˙ 1˙ = 1.745×10⁻² rad

한편, 이 '동적우주론'에 바탕을 두고 다시 정상우주론과 대폭발설이 대립하였다.

첫째, '정상우주론(正常宇宙論, steady-state cosmology)' 혹은 연속 창조설이다. 이는 우주의 모든 곳이 동등하고 시간에 따라 변하지 않는다는 이론이다. 이에 따르면 우주는 시작과 끝이 없이 영원하다. 허블의 법칙에 의해 우주가 팽창하고 있으므로 물질의 밀도가 점점 작아져야 하지만, 이를 상쇄하기 위해 물질이 계속 생겨나서 결과적으로 물질의 밀도가 시간에 따라 변하지 않는다고 주장한다. 새로운 물질들이 어디에서인가 계속 생겨나므로, 끊임없이 성운이 형성되고 별들이 탄생한다는 것이다. 그래서 이 우주론을 '연속창조 우주론(continuous creation cosmology)'이라고도 부른다.

또 우주는 끝없이 팽창하는데, 팽창의 속도는 갈수록 빨라진다고 한다. 이에 따라 우주는 영원한 과거에서 시작하여 영원한 미래로 계속된다. 이 이론은 과학적인 측면에서 볼 때 잘못된 점이 상당히 많은 이론이다. 특히 새로운 물질이 저절로 생겨난다는 것에 대해서는 좀처럼 과학적 근거를 제시하지 못하고 있다. 이 이론은 대폭발 우주론의 대안으로 1950년대에 주로 연구되었으나, 현재는 관측 결과와 어긋나는 점이 너무 많아서 폐기된 상태이다.

둘째, 대폭발설(大爆發說) 즉 '빅뱅(Big Bang)' 이론이다. 이는 옛날 조그마한 덩어리였던 우주가 초신성(超新星, supernova)의 대폭발을 하여 오늘날과 같은 우주로 되었다고 하는 주장이다. 즉 초고온·초고압의 상태로 밀도가 높은 하나의 점인 특이점(特異點, singularity)이 폭발함으로써 우주가 시작되었다는 것이다. 그리고 우주공간의 대다수 별들이 거의 비슷한 시기에 생겨났으며, 지구 가까운 곳에서는 늙은 별이 관측되고 멀리 떨어진 곳일수록 젊은 별이 관측된다고 주장한다.

이 이론과 이를 보완하는 인플레이션 우주론에 따르면 우주공간은 빅뱅 이후 1초 동안, 보다 정확히는 $10^{-34}(10^{-34})$초에서 10^{-32}초 사이에 부피가 최소한 10^{78}배 팽창하였다. 우주공간이 팽창하는 속도는 지구에서 멀리 떨어진 곳일수록 빠르다. 그리고 폭발 후 온도가 점차 낮아지면서 물질이 생성되었고, 이 물질과 에너지가 은하계와 은하계 내부의 천체들을 형성하게 되었다.

아울러 대폭발로 태어난 우주는 팽창해 나가면서 공간의 밀도와 온도가 점차 낮아지는 방향으로 진화한다. 우주의 총 질량은 일정하고 크기는 계속 증가하므로, 시간이 지남에 따라 우주의 평균 밀도는 점점 작아진다. 그러면서 우주공간에서는 별들이 탄생하였다가 사라지는 과정이 끊임없이 되풀이된다. 이처럼 시작과 끝이 있기에 대폭발설을 '진화 우주론(evolutionary cosmology)'이라고도 부른다.

이 '빅뱅'이란 용어는 경제학에 원용되어 급격한 금융규제 완화 또는 금융혁신이란 의미로 사용되고 있다. 1986년, 영국 정부는 런던 증권시장이 국제금융 중심지의 지위를 위협받게 되자 증권매매 위탁수수료 자유화, 은행과 증권업자 간 장벽 철폐, 증권거래소 가입자격의 완전 자유화, 외국 금융기관의 자유로운 참여 허용, 새로운 매매시장의 채택 등 증권시장의 대개혁을 단행하여 성공을 거두었다. 이를 '금융빅뱅'이라고 하는데, 당시의 금융개혁 조치가 우주 대폭발과 같이 획기적이었다고 해서 붙여진 이름이다.

현재까지 대세를 이루고 있는 이 대폭발설은 사실상 허블의 연구로부터 시작되었다. 그리고 대폭발설은 은하계의 후퇴, 우주배경복사(宇宙背景輻射), 우주의 물질 분포라는 경험적 증거와 함께 다양한 가설을 통해 타당성을 얻게 된다. 물론 아직까지 해결하지 못한 문제가 많이 있고 모형 일부에 대한 반론도 제기되고 있지만, 여전히 견고한 지지를 받고 있다. 그 논리적 근거는 다음과 같다.

첫째, 우주가 팽창하고 있다는 사실이다. 1929년 허블은 외부은하들의 스펙트럼에서 공통으로 적색편이가 나타난다는 관찰을 통해, 외부은하들이 우리 은하로부터 빠른 속도로 후퇴하며, 후퇴 속도는 외부은하까지의 거리에 비례한다는 사실을 발견했다. 이는 바꾸어 말하면 우주 자체가 팽창하는 것을 뜻한다. 관측자로부터 먼 물체일수록 더 빨리 멀어지는 것으로 보이는 것은 우주 전체가 팽창하므로 당연한 일이다. 현재 관측되는 우주팽창 속도는 허블 상수, 즉 1메가파섹 당 초속 72.1 ± 2.0km이다.

둘째, 빅뱅 이론의 가장 유용한 증거가 되고 있는 우주배경복사(宇宙背景輻射, Cosmic Background Radiation)이다. 빅뱅 직후 초기 우주는 굉장히 초고온 초고밀도의 상황이었다. 하지만 이렇게 초고온의 상태에서는 원자핵과 전자가 결합할 수 없다. 그래서 원자핵과 결합하지 못한 전자는 마음대로 떠돌아다니게 된다. 이들 자유전자들에 의해서 빛은 직진하지 못하고 산란하게 된다. 빛이 전자의 방해로 똑바로 나아가지 못하니 우주가 불투명해지게 되었다.

그러던 중 빅뱅 후 약 38만 년이 지나 우주 온도가 3,000K까지 충분히 식었을 때, 드디어 원자핵과 전자가 결합할 수 있게 되었다. 이후 빛이 자유롭게 직진해서 나아갈 수 있게 되었고 결과적으로 투명한 우주가 되었다. 우주가 투명해 지면서 방출된 빛과 에너지가 바로 우주배경복사인데, 우주가 식으면서 점차 더 낮아지고 있다.

빅뱅 우주론자들은 애당초 틀림없이 우주배경복사가 존재한다고 주장했는데, 이는 우주가 상상할 수조차 없는 초고온 상태에서 폭발했다면 그 열의 흔적이 남아있을 것이라는 생각에서 비롯되었다. 그런데 1964년 우주 전반에서 관측되는 2.7K 정도의 우주배경복사가 실제로 관측되면서 빅뱅우주론은 더욱 탄력을 받게 되었다.

셋째, 우주에 존재하는 수소와 헬륨의 질량비다. 빅뱅 당시 형성된 양성자의 개수는 중성자의 약 7배에 달했다. 하지만 빅뱅 직후 양성자와 중성자의 결합 과정에서 수소 원자핵과 헬륨 원자핵이 만들어졌다. 즉 양성자 1개는 수소 원자핵이 되었고, 양성자 2개와 중성자 2개가 결합하면서 헬륨 원자핵이 되었다. 그 결과 수소와 헬륨의 구성비는 개수 면에서 수소가 12배, 질량 면에서 수소가 3배가 되었다. 그런데 현재 우주에 존재하는 대부분의 별들과 가스에서 발견되는 수소와 헬륨의 질량 비율이 3:1로, 이는 빅뱅 초기에 형성된 원소의 비율과 일치한다.

넷째, 엔트로피(entropy)의 법칙이다. 이는 우주의 수명에는 반드시 한계가 존재할 수밖에 없으며, 우주에 끝이 존재한다는 것은 시작점도 존재해야 한다는 의미가 된다. 과거 어느 시점에 최소 엔트로피를 가졌던 우주의 시작점이 있었기 때문에 우주는 현재의 모습을 유지하고 있는 것이다.

그러나 여전히 폭발이 일어난 원인을 비롯해 빅뱅이라는 개념만으로 우주의 시작을 설명하기에는 너무나 불확실한 것들이 많다. 더욱이 빅뱅 이전의 우주 상태에 대해서는 설득력 있는 입증 자료와 논리가 전혀 없는 상황이다. 다만, 빅뱅 초기에 일어났던 현상을 보완적으로 설명하는 가설들은 여러 가지가 나와 있다. 그중 대표적인 하나가 '인플레이션 우주론(inflationary universe)'이다. 인플레이션 이론은 대폭발설과 유사하나, 원시 폭발이 일어난 뒤 10^{-30}초 동안에 거의 모든 것이 결정되었다는 점을 강조한다. 즉 우주는 기구가 부풀어 오르는 것처럼 짧은 기간 동안 빠르게 팽창되었고, 우주의 모든 물질과 에너지가 거의 무(無)로부터 창조되었다고 주장한다.

우주에는 시작이 있었듯이 끝 또한 존재할 것이다. 우주가 영원히 팽창하게 될지 아니면 팽창을 멈추게 될지에 대해서는 우주 내부에 있는 물질의 에너지양과 밀도에 따라 결정된다. 물질의 에너지 밀도가 임계밀도보다 작으면, 우주는 지금처럼 계속하여 영원히 팽창하는 열린 우주가 된다.

또 물질의 에너지 밀도가 임계밀도보다 크면 유한한, 즉 닫힌 우주가 된다. 그리고 물질의 에너지 밀도가 우주의 임계밀도와 동일하다면 무한 하면서도 서서히 팽창하는 평탄 우주가 될 것이다. 여기서 임계밀도(臨界密度)란 우주의 질량에 의한 중력으로, 팽창하는 우주를 저지하는 평탄 우주가 되는 우주의 밀도를 말한다.

열린 우주와 평탄 우주에서는 문제가 없다. 그러나 우주의 밀도가 임계 밀도 1보다 큰 닫힌 우주에서는 물체들이 행사하는 중력이 충분히 커서, 우주는 어느 시점에 팽창을 멈추고 수축되기 시작한다. 이렇게 되면 우주 의 온도는 다시 올라가고 별과 은하들은 서로 가까워진다. 한마디로 우주 가 수축한다는 뜻이다. 이런 식으로 수축이 계속되면 결국 우주는 초고온 상태가 되고 이른바 '빅 크런치(big crunch)'라 불리는 커다란 파국을 맞이 하게 되면서 모든 생명체가 사라지게 될 것이다.

그런데 은하들의 질량을 바탕으로 측정한 현재의 우주밀도는 $10^{-30}g/cm3$ 이하 수준으로, 임계밀도 $10^{-29}g/cm3$ 보다도 작은 상황이다. 따라서 우리가 살고 있는 우주는 열린 우주이며, 시간이 흐름에 따라 무 한히 팽창할 것이라는 추측이 가능하다. 그러나 우주가 앞으로도 계속 팽 창할 것인지, 아니면 다시 수축할 것인지는 단언하기 어렵다. 이는 우주 내에는 아직도 찾아내지 못한 물질들이 엄청나게 많이 있을 수 있기 때문 이다.

우주에는 신비한 종류의 입자와 물질들이 무척 많이 있다. 이들은 어떤 뚜렷한 형태를 지니고 있는 것이 아니다. 눈에 보이지 않는 것은 제쳐두고라도, 감마(γ)선· 엑스(X)선· 전파 따위도 방출하지 않는 것도 있어 좀처럼 발견하기 어렵다. 다만, 이러한 종류의 천체들도 질량을 지니고 있기에 관측되는 중력을 통해서만 그 존재를 인식할 수 있을 뿐이다. 이처럼 지금까지 발견해 내지 못한 많은 종류의 물질들을 통틀어 암흑물질이라고 부른다.

이 암흑물질들이 많으면 많을수록 우주의 평균 밀도가 높아지는 것은 물론이다. 그러므로 이 암흑물질의 질량이 어느 정도인가에 따라서 우주가 계속 팽창할 것인지 또는 수축할 것인지가 밝혀질 수도 있는 일이다. 결국, 앞으로 우주가 종말을 맞을 것인지 여부에 대해서는 결론을 내리기 어렵다는 것이다.

우주는 어떻게
구성되어 있는가?

우리가 사는 지구의 바깥세상에도 지구와 같은 천체가 무수히 많이 존재한다. 이렇게 지구를 포함한 모든 별이 있는 끝없이 넓은 공간을 우주라고 한다. 우주는 유한한가 아니면 무한한가? 사실 우리는 그것을 알지 못한다. 더욱이 우주의 중심이 어딘지도 알 수가 없다. 그래서 천문학자들은 '가시적 우주(可視的 宇宙, visible universe)'와 '관측 가능한 우주(observable universe)'라는 개념을 사용한다.

우주는 워낙 커서 직접 도달하기에 너무 멀다. 그래서 태양계 바깥의 천체의 경우 정보 전달체인 빛을 통해 연구하고 알아내는 수밖에 없다. 이 빛을 받아들여 빛의 세기와 색 정보, 또 감마선부터 전파까지 빛의 파장에 따른 세기를 측정한다. 이런 자료와 물리학적 지식을 동원해 천체의 온도·나이·질량 등을 계산한다. 나아가 별이 어떤 상태에 있는지, 은하라면 어떤 종류의 은하이고 어떤 진화 과정을 거쳤으며 미래에는 어떻게 될 것인지, 우리의 우주는 언제 어떻게 태어났고 어떻게 진화해 현재에 이르렀으며 미래에는 어떻게 될 것인지를 연구하고 있다.

지금까지의 관측결과에 따르면 현재의 우주는 대폭발 이후 약 138억 년이 지난 것으로 보인다. 즉 우주의 나이가 138억 살인 것이다. 이는 빛이 우주를 가로지르는데 138억 년이 소요된다는 의미이다. 아울러 우주 반경이 138억 광년이라는 의미이기도 하다. 따라서 가시적 우주는 중심에 우리가 있고 반지름이 138억 광년 되는 가상적인 구로 생각할 수 있을 것이다.

그런데 이론적으로 '관측 가능한 우주(observable universe)'의 크기는 이보다 훨씬 더 큰 것으로 추정되고 있다. 그리고 이 '관측 가능한 우주(observable universe)'에는 수천억 개의 은하가 있으며, 은하의 구성원인 별은 지구에 있는 모래알의 개수보다도 더 많다. 여기서 '관측 가능'의 의미는 특정한 물체가 발하는 각종 파장 등의 신호가 원리상 영원한 미래에 지구에 닿을 수 있다는 것을 말한다. 이와 같은 개념은 천체에서 발생하는 빛과 다른 신호가 우주팽창의 시작부터 지구에 이르는 데까지 시간이 걸리기 때문에 만들어졌다.

초속 30만km로 이동하는 빛의 속도도, 우리 은하를 가로지르는 데는 약 10만 년, 우리 은하의 바로 이웃 은하로 알려진 안드로메다 은하(Andromeda Galaxy)까지 이동하는 데는 약 254만 년이라는 천문학적인 시간이 필요하다고 알려져 있다.

우주의 무수한 은하 중에 하나를 이동하는데 이렇게나 오랜 시간이 걸린다면, 우주 전체를 이동하는 데는 과연 얼마나 오랜 시간이 걸릴까? 우주의 일부는 너무 멀어 빛조차 138억 년을 여행해도 지구에 도달하지 못하였다. 그래서 이 부분을 관측 가능한 우주 밖에 있다고 하며, 이렇게 관측이 불가능해지기 시작하는 곳을 '우주의 지평선(cosmic horizon)'이라고 한다.

관측기술의 발전은 우주의 크기를 점점 더 키워나가고 있다. 현시점에서 우리가 관측할 수 있는 가장 멀리서부터 온 빛은 138억 년 전에 출발한 빛이다. 그런데 이 빛이 우리에게 오기까지 걸린 138억 년 동안에도 우주 공간은 계속해서 팽창하였고 지금도 팽창하는 중이다.

따라서 그 빛이 출발한 지점과 지구 사이의 현재 거리는 138억 광년보다 훨씬 멀 것이다. 이에 지금까지의 관측 가능한 우주의 크기는 지구를 중심으로 반경 465억 광년, 직경 총 930억 광년의 규모로 추정된다. 즉, 우주는 한쪽 끝과 반대편 다른 끝 사이의 거리가 930억 광년인 큰 공 모양을 하고 있다는 것이다.

그런데 이 관측 가능한 반경은 앞으로도 계속 확장될 것이며, 그 너머의 거리는 우주의 종말까지 기다려도 영원히 관측할 수 없을 것이다. 이렇게 되는 이유는 우주가 가속 팽창하기 때문이다. 허블의 법칙에 의하면 우주는 지금도 계속 팽창하며, 상당히 먼 거리에 있는 천체는 빛보다 더 빠른 속도로 우리로부터 멀어지고 있다. 게다가 암흑에너지라는 미지의 힘에 의해 우주는 가속 팽창을 하고 있음이 밝혀졌다. 이는 결국 관측 가능한 우주 바깥에서 출발한 빛은 우주의 종말까지 기다려도 지구에 영원히 도착하지 못한다는 것을 말한다.

이처럼 전체 우주의 크기에 대해서는 현재로서는 추정할 방법조차 확실하지 않다. 따라서 우주의 크기가 유한한지, 무한한지조차 알 길이 없으며, 단지 확실히 말할 수 있는 사실은 전체 우주가 무한하거나, 유한하고 끝이 있다면 엄청나게 크다는 것이다.

우리가 아는 우주 안의 물질은 5%도 채 되지 않는다. 그동안 인간이 우주를 연구하면서 알아낸 것은 우리가 우주의 95%가 무엇으로 이루어졌는지 모른다는 사실이다. 이 95%의 물질은 다시 27%의 암흑물질과 68%의 암흑에너지로 구성된다. 암흑물질은 질량이 있기에 다른 물질을 끌어당기는 중력을 발휘할 수 있다. 이와 반대로 암흑에너지는 빈 공간에서 우주를 밀어내는 역할을 한다. 우주가 가속 팽창하는 데 주요한 작용을 하는 에너지이다. 우리가 아는 물질의 5%도 4%는 수소와 헬륨으로 이뤄져 있고, 별과 같은 천체는 1%가 채 되지 않는다.

우주의 기본구성 단위라 할 수 있는 은하들의 분포가 매우 불균일하다는 것은 외부은하의 발견 이후부터 알게 되었다. 은하단이나 초은하단과 같은 은하의 밀도가 높은 구역이 있는 반면, 은하가 거의 발견되지 않는 구역도 있다. 암흑물질이 모여 암흑 헤일로(halo)를 이루고 그 중심부에는 일반물질로 이루어진 가스가 응축되면서 은하들이 형성되었다. 그 결과 은하들이 자연스럽게 거미줄 비슷한 암흑물질의 분포를 따라가게 되었다는 것이다.

우주는 수억 광년 규모로 은하가 없는 빈 공간인 '거시공동(Void)', 또 이 것의 외곽을 따라 은하나 성간물질들이 길게 이어진 '거대가락(Filament)'이 형성되어 있다. 그리고 이 가락들이 두 개 이상 교차하는 지점에는 은하단 혹은 초은하단이 있으며, 이 가락들은 우주 저편까지 서로 엮여나가 해면 또는 거미줄 같은 구조를 형성하고 있다. 우주의 이러한 형태를 '우주의 거대 구조 (large scale structure of the universe)' 라고 부른다.

거시공동 즉 보이드는 우주공간에서 수억 광년 스케일로 텅 빈 것처럼 보이는 구역, 다시 말해 초은하단과 거대가락을 제외한 구역을 말한다. 그렇다고 그 지역에 아예 물질이 없거나 천체들이 전혀 없는 것은 아니다. 단지 그 공간을 빛을 내지 않는 물질인 암흑물질이 채우고 있거나, 특정 천체가 존재하지 않을 뿐이다. 크기는 3천만 광년 ~ 3억 광년 정도이다.

보이드와 보이드 사이에 위치하는 거대가락, 즉 필라멘트는 기다란 실 가닥 형태로 구조를 이루고 있다. 그래서 은하단에 새로운 은하들과 가스를 보충하는 통로와도 같은 역할을 한다. 은하뿐만 아니라 보이지 않는 암흑물질의 분포 또한 필라멘트 구조의 분포를 따르고 있다.

우리 은하는 라니아케아 초은하단(Laniakea Supercluster)의 변방에 있는 거대가락 중 하나에 속해 있을 것으로 보인다. 우주가 진화해감에 따라 점점 가늘어지며 가닥의 개수 또한 감소한다. 먼 미래에는 초은하단으로 전부 흡수되어 사라질 것으로 보인다.

특히 거대한 규모의 필라멘트가 길게 늘어져 있는 경우를 장성(長城), 또는 '거대한 벽(Great wall)'이라고 부른다. 이는 은하들의 군집 단위 중 가장 큰 단위로 초은하단의 군집체다. 거대한 벽의 길이는 약 5억 광년 정도 이며 높이는 약 2억 광년, 그리고 두께는 약 1천 5백만 광년 정도가 된다.

지금까지 발견된 거대한 벽들로는 13억 광년 규모의 '슬론 장성(Sloan Great Wall)', 퀘이사들의 필라멘트인 40억 광년 규모의 'Huge-LQG'가 있다. 그리고 가장 큰 구조물로 알려진 '헤라클레스자리-북쪽왕관자리 장성 (Hercules-Corona Borealis Great Wall)'은 100억 광년에 달한다. 이는 관측 가능한 우주의 약 11%를 차지하는 엄청난 크기이며, 태양의 약 10^{19}배에 달하는 질량을 가지고 있다.

이처럼 우주는 다양한 구조를 지니고 있다. 규모가 작은 순서부터 보면 은하(Galaxy), 은하군(Group of galaxies), 은하단(Galaxy Cluster), 초은하단 (Galaxy Superclusters), 큰 구조물 등이 있다. 은하군과 은하단들이 무리를 지어 초은하단을 이루고 있으며, 초은하단 이상 큰 규모의 천체를 우주의 거대 구조(large scale structure of the universe)라고 부른다.

이중 은하는 우주를 구성하고 있는 기본단위로, 수천억 개의 별과 가스 성운·암흑 성운 등으로 이루어져 있다. 우리가 살고 있는 태양계를 포함하는 은하는 '우리 은하' 또는 은하계라고 부른다. 은하는 크기, 구성과 구조 등이 상당히 다르지만, 거의 모든 은하는 몇 개에서 1만 개에 이르는 은하들로 구성된 은하단에 속해 있다.

은하는 수많은 별들로 이루어져 있는데, 각 은하에는 보통 10억 개 이상 수천억 개의 별이 있다. 우리 은하처럼 다른 많은 은하에서도 성운이라고 하는 성간 가스와 티끌 입자 구름을 볼 수 있다. 은하의 지름은 대략 수만~수십만 광년으로 추정된다. 크기가 보통 수준 이상인 우리 은하는 지름이 10만 광년에 이른다. 한 은하단 안에서 은하간 거리는 평균 약 100만~200만 광년이고, 은하단간 공간은 이것의 100배 정도 될 것이다.

수 세기 동안 사람들은 지구가 속한 '우리 은하'를 유일한 은하계로 생각했다. 그러나 천문관측 기술의 발전으로 수많은 외부 은하들이 속속 밝혀지고 있다. 관측 가능한 범위 내에서의 은하의 총수는 무려 수천억 개이상인 것으로 알려져 있다. 또한, 이들 은하의 대다수는 은하단 또는 은하군을 이루고 있다. 은하단은 은하들이 모여 만드는 구조로, 보통 수백~수천 개의 은하들이 밀집되어 있다. 은하군은 은하단보다 작은 은하들의 모임으로 보통 수십~백여 개의 은하들이 모여 있다. 우리 은하가 속한 국부은하군이 여기에 속한다.

초은하단은 은하단들이 여러 개 모여 만드는 구조로 우주에서 가장 거대한 구조 중 하나이다. 일반적으로 초은하단은 약 1억 5천만 광년 이내의 영역에서 수십 개의 개별적인 은하단을 가진다. 은하단과는 달리, 초은하단은 서로 중력에 의해 결집되어 있지 않다. 따라서 초은하단에 포함되더라도, 초은하단은 자체 중력만으로 우주팽창을 이겨내지 못하기 때문에 우주가 진화할수록 점점 느슨해지고 있으며 먼 미래에는 개개 은하단 단위로 뿔뿔이 흩어져 버릴 것으로 예측된다. 그 질량은 보통 태양의 1,000조 배~1경 배 정도 된다.

관측 가능한 우주에서의 초은하단의 수는 1,000만 개로 추정된다. 대표적으로 우리 은하가 속한 라니아케아 초은하단이 있다. 우리 은하는 국부은하군(局部銀河群, Local Group of Galaxies)에, 그를 포함하는 라니아케아 초은하단(Laniakea Supercluster)에 포함되어 있다. 국부은하군은 폭이 1,000만 광년이지만, 라니아케아 초은하단은 폭이 5억 광년 이상이다.

은하계와
우리 은하

은하는 항성, 밀집성, 성간물질, 암흑물질 등이 중력에 의해 뭉친 거대한 천체이다. 우주를 구성하고 있는 기본단위인 은하는 우주를 사람의 몸으로 비유하면 세포에 해당한다. 따라서 은하는 우주에 대한 수많은 정보를 갖고 있다. 크기는 은하마다 매우 다양하나 일반적으로 매우 큰 규모다.

우리 은하만 해도 지름이 약 10만 광년에 이를 정도이다. 지금까지 발견된 은하 중 가장 큰 'IC 1101 은하'는 지름이 약 400만~600만 광년 정도로 추정된다. 우리 은하보다 무려 40~60배 더 크다. 심지어 우리 은하와 안드로메다 은하(Andromeda Galaxy) 사이의 거리 254만 광년을 훌쩍 넘는다. 또 거의 모든 은하는 초대질량 블랙홀을 중심부에 갖고 있을 것으로 추측된다. 모체 은하의 중앙팽대부가 크고 무거울수록 블랙홀의 질량도 큰 경향을 지닌다.

가끔 은하들끼리도 서로 충돌하거나 다른 은하들을 잡아먹고 크기를 불리기도 한다. 우리 은하도 우주 초기에 이런 과정을 거치면서 점점 덩치가 커진 것으로 추정되며, 마젤란 은하는 이 과정의 희생양이 된 것으로 알려져 있다. 그리고 우리 은하는 수십억 년 후 바로 곁에 위치한 규모가 2배 이상 더 큰 안드로메다 은하와 충돌할 것으로 예상되고 있다.

우리 은하와 안드로메다 은하는 시간당 40만㎞ 속도로 서로 가까워지고 있다. 결과적으로 약 45억 년 후면 두 은하가 충돌해 거대한 하나의 타원은하가 될 예정인데, 천문학자들은 태어나지도 않은 이 은하에 '밀코메다'(Milkomeda)'라는 이름을 붙여놓았다.

은하는 그 생김새에 따라 타원 은하·나선 은하·불규칙 은하 등으로 크게 나뉜다. 가끔 중심이 지나치게 밝아서 가까이 위치한 별로 오인될 정도로 빛을 내뿜는 은하가 있는데 이런 은하는 퀘이사(Quasar)로 불리며, 우주 초기 활발하게 활동하던 거대 블랙홀(Black hole)들인 것으로 추측되고 있다. 퀘이사는 엄청난 빛을 발산하고 있으며 거리가 수십억 광년 떨어져 있다. 퀘이사가 멀리 있어도 관측이 가능한 이유는 상상을 초월하는 에너지를 방출하고 있기 때문이다.

나선은하(螺旋銀河, spiral galaxies)는 나선팔이 보이는 원반은하(disk galaxy)를 말한다. 나선은하는 원반(disk)을 가지고 있으며 원반에는 종종 나선팔이 보인다. 나선팔에는 성간먼지와 성간기체가 몰려있으며, 별은 주로 이 영역에서 태어나고 있다. 최근에 태어난 무겁고 밝은 별이 내는 빛 때문에 나선팔은 다른 부분에 비하여 밝게 보인다. 은하 중 나선은하가 70% 이상을 차지하는데, 우리 은하, 안드로메다 은하, 소용돌이 은하, 삼각형자리 은하 등이 여기에 속한다.

　나선은하는 다시 정상형과 막대형으로 나뉜다. 막대형은 은하원반의 헤일로가 충분히 무겁지 않아서 막대 모양과 같은 불안정한 모양을 띤 것으로 알려져 있다. 두 형태 모두 나선 모양의 팔을 가지고 있으며, 일반적으로 자전축의 중심 부근에 대칭적으로 위치한 두 팔을 가진다. 정상 나선은하의 팔은 핵으로부터 직접 나오는데 비해, 막대 나선은하의 팔은 막대의 끝에서부터 나온다. 또 두 형태는 중심핵의 크기, 팔이 감긴 정도와 굽은 정도 등에 따라 더 세분된다.

　나선은하의 중심부에는 둥근 팽대부(bulge)가 있으며, 팽대부는 나이가 많은 별로 주로 이루어져 있다. 팽대부의 중심에는 밝고 작은 은하핵이 있으며, 은하핵의 중심에는 종종 매우 무거운 블랙홀이 있다. 은하의 바깥부분은 둥근 헤일로(halo)가 차지하고 있다. 헤일로는 원반보다 훨씬 넓은 영역에 걸쳐 있으며, 은하 질량의 대부분을 차지하고 있다.

　타원은하(楕圓銀河, elliptical galaxy)는 구성 별들이 구 또는 회전타원체 모양으로 대칭적인 분포를 이루고 있다. 타원은하는 늙은 별을 많이 포함하기 때문에 상대적으로 붉은색을 띠며, 은하 내의 별들은 비교적 불규칙한 공전궤도를 가진다고 알려져 있다. 나선은하가 별이 끊임없이 죽고 새로 생성되는 역동성을 지닌 반면, 타원은하는 별이 태어나는 비율이 1% 미만일 정도로 안정성을 갖추고 있다. 또 생성 시기도 우주의 나이에 버금가는 130억 년 전으로 알려져 있다. 따라서 우주 생성의 비밀이 타원은하에 담겨있다고 해도 과언이 아니다.

불규칙 은하(irregular galaxy)는 막 생성되었거나 이웃 은하와의 충돌 등으로 애매한 형태를 지니고 있다. 대표적으로 마젤란은하, M82 은하가 있다. 불규칙 은하는 보통 규모가 작고 가스가 풍부해 별 탄생이 활발하게 이루어지는 경향을 지니고 있다. 그리고 나선은하와 타원은하의 중간 형태로, 원반이 존재하지만 나선팔을 확인할 수 없는 은하를 특별히 렌즈은하(lenticular galaxy) 라고 한다.

우리가 사는 태양계가 속해있는 은하를 '우리 은하(Home Galaxy, Milky way galaxy)'라고 한다. 우리 은하의 전반적인 모습을 알려면 밤하늘의 은하수를 보면 된다. 그 모습이 밤하늘에 동서로 길게 누워 흘러가고 있어 '은이 흐르는 강(銀河水)' 즉 은하수라고 불리며, 우리나라에서는 '미리내'라고 불렀다. 서양에서는 'milky way'라고 하는데, 이는 헤라 여신의 젖이 뿜어져 나와 만들어졌다는 그리스 신화에 기원한다.

우리 은하는 우주를 이루고 있는 수천억 개 은하 중 하나이며, 5천억 개 이상의 별들과 비교적 많은 양의 성간 가스 및 티끌로 구성되어 있다. 1925년 허블(Edwin Hubble)에 의해 안드로메다 성운이 외부은하라는 사실이 밝혀지기 전까지는 우리 은하가 우주의 전부로 알려져 왔다. 그러나 이후 외부은하에 대한 연구가 진행되면서 우리 은하는 우주의 무수히 많은 은하 중 하나일 뿐이라는 사실을 알게 되었다.

우리 은하는 어떻게 탄생하게 되었을까? 우주가 탄생하고 나서 얼마

지나지 않은 약 135~136억 년 전, 암흑물질 헤일로(halo)의 중심부에서 중성자나 양성자로 구성된 바리온(baryonic matter) 물질이 수축하면서 중앙팽대부와 헤일로가 먼저 만들어졌다. 그래서 이곳에 있는 별들은 나이가 매우 많다. 그 후 시간이 지나면서 성간물질이 모여 회전하는 납작한 원반이 만들어지고 원반에 나선 팔이 생겨났다. 나선 팔에서는 성간물질의 밀도가 높아 별이 계속 만들어졌으며, 지금도 별이 태어나고 있는 것으로 알려져 있다. 그리고 원반에서 46억 년 전에 태양계가 탄생했다.

우리 은하의 지름은 대략 10만 광년이며, 총 질량은 태양의 약 1~3조 배에 달한다. 이 질량의 대부분은 암흑물질이 차지하고 있다. 암흑물질을 제외하고 항성과 가스 등을 포함한 일반물질의 질량은 태양의 1,000억 배 정도이다. 은하 중심이나 원반은 별과 기체들이 질량 대부분을 차지하고 있지만, 중심에서 먼 헤일로에는 암흑물질이 질량 대부분을 차지하고 있다.

우리 은하에 소속된 항성의 수는 5,000억~6,000억 개 정도로 추산된다. 참고로 국부은하군에서 가장 큰 안드로메다 은하는 소속 항성이 1조 개를 넘는다. 우리 은하의 중심은 궁수자리 방향에 있는데, 이곳이 가장 밝게 보인다. 또 태양계는 원반구조에 있으며, 우리 은하의 중심에서 2.6만 광년 정도 떨어져 있다.

우리 은하 전체는 은하중심 주위를 회전하지만, 여러 구성천체들의 회전속도는 같지 않다. 중심에서 먼 별이 중심에서 가까운 별보다 더 느린 속도로 회전한다. 우리 은하 중심핵으로부터 비교적 멀리 떨어져 있는 태양은 1초에 약 230㎞의 속도로 거의 원 궤도를 돈다. 이것을 태양의 1 은하년이라고 한다. 태양은 이처럼 빠르게 은하 중심을 돌지만, 그래도 공전 주기는 약 2억 3천만 년이나 된다.

우리 은하의 전반적인 모습은 늙고 오래된 별들이 공 모양으로 밀집한 중심핵(bulge)과 그 주위를 젊고 푸른 별, 가스, 먼지 등으로 이루어진 나선 팔이 원반 디스크 형태로 회전하고 있으며, 그 외곽에 암흑물질과 구상성 단 및 일부 별들로 이루어진 헤일로(halo)가 타원형 모양으로 은하 주위를 감싸고 있다. 그리고 우리 은하는 나선 팔을 가진 막대 나선은하의 형태를 취하고 있다.

우리 은하는 나선은하의 전형적인 예로서, 크게 보면 구형구조와 원반 구조 성분으로 이루어져 있는데, 원반을 중심으로 위아래에 구형구조가 형성되어 있다. 구형구조에는 거대한 헤일로(halo)와 팽대부(bulge)가 있으며, 원반구조에는 나선팔과 막대 등이 있다. 나선팔도 막대구조 끝에서 뻗어 나온 2개의 나선팔과, 여기서 가지치기한 2개의 작은 나선 팔이 더 있는 전형적인 막대 나선은하 형태인 것으로 밝혀졌다.

좀 더 구체적으로 우리 은하의 모습을 알아보자. 첫째, 우리 은하를 둘러싸고 있는 중력장인 헤일로는 지름은 약 20만~40만 광년으로 추정되고 있다. 헤일로는 대부분 암흑물질로 이루어져 있으며, 약간의 별도 있다. 특히 별이 수만~수십만 개씩 공 모양으로 모여 있는 구상성단(球狀星團, globular cluster)은 대부분 헤일로에 존재한다. 이곳은 새로운 별들이 생겨나지 않기 때문에 별들의 나이는 대부분 100억 년 이상으로, 우리 은하

생성 초기에 탄생했을 것으로 생각된다.

둘째는 원반(Disk)이다. 우리 은하 밖에서 우리 은하를 가시광선으로 볼 때 가장 뚜렷이 나타나는 부분이다. 원반에는 수많은 별과 기체가 있으며, 태양도 원반 위에 있다. 우리 은하 대부분의 별이 위치한 곳이며, 태양계도 여기에 있다. 우리 은하의 이 영역에는 성간 가스와 티끌입자들이 매우 밀집되어 있어 새로운 별이 생성될 수 있는 매우 좋은 장소로, 지금도 활발히 별이 만들어지고 있다. 거대한 바람개비를 닮은 나선 팔은 은하원반에 놓여 있는데, 은하의 주요 부분을 이루며 지름이 약 7만 광년 정도 된다.

마지막은 중앙 팽대부(Bulge)이다. 이는 원반의 중심부에 막대 혹은 타원형으로 볼록 튀어나온 부분으로 항성들이 매우 빽빽하게 뭉쳐 있다. 주로 오래된 별로 구성되어 있지만, 젊은 별들도 공존하는 것으로 알려져 있다. 이 중심부에 태양 질량의 약 400~450만 배에 달하는 초거대 블랙홀이 있다는 것이 밝혀졌다.

이뿐만 아니라 이 블랙홀 근처에 작은 블랙홀이 하나 더 있어 쌍성(雙星)처럼 서로 공전하고 있다는 것이 확인되었다. 이는 과거에 우리 은하가 다른 작은 은하를 잡아먹었다는 증거가 된다. 우리 은하가 약 10억 년 전 젊은 다른 은하와 충돌, 합병하여 현재의 크기가 되었다는 것이다.

별의 일생

별은 영원에 비유되기도 하며, 항상 밤하늘에 존재한다. 하지만 이런 영원의 상징인 별에게도 탄생과 죽음이 있다. 별은 중심부의 지속적인 수축과정과 그로 인한 원소의 핵융합 과정을 통해 끊임없이 진화해나간다. 단지 우리는 그 변화를 느끼지 못하는 것일 뿐이다. 그 이유는 우리가 평생을 지내는 시간이 별이 평생을 지내는 시간에 비하면 극히 짧은 시간이기 때문이다. 인간의 평균 수명이 대략 100년이 채 되지 않는 데 비해, 평범한 별인 태양의 수명도 100억 년을 넘는다. 이는 인간이 수십 세대에 걸쳐 태양을 관측한다 하더라도 태양의 삶 수천만 분의 1에 해당하는 모습만 볼 수 있다는 것이다.

우주 공간은 무수한 티끌과 먼지, 가스 등의 성간물질(星間物質, Inter Stellar Medium)로 가득 차 있다. 그리고 하늘의 구름처럼 이 티끌과 가스가 덩어리져 뭉쳐 있는 상태들인 성운(星雲, nebula)도 존재한다. 별은 성간물질 내에서 밀도가 높은 부분인 성운에서 탄생한다. 즉 성간물질이 있는 모든 곳에서 별이 탄생하는 것은 아니라는 것이다. 별은 성간물질의 밀도가 높고, 온도가 상대적으로 낮은 곳에서 태어난다고 알려져 있다.

이 성간물질의 덩어리인 성운 속에서 주변보다 밀도가 높은 부분이 생기면, 이 부분은 주변의 물질을 끌어당기면서 덩치가 계속 커진다. 이렇게 커진 덩어리는 마침내 자기 자신의 중력에 의해 수축되기 시작한다. 이 수축과정에서 덩어리의 중심은 압력과 온도가 점점 높아지게 되고 마침내 밀도와 온도가 아주 높은 작은 구(球, sphere)가 형성되는데, 이것이 원시성(原始星, protostar)이다.

별은 중력과 압력이 작용한다. 성간물질이 균일하게 분포하지 않기 때문에 밀도가 더 큰 구름은 주위의 물질을 끌어당겨 별의 중심부를 형성한다. 별의 내부는 중심으로 갈수록 자체 중력에 의해 수축하려고 작용한다. 그리고 중력과의 균형을 이루기 위해 중심으로 갈수록 압력이 계속 높아지게 되며, 밀도와 온도 또한 증가한다.

마침내 중심부 온도가 10만K에 이르면 내부의 압력이 중력과 같아져서 수축이 정지되는 평형상태에 도달한다. 이 역학적 평형상태를 이루기 전까지 중력 수축하는 별의 단계가 원시성인 것이다. 이 단계에서는 빛과 에너지 방출이 핵반응이 아닌 중력수축(重力收縮, gravitational contraction)으로 이루어 진다.

원시별의 중력수축에 의해 중심부가 아주 밀집되고 온도가 높아져서 1천만K에 이르게 되면 수소 핵융합반응이 일어날 수 있게 된다. 이때부터는 별이 중력수축을 멈추고 수소 핵융합반응에 의해 에너지를 내게 되는데, 이를 주계열성(主系列星, main-sequence star)이라 부른다. 그리고 원시성으로부터 주계열성 사이 단계의 별을 전주계열성(前主系列星, pre-main-sequence star) 이라고 한다.

우주에서 별이 태어나는 곳은 수소가 많이 모여 있는 곳이다. 수증기가 모여서 구름이 되고 구름 속에서 빗방울이 만들어지는 것처럼 우주에서는 별 구름 속에서 수소가 모여 별이 된다. 수소가 모이는 이유는 중력 때문이다. 수소가 많이 모일수록 중력은 더 커진다. 원시성은 태어날 때부터 가벼운 수소 기체를 아주 많이 가지고 있는데, 이 수소가 모여 중심부의 온도가 1천만K에 이르면 수소들이 타면서 별이 만들어진다. 이처럼 별이 만들어지는 온도는 1천만K인 것이다.

작은 핵이 모여서 더 큰 핵으로 합쳐지는 것을 핵융합이라고 한다. 그리고 별이 팽창하는 과정은 수소의 핵이 모여서 수소(H)보다 무거운 헬륨(He)이 되는 과정이다. 이 과정이 다름 아닌 수소 핵융합반응(hydrogen thermonuclear fusion)이다. 수소 핵융합반응에 의해 4개의 수소 원자핵이 융합해 하나의 헬륨 원자핵이 되는데, 이 과정에서 엄청난 빛과 열을 방출하는 에너지원이 형성된다. 바꾸어 말하면 별의 형성은 수소폭탄이 폭발하는 과정이며, 별은 거대한 수소폭탄인 셈이다. 태양도 마찬가지이다. 우리는 태양이라는 수소폭탄에서 나오는 빛과 열 덕분에 지구에서 살아갈 수 있는 것이다.

별은 내부에서 발생한 열에 의한 압력과 자체 중력이 균형을 이루는 동안에는 안정적인 상태를 유지한 채 수소 핵융합반응 과정을 거치면서 빛과 열을 방출한다. 별은 일생의 80% 이상을 이 시기를 보내기 때문에 주계열성을 가장 많이 볼 수 있다. 태양도 수소 핵융합반응으로 에너지를 내는 주계열성이다.

그러나 시간이 지나 중심핵의 수소가 모두 헬륨으로 바뀌면 주계열성의 단계는 끝난다. 이후 중심핵에서는 수소 핵융합이 더이상 일어나지 못하지만, 핵 주변 껍질 부분에서는 수소 핵융합이 일어나면서 방출된 에너지로 별의 외부 층이 팽창하기 시작한다. 더구나 핵융합이 정지된 중심부의 헬륨 핵이 중력 수축하면서 방출된 열은 껍질층의 수소 핵융합을 더욱 가속시킨다. 그 결과 덩치가 큰 거성으로 변모하게 된다.

이 거성단계에서의 에너지원은 헬륨 핵반응인데, 이는 온도가 1억K 이상인 적색거성의 중심부에서 헬륨 원자핵 3개가 탄소 원자핵 1개를 만드는 반응을 뜻한다. 또 이 단계에서는 외부 팽창으로 별의 크기는 더욱 커지고 열에너지가 별 표면까지 충분히 전달되지 못해서 표면 온도는 감소하게 된다. 그 결과 별이 붉은색으로 보이는데 이 단계를 적색거성(赤色巨星, red giant)이라고 한다. 이후 점차 백색왜성(白色矮星, white dwarf)과 흑색왜성의 단계를 거치면서 별의 일생을 마치게 된다.

한편, 별의 진화에 가장 큰 영향을 미치는 것은 태어날 때 별의 질량이다. 질량에 따라 별의 일생은 크게 달라지고, 마지막의 모습 또한 다르다. 아주 무거운 별들은 상대적으로 주계열에 오래 머무르지 않고 금방 진화해 버린다. 이는 짧은 시간 내에 엄청난 에너지를 발산하기 때문이다.

이에 반해 상대적으로 가벼운 별일수록 약하게 에너지를 오래 내기 때문에 일생이 길다. 다시 말해 질량이 작은 별은 쓸 수 있는 에너지를 적게 가지고 태어나지만, 단위 시간당 빛으로 내보내는 에너지가 훨씬 적어 오랫동안 스스로를 밝힐 수 있다.

그러나 별은 일정한 수준 이상의 질량을 가지고 있어야 한다. 이것은 행성이 별과 분리되는 것과 같다. 질량이 충분하지 못한다면 수소로 이루어진 내부 핵이 융합할 정도의 온도를 가지지 못해 별이 되지 못한다. 별이 되지 못한 천체는 행성이나 소행성과 같은 천체가 될 뿐이다. 이러한 별의 최소 질량은 태양의 약 0.08배이다.

그런데 또 별은 일정 수준 이상의 질량을 가질 수는 없다고 한다. 그 이유는 별의 질량이 어느 한계 이상 크게 되면 중력이 내부의 뜨거운 열에 의한 압력인 복사압을 견딜 수 없게 된다. 이에 중심을 향해 떨어지던 물질이 복사압에 의해 다시 바깥으로 밀려 나가게 되어 별을 형성할 수 없는 것으로 알려져 있다. 이론적으로 계산된 한계질량은 태양의 약 150배 정도로 알려져 있다. 이렇게 볼 때 질량이 가장 작은 별과 가장 큰 별 사이에는 1,000배 이상의 차이가 있다.

이처럼 별의 일생은 질량에 따라 달라지는데 대략 다음과 같이 세 가지 정도로 나누어진다. 첫째, 질량이 매우 작은 별의 경우이다. 태양 질량의 0.08배 이하인 별들의 일생은 아주 간단하다. 적색거성이 되었다가 백색왜성으로 수명을 다하거나, 처음부터 적색거성도 되지 못한 채 갈색왜성으로 존재하다 수명을 다하기도 한다.

즉 그들이 가지고 있는 수소를 다 소모하여 핵융합반응을 하지 못하게 되면 더이상 빛을 내지 못하고 항성으로서의 생명을 다한다는 것이다. 갈색왜성이란 행성과 별 사이의 중간크기인 가상적인 천체를 뜻하며, 핵융합이 거의 일어나지 않을 정도로 질량이 작지만, 일반 행성들보다는 훨씬 큰 질량을 지니고 있다. 갈색왜성보다 큰 천체는 '별'이 된다.

둘째, 질량이 중간 정도인 별의 경우이다. 태양 질량의 0.08에서 8배 이하의 별들은 일생의 약 80% 이상을 주계열성으로 보낸다. 태양도 이에 해당한다. 주계열성은 중심에서 수소를 태워 헬륨으로 바꾸는 핵융합반응을 거치면서 점차 자신보다 수십 배 큰 크기의 적색거성으로 자란다. 그리고 더이상 반응할 헬륨이 없어지면 다시 쪼그라들어 백색왜성으로 일생을 마감한다.

백색왜성은 가벼운 별의 잔해로, 태양의 질량에 지구 크기 규모를 가지고 있는 높은 밀도를 가지고 있다. 그러나 만약 백색왜성 주변에 동반성이 있다면 백색왜성이 동반성의 물질을 빨아들여 초신성 폭발을 할 수도 있다.

셋째, 태양 질량의 8배 이상인 무거운 별들은 점점 커져 적색 초거성 단계에서 초신성 폭발로 자신은 최후를 맞이하게 된다. 그리고 남아있는 중심부는 작지만 높은 밀도의 중성자별이 되거나 한없이 수축해서 블랙홀이 된다.

'초신성(超新星, Supernova)'이란 항성진화의 마지막 단계에 이른 별이 폭발하면서 생기는 엄청난 에너지를 순간적으로 방출하여 그 밝기가 평소의 수억 배에 이르렀다가 서서히 낮아지는 현상을 말한다. 별은 마지막 단계에 이르면 급격하게 수축하면서 다시 온도와 압력이 상상을 초월할 정도로 크게 올라가 엄청난 폭발이 일어나는데, 이를 '초신성' 폭발이라고 한다.

그러나 초신성은 자신의 죽음으로 모든 것이 소멸된다는 의미뿐만 아니라, 새로운 별 생성의 중요한 의미도 지니고 있다. 수명을 다한 별이 폭발하면서 내놓은 잔해들은 우주 공간에서 새로운 별과 행성을 만드는 재료가 되기 때문이다.

그런데, 이 무거운 별의 진화과정도 질량의 정도에 따라 다시 나눠진다. 우선, 태양 질량의 8~15배 정도의 무거운 별은 헬륨을 태우는 단계에서 적색 초거성으로 진화한다. 중심핵의 헬륨이 소진되면 이들은 헬륨보다 무거운 원소들을 차례로 융합하고 태워 탄소, 산소, 네온, 마그네슘, 실리콘, 그리고 끝으로 원자번호 26번인 철을 만들고 핵융합은 끝나게 된다. 중심부에서 핵융합반응이 멈추면 별은 빠르게 중력 수축하다가 결국 엄청난 에너지와 무거운 원소를 우주 공간으로 방출하는 초신성 폭발을 일으킨다. 그리고 마지막 진화 종착지는 중성자별이다.

'중성자별(中性子星, Neutron star)'은 초신성 폭발 후 남은 별의 핵이 중력 붕괴를 통해 수축되어 원자 내부의 원자핵과 전자가 합쳐져 중성자로 변하면서 만들어지는 별이다. 중성자별은 우주에서 존재하는 천체 중 가장 고밀도지만 덩치는 아주 작다. 중성자별의 무게는 지구의 백만 배에 달하지만 직경 20km 크기의 물체만큼 압축되어 있다. 이러한 밀도가 얼마나 높은지를 보다 알기 쉽게 설명하자면 10억 톤 정도의 무게가 각설탕 정도의 공간에 들어가 있는 것과 같다. 또 에베레스트산이 한잔의 커피에 들어 가 있는 수준이다. 중성자별의 밀도는 물의 1천 배 이상에 이르는데, 이보 다 밀도가 더 커져 무한대에 이르면 '블랙홀'이 된다.

다음으로 태양 질량보다 15배 이상의 초질량 별은 더 단명하게 된다. 핵융합반응이 철에서 끝나고 초신성 폭발을 일으키는 데까지는 일반 대 질량의 무거운 별과 같다. 그러나 핵의 질량 자체가 태양 질량의 15배 이 상에 달하기 때문에 그 어떤 것도 별의 중력붕괴를 멈출 수가 없다. 그 결 과 핵의 붕괴가 중성자별에서 그치지 않고 마지막 잔해로 블랙홀을 남기 게 된다.

'블랙홀(Black hole)'이란 강력한 중력으로 모든 것을 빨아들이는 시공간 영역을 뜻한다. 우리가 별이나 은하를 볼 수 있는 것은 그 별에서 빛이 나 오기 때문인데 블랙홀은 빛이 나오지 못하므로 결코 볼 수 없다. 따라서 육안으로 식별할 수 없기 때문에 블랙홀의 존재를 확인하는 방법은 관측 이 아닌 다른 방법에 의해서 이루어진다.

블랙홀 근처에 어떤 별이 있다면 이 별에서 방출되는 기체가 블랙홀로 끌려 들어가면서 X선이 방출된다. 별이 보이지 않는 우주 공간에서 X선 이 방출되고 있는 것이 전파망원경으로 확인되면 블랙홀이 있는 위치를 알 수 있다. 또 블랙홀 반대편에 있는 별빛이 블랙홀 근처를 지날 때에는 그 빛이 휘어서 우리 눈에 도달하므로 블랙홀의 위치를 알 수 있다.

블랙홀의 가장 결정적인 특징은 '사건의 지평선(Event horizon)'의 존재이다. 사건의 지평선은 물질과 빛이 블랙홀의 질량을 향해 안으로 들어갈 수만 있고 밖으로 나올 수는 없는 시공간 상의 경계이다. 그 무엇도, 심지어 빛조차도 사건의 지평선 안쪽에서 바깥쪽으로 탈출할 수 없다. 사건의 지평선이라는 이름은 그 경계에서 '사건(event)'이 벌어지며, 그 사건에 대한 정보는 외부의 관찰자에게 도달할 수 없어 그 사건이 발생했는지 여부조차 알 수 없다는 의미를 지니고 있다. 블랙홀 사건의 지평선 모양은 대략 구형을 띠고 있다.

현재까지 발견된 가장 큰 블랙홀은 'TON 618'이란 이름의 블랙홀로 질량이 태양의 660억 배나 되는 것으로 알려져 있다. 660억 태양 질량은 우리 은하 모든 별의 질량 총합인 640억 태양 질량보다도 더 크다. 이 블랙홀을 포함한 퀘이사는 지구로부터 182억 광년 떨어진 거리에 위치하며, 머리털자리와 사냥개자리의 경계 부근에서 찾을 수 있다. 우리 은하의 경우 중심부인 궁수자리 A*(Sagittarius A*)에 태양 질량의 400~450만 배에 달하는 초거대 질량 블랙홀이 위치하는 것으로 추정되고 있다.

지구의 에너지원인 태양의 수명은 자체적으로 가진 에너지와 매 순간 방출하는 에너지를 이용해 종합적으로 계산해 볼 때 약 120~130억 년이 된다. 그런데 지금까지 약 46억 년을 살아온 태양은 이제 주계열성 단계 중반부로 접어드는 상태이다. 그래서 앞으로도 60~70억 년은 더 주계열성으로 지내다가 그 이후 적색거성으로 진화할 것으로 예상된다. 그리고 점차 백색왜성으로 퇴화하고 결국은 완전히 소멸하게 될 것이다.

태양계는 어떻게
이루어져 있는가?

우주에는 행성계가 많이 있다고 널리 믿고 있지만 확실하게 알려진 것은 태양계(太陽系, solar system)뿐이다. 태양계는 라니아케아 초은하단, 국부은하군 우리 은하의 오리온자리 나선 팔 부근에 위치한 행성계이다. 태양계는 태양과 태양의 영향권 내에 있는 주변 천체로 구성된 천체를 의미한다. 유일한 항성인 태양, 태양을 공전하는 8개의 행성, 그 행성을 공전하는 위성, 그리고 왜소행성과 소행성, 혜성, 카이퍼대(Kuiper Belt) 등으로 구성되어 있다.

태양계 천체들은 대략 46억 년 전에 성간 기체와 티끌들이 모여 있는 커다란 성운으로부터 거의 동시에 만들어졌다. 그 시작은 우리 은하 내에서 초신성이 폭발하면서부터라고 생각된다. 초신성이 폭발하여 그 충격이 주변에 전해지면 주위에 있던 성운에서 밀도가 불균일한 부분이 생겨 성운이 서서히 회전하면서 수축하게 된다.

그래서 가장 강하게 수축이 일어나는 중심부는 볼록해져 원시 태양을 형성하고, 그 주변에는 같은 방향으로 회전하는 납작한 원시 원반이 만들어진다. 원시 태양이 자리 잡은 중심부는 더 많은 물질이 모여 더욱 단단하게 뭉쳐지고, 수소 핵융합반응이 일어날 수 있을 정도로 온도가 충분히 높아지면서 마침내 스스로 빛을 내는 별인 태양이 탄생하였다.

이후 태양을 중심으로 우주먼지와 가스, 바위, 얼음 결정 등이 뭉쳐 작은 미행성체(微行星體, planetesimal)를 이루었으며, 이들은 서로 부딪쳐 점점 커졌다. 그리고 그중 가장 큰 덩어리인 목성이 만들어졌다. 목성은 질량이 커짐에 따라 태양의 중력을 받아서 태양과의 거리가 가까워지게 되었다. 이후 목성은 지금의 화성궤도까지 가까워진다. 목성의 중력으로 내행성계의 작은 바위들은 궤도를 이탈하여 내행성계가 깨끗해졌으며, 몇몇 큰 암석 행성들만 남게 되었다. 이렇게 남은 암석 행성들마저도 목성의 중력에 의하여 궤도가 찌그러져 극단적인 타원궤도를 만들게 되었다.

내행성계에서 빠져나간 우주물질들은 토성에 포집되어 일부는 위성이 되어 띠를 이루고 대부분은 합쳐져서 덩치가 커졌다. 그리고 이러한 토성의 중력은 목성이 다시 태양에서 멀어지는데 영향을 주었다. 이러한 과정을 거쳐 결국 내행성계의 궤도는 안정이 되고, 천왕성과 해왕성 등의 위치는 목성에 밀려 멀어지게 되었다. 이후 지금과 같은 태양계 구조가 완성되었다.

내행성계란 소행성대(asteroid belt)보다 안쪽에 있는 수성/금성/지구/화성 등으로, 지구형 행성(terrestrial planet)이라고도 한다. 그리고 외행성계란 바깥쪽에 있는 목성/토성/천왕성/해왕성 등으로, 목성형 행성(jovian planet)으로 불리고 있다.

지구형 행성은 질량이 상대적으로 작고 암석으로 되어 있으며 위성이 없거나 수가 적다. 4개의 목성형 행성은 태양을 제외한 태양계 질량의 99%를 차지한다. 기체 행성이기 때문에 밀도가 상대적으로 낮지만, 많은 위성들을 거느리고 있다. 또 목성형 행성은 모두 고리를 두르고 있다. 지구형 행성들은 목성형 행성보다 나이가 어리다. 그래도 태양계 모든 행성의 생성 시기는 태양 탄생 이후 약 1,000만 년 내외에 불과해 큰 차이가 없다.

행성으로 성장하지 못한 미행성체들 중에서 일부는 현재까지 소행성으로 남아있다. 또, 미행성체들은 혜성을 만드는 기본 물질이 되기도 하고, 행성과 충돌하여 행성 표면에 운석구를 만들기도 하였다. 태양계 형성의 마지막 단계에서는 태양으로부터 높은 에너지를 가진 입자들이 강한 바람처럼 뿜어져 나와서 남아있는 가스와 티끌을 제거하고, 비로소 태양계가 안정한 단계에 이르게 된다.

태양은 항성이다. 항성(Fixed Star)이란 스스로 빛을 발하는 고온의 가스체로, 흔히 별이라고 불린다. 대부분의 항성들은 항성심(stellar core)에서 수소 핵융합반응으로 열과 빛을 내는 주계열성이다. 태양은 여러 가지 관점에서 우주의 기본적인 구성요소가 되는 전형적인 별이다. 그리고 태양은 태양계의 중심이며, 행성과 우주의 다른 구성요소들 사이를 연결하는 사슬의 고리 역할을 한다.

행성(Planet)은 태양과 같은 항성의 주위를 공전하는 천체를 말하는데,

국제천문연맹(IAU)은 다음과 같은 기준을 충족할 경우 행성으로 본다. 첫째, 자체 중력으로 구(球) 형태를 이룰 수 있을 만큼 충분한 질량을 가진다. 둘째, 내부 열핵융합을 유발하기에는 충분하지 않은 질량을 가진다. 셋째, 궤도상에 존재하는 미행성체를 흡수하여 주위에 미행성체가 존재하지 않는다. 이 기준에 의해 태양계는 8개의 행성을 포함하게 되었다.

명왕성도 2006년까지는 태양계 9번째 행성으로 분류되었지만, 2005년 명왕성보다 큰 왜소행성 에리스(Eris)가 발견됨에 따라 행성의 기준에 대한 논란이 발생했다. 결국, 2006년 국제천문연맹은 명왕성을 행성에서 퇴출하여 왜소행성으로 분류하였다. 우리 태양계 바깥, 다시 말해 다른 별의 행성인 외계행성(exoplanet)도 1990년대 초반에 처음 발견된 이후 케플러 망원경 덕분에 2022년 3월에는 5천 개를 넘어섰다.

왜소행성(Dwarf planet)이란 행성처럼 보이나 행성보다 작은 천체를 말한다. 즉 태양을 공전하며, 구형에 가까운 모양을 유지하기 위해 질량이 충분히 커야 하고, 궤도 주변에 있는 천체들에 대해 압도적으로 영향을 미칠 만큼 중력이 세지 않으며, 다른 행성의 위성이 아닐 것 등의 기준을 충족하는 천체를 뜻한다. 이 기준에 의하면 태양계에는 세레스(Ceres), 명왕성(Pluto), 하우메아(Haumea), 마케마케(Makemake), 에리스(Eris) 등 5개의 왜소행성이 있다. 세드나(Sedna), 오르쿠스(Orcus), 콰오아(Quaoar) 등도 조만간 왜소행성으로 분류될 가능성이 있다.

소행성(Asteroid)은 비휘발성 광물로 구성된 암석이다. 소행성은 왜소행성다도 규모가 좀 더 작다. 자갈 정도의 작은 것부터 지름이 수백㎞에 달하는 큰 것까지 종류가 다양하다. 큰 자갈 크기의 소행성은 태양계에 수백만 개 정도 있을 것으로 예상된다. 소행성 중 일부는 운석 형태로 지구 표면과 충돌한다.

소행성은 주로 화성과 목성 사이를 공전하는데 이를 소행성대라고 부른다. 태양으로부터 거리는 약 2.3~3.3AU이다. 이들은 태양계 생성 초기에, 앞서 만들어진 목성의 중력 때문에 서로 뭉치지 못해 행성으로 자라지 못한 잔해들이라고 생각된다. 소행성 중 가장 큰 것이 세레스(Ceres)였는데, 세레스는 최근 왜소행성으로 재분류되었다.

위성(衛星, Satellite)은 행성, 왜소행성, 소행성, 카이퍼대(Kuiper Belt)와 같은 천체의 주변을 공전하는 천체이다. 위성이 돌고 있는 중심 행성보다는 크기와 질량이 작다. 수성과 금성을 제외한 태양계의 6개 행성은 모두 합쳐 205개의 위성을 가지고 있다. 지구형 행성의 경우 지구와 화성이 각각 1개와 2개를 가지고 있으며, 나머지는 모두 목성형 행성의 위성이다.

태양계에서는 현재 토성이 가장 많은 82개의 위성을 거느리고 있으며, 목성이 79개로 그 뒤를 잇고 있다. 목성의 대표적인 위성에는 이오(Io), 칼리스토(Callisto), 유로파(Europa), 가니메데(Ganymede) 등이 있고, 토성의 대표적인 위성에는 타이탄(Titan)이 있다.

왜소행성 가운데도 명왕성, 하우메아, 에리스 등은 위성을 가진 것으로 알려졌다. 아울러 이다(Ida) 및 칼리오페(Calliope)처럼 소행성도 위성을 가지고 있는 것으로 확인되었다. 이에 따라 지금까지 발견된 태양계 위성의 개수는 400개 수준에 달한다. 이제는 태양계 밖의 외계행성들도 위성을 가지고 있다는 사실이 밝혀지고 있다. 2018년, NASA는 허블 우주망원경으로 외계행성 케플러-1625b(Kepler-1625b)에 딸린 외계위성 후보를 발견했다고 발표했다. 물론 아직 확실성 여부에 대한 분석이 진행 중에 있다.

위성의 크기나 형태, 지질환경은 아직도 조사가 진행되고 있지만 매우 다양한 것으로 알려져 있다. 대개 모 행성에 비해 지름이 수십 분의 1 이하이고, 질량은 수만 분의 1 이하이다. 다만, 달은 지구에 비해 지름 약 4분의 1, 질량 약 100분의 1로 모 행성에 대한 비율이 태양계 가운데 가장 크다. 또 목성의 위성이자 가장 큰 위성인 가니메데, 토성의 위성인 타이탄의 크기는 행성인 수성보다도 크다.

위성은 대부분 공전주기와 자전주기가 거의 일치한다. 이로 인해 행성에서 보면 항상 한 면만 볼 수 있다. 다만, 위성이 불규칙하게 공전하거나 상대적으로 중력의 영향을 덜 받는 외곽의 위성들은 공전주기와 자전주기가 일치하지 않는다. 이런 위성들이 만들어진 배경으로는 태양계에서 행성이 형성되는 과정에서 같이 형성됐다는 설, 천체들이 서로 충돌하다가 생긴 파편들이 뭉쳐서 새로운 천체를 형성한 후에 행성의 중력에 사로잡혔다는 설, 우연히 지나가던 소천체가 중력에 잡혔다는 설 등이 있다.

혜성(彗星, Comet)은 가스 상태의 빛나는 긴 꼬리를 끌고 태양을 초점으로 긴 타원이나 포물선에 가까운 궤도를 그리며 운행하는 천체이다. 혜성은 성운과 비슷한 형태와 길쭉한 타원궤도 때문에 태양계의 다른 구성요소들과 구별된다. 혜성의 구조는 크게 핵과 코마(coma)로 이루어진 머리 부분과 태양풍에 밀려 만들어진 2가닥의 꼬리로 이루어져 있다.

핵은 작은 중심핵을 얼음 덩어리가 둘러싸고 있고 그 표면은 검은색의 규산염 광물과 탄소 광물이 둘러싸고 있다. 핵만 볼 수 있던 혜성이 태양으로부터 3AU 정도 거리에 도달하면 태양열에 가열되어 먼지와 가스가 방출되기 시작하고 코마를 형성한다. 이 코마를 수소 구름이 둘러싼다. 코마는 기체와 먼지로 구성되며 지름이 10만㎞ 이상이고 구형이다.

혜성의 꼬리는 대기의 연장으로 가스와 고체 알갱이로 되어있으며 태양에 접근함에 따라 점차 발달한다. 대부분의 혜성은 명왕성 뒤의 극저온 지대에 존재한다. 그러다 종종 주변을 지나던 천체의 중력장에 영향을 받아 태양 외곽을 크게 돌기도 한다. 지구에서는 종종 이 같은 혜성이 태양 주위를 지날 때 녹아내려 생기는 긴 꼬리를 관측할 수 있다. 이에 태양을 중심으로 공전하는 천체라는 사실이 밝혀지기 전까지는 불길함의 상징처럼 여겨지기도 했다.

유성(流星, Meteor)은 암석·금속 물질의 입자나 조그마한 조각이 지구의 대기권 안으로 들어와 증발할 때 빛을 내며 떨어지는 작은 물체이다. 대부분의 유성체는 상층대기에서 타버리지만, 타지 않고 지면에 도달한 것은 운석이라고 한다. 운석이 떨어질 때 속도는 최소 초속 11km인데 대기 마찰로 공기를 가열시켜 유성이라는 빛줄기를 만들게 된다.

유성을 만드는 알갱이인 유성체(meteoroid)는 크기가 작지만, 운동에너지는 대단히 커서 대기 분자들과 충돌하면서 금방 타버린다. 크기가 클수록 밝고 상대적으로 오래 보인다. 대부분의 유성체는 20~90km의 고도에 이르면 완전히 소멸된다. 함께 움직이는 유성체의 무더기와 지구가 만날 때 유성우를 볼 수 있다.

카이퍼 벨트(Kuiper Belt)는 해왕성 바깥에서 태양 주위를 도는 천체들의 집합체로, 마지막 행성인 해왕성의 궤도를 벗어난 약 50AU까지의 영역을 말한다. 얼음과 운석을 포함한 수많은 작은 천체들이 거대한 띠 모양으로 태양 주위를 돌고 있어 벨트라 일컫는다. 바깥쪽 경계는 애매하지만, 오르트 구름에 연속적으로 이어져 있다고 생각된다. 이 영역에는 여러 소행성과 왜소행성 등 수없이 많은 천체가 위치한다. 왜소행성 중 명왕성, 하우메아도 여기에 속해있다.

이 지역에 분포하는 천체들의 주요 구성 물질은 암석 외에 각종 휘발성 물질로 된 얼음이라고 생각된다. 또 카이퍼 벨트는 어둡고 차가우며 천체들의 물리적 충돌이 없어 벨트 내의 천체들이 태양계 생성 당시의 원형을 그대로 가지고 있을 것으로 추정된다.

태양계의 내부 반경은 태양풍이 부는 방향이 앞쪽인지 뒤편인지에 따라 달라져 약 100~200AU까지에 이르는데, 이 경계를 태양권계면(太陽圈界面, Heliopause)이라고 칭한다. 사실상 여기까지를 태양권으로 상정하는 경우가 많다. 이 경계를 넘어가게 되면 더이상 태양은 뚜렷한 영향력을 발휘하지 못하며, 비로소 성간공간(星間空間, Interstellar space)으로 진입하게 된다. 또 태양계의 자기권이 은하계의 전류와 만나는 지점이기도 하다.

그리고 태양권계면을 벗어나, 태양의 중력 간섭을 받는 성간물질이 모인 5만~10만AU, 또는 1~2광년 내외까지의 영역을 오르트 구름(Oort cloud)으로 부르고 있다. 여기는 가상적인 얼음 천체 지역으로, 장주기 혜성들의 고향이라고 생각된다.

태양계 중심으로서의
태양

태양은 태양계의 중심에 존재하는 항성이다. 태양계의 중심이 되는 가장 큰 천체이자 유일한 항성이며, 에너지의 근원이다. 태양의 질량은 수소 약 73%, 헬륨 약 25%, 그리고 나머지 2%를 철을 비롯하여 산소, 탄소, 네온 등의 무거운 금속으로 구성되어 있다. 태양은 우리 은하 중심에서 약 2만 6천 광년 떨어져 있다. 태양계 밖의 우주에서 가장 가까운 항성은 4.3광년, 약 40조km 떨어진 센타우루스(Centaurus) 자리 프록시마(Proxima Centauri)이다.

태양의 구조는 안쪽부터 크게 핵, 복사층, 대류층, 광구, 채층, 코로나로 구성되어 있다. 핵(核, core)은 태양 반지름의 약 0.2배 정도까지의 영역에 해당하는 가장 중심부에 위치하며, 온도는 1,570만K 정도로 가장 높다. 중심핵에서는 초당 6억 톤의 수소를 헬륨으로 바꾸는 수소 핵융합반응으로 에너지를 생성한다. 이것은 매초 당 10^{17}톤의 다이너마이트가 폭발하는 것과 같은 에너지이다.

복사층(輻射層, radiation zone)은 핵에서부터 태양 반지름의 0.7배까지의 영역으로, 주로 복사를 통해 열이 외부로 전달되고 있다. 빽빽한 플라즈마 상태라 복사가 직진하지 못하고 흡수와 방출을 반복하며 에너지가 전달되므로 핵에서 발생한 에너지가 복사층을 통과하는 데는 대단히 오랜 시간이 걸린다. 태양의 경우 에너지가 복사층을 완전히 통과하는 데 평균적으로 약 17만 년이 걸리는 것으로 알려져 있다.

대류층(對流層, convection zone)은 태양 반지름의 0.7배부터 태양 표면까지의 영역으로, 복사보다는 주로 대류를 통해 열이 전달된다. 태양의 자기장은 대류층의 플라즈마 대류로 인해 발생하는 것으로 보인다.

광구(光球, photosphere)는 태양에서 실질적으로 빛이 나오는 구역으로 우리가 보통 태양의 표면으로 인식하는 '빛을 내는 구체'를 상상하면 된다. 지구 전체를 비춰주는 눈부신 태양빛이 방출되는 구역이지만 태양의 구조 중 온도가 가장 낮은 영역이기도 하다. 태양의 표면 온도는 약 5,800K로 중심부에 위치한 핵의 온도 1,570만K에 비해서는 크게 낮은 편이다.

태양의 표면 중 자기력이 가장 강한 지역에는 흔히 흑점이라고 알려진 어두운 부분이 생기게 된다. 이 지점이 검게 보이는 이유는 주변지역에 비해 온도가 상대적으로 낮기 때문이다.

채층(彩層, chromosphere)은 태양 대기의 아랫부분에 위치하는 얇은 대기층으로, 붉은색을 띠며 개기일식이 시작되거나 끝날 때 잠깐 볼 수 있다. 광구 표면에서 약 3,000~ 5,000km 고도까지 존재한다.

코로나(corona)는 태양의 가장 바깥쪽에 위치한 희박한 대기층이다. 태양 본체에 비해 그다지 밝지 않기 때문에 평소에는 보이지 않지만, 개기일식이 일어나면 관측할 수 있다. 온도는 표면보다 약 200배인 100만K 정도로 높기에 강한 X선을 방출한다.

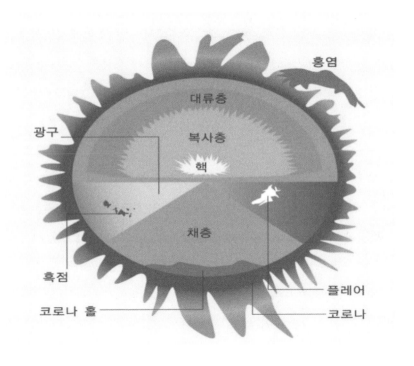

태양의 지름은 약 139만 2천km로 지구보다 109배 크다. 또 질량은 약 2×10^{30}kg이며 이는 지구 질량의 약 33만 배, 목성의 약 1,048배에 해당한다. 태양계 전체 질량 중 무려 99.866%를 태양이 차지하며, 나머지 0.134%를 행성들과 위성들이 채운다.

태양은 우주에서 상위 1% 정도의 질량을 가진 G형 주계열성이다. 이처럼 태양의 질량은 매우 큰 편인데, 우주에 있는 다른 항성들의 평균 질량은 태양의 15% 수준에 불과하다. 그 이유는 우주 항성의 70%는 태양 질량의 50% 이하인 주계열성의 한 부류인 적색 왜성들이기 때문이다.

태양은 사람들의 눈에는 노란색 혹은 붉은색으로 보이지만, 원래 색상은 약간의 푸른색이 섞인 흰색이다. 태양의 절대등급은 4.8등급으로 어두운 별이라고 생각하기 쉽지만 그래도 우주에서 상위 1% 안에 드는 밝기를 가지고 있다. 지구에서 보이는 실시등급인 겉보기등급은 무려 -26.7등급이다. 이는 보름달보다 45만 배나 더 밝게 보이는 것이다.

태양이 내뿜는 빛은 다양한 파장의 전자기파를 포함한 백색광으로, 그 자체에도 상당량의 에너지가 있다. 지구는 태양이 발산하는 이 에너지의 아주 일부만 받는다. 우리가 보는 태양은 8분 19초 전의 태양인데, 이는 태양빛이 광구를 탈출하여 지구까지 도달하는 데 8분 19초가 걸리기 때문이다.

또 우리가 보는 태양빛은 평균 17만 년 전의 빛이기도 하다. 왜냐면 태양의 핵에서 생성된 빛이 광구까지 나와서 방출되기까지 약 17만 년이 걸리기 때문이다. 태양의 반지름은 대략 70만km로 빛의 속도로 약 2초 남짓 걸리는 거리지만, 태양의 내부에서 엄청난 양의 전자들과 부딪히면서 빛의 이동거리가 길어지기 때문에 결과적으로는 17만 년 정도 걸린다. 감마선의 형태로 방출된 핵융합 에너지는 태양 내부에서 여러 입자 사이에서 반사되어 떠돌며 차츰 에너지를 잃고 광구에 도달하면 가시광선의 형태로 우주 공간에 방출된다.

    태양 같은 항성의 자기장은 행성들의 자기장과는 달리 플라즈마의 대류로 인해 형성된다. '플라즈마(Plasma)'란 초고온에서 음전하를 가진 전자와 양전하를 띤 이온으로 분리된 기체 상태를 말한다. 이 때문에 태양 자기장의 활동은 매우 역동적이며, 지구에서는 몇 만 년에 한번 발생한다는 자기극의 역전도 11년에 한번씩 일어난다. 태양 표면의 평균 자기장 크기는 지구자기장의 약 2 배 정도이다. 그러나 평균보다 3천 배 정도 큰 자기장이 좁은 영역에 집중되기도 한다.

    이렇게 자기장이 모여 있는 곳은 대류에 의한 에너지 전달이 원활하지 못해 어둡게 보인다. 이 지역을 흑점(黑點, sun spot)이라 한다. 이런 자기장은 플레어(flare)의 형태로 에너지를 발산하거나, 코로나질량방출(corona mass ejection, CME)의 형태로 200억 톤(ton) 정도의 물질을 우주로 뿜어낸다. 이는 지구자기장이 일시적으로 불규칙하게 변하는 현상인 지자기폭풍(地磁氣暴風)을 야기하여 인공위성뿐만 아니라 지상의 전력 및 전자 장치에도 피해를 준다.

    항성인 태양도 공전한다. 태양의 공전 속도는 약 230㎞/s이다. 태양계에 있는 그 어떤 행성이나 왜행성, 소행성들도 태양의 공전 속도를 넘어서지 못한다. 태양계에서 태양보다 빠른 공전 속도를 보이는 천체는 혜성들, 그중에서도 장주기 혜성들뿐이다. 태양이 이처럼 빠르게 돌지만, 우리 은하 중심부를 한 바퀴 도는 데 2억 3천만 년이나 걸린다. 이 태양의 공전주기를 1은하년이라고 한다. 태양의 나이가 약 46억 년이니 최소한 20번 이상 태양이 우리 은하 중심부를 향해 공전을 해오고 있는 셈이다.

또 태양은 지구처럼 매일 돌면서 자전하고 있다. 다만, 지구와는 달리 위치에 따라 자전주기가 다르다. 즉 태양은 극보다 적도에서 더 빠르게 자전한다. 자전주기는 적도에서 약 25.6일, 극에서 약 33.5일이다. 1주일이란 시간이나 차이가 난다. 이를 차등회전(差等回轉)이라 하는데 태양 내부에서 발생하는 대류와 질량 이동의 원인이 된다. 지구가 태양을 돌면서 태양을 바라보는 위치가 변하기 때문에 적도상에서 우리 눈에 보이는 겉보기 자전주기(synodic period)는 약 28일이다.

태양계 행성의 특성을 보다 구체적으로 알아보자. 수성은 태양에서 0.4 AU 떨어져 있으며, 가장 가까운 행성이다. 질량은 지구의 0.055배로 태양계 행성 중 가장 작은 행성이다. 딸린 위성이 없고 대기 또한 아주 희박해 충돌구(impact crater)와 계곡, 단층과 같은 지형이 그대로 보존되어 있다. 지구자기장의 1%에 불과한, 극히 약한 자기장이 있는 것으로 보아 내부의 핵과 맨틀은 고체 상태인 것으로 예상된다.

금성은 태양으로부터 거리는 0.7AU, 공전주기는 224.7일이다. 태양에서 두 번째로 가까운 행성이다. 질량은 지구의 0.82배이며 위성은 없다. 그 크기뿐만 아니라, 규산염 맨틀과 철질 핵 등 여러 가지 특성이 지구와 가장 비슷하다. 그러나 짙은 대기 때문에 반사도(albedo)가 가장 높고 표면 대기압은 지구의 90배나 된다. 가장 밝을 때 겉보기등급이 -4.6등급에 이른다. 대기 중 온실 기체의 양이 많아 표면온도는 섭씨 400도에 달한다. 자기장이 없지만 특이하게 이온권이 발달되어 강력한 태양풍으로부터 보호받는다. 금성의 자전주기는 243일로 태양계 행성 중 자전이 가장 느리며 방향도 다른 행성들과 반대다.

화성은 태양으로부터 1.5AU 떨어져 있으며 4번째로 가까운 행성이다. 질량은 지구의 0.107배이다. 얇은 대기가 있는데 주로 이산화탄소로 이루어져 있다. 화성은 데이모스(Deimos)와 포보스(Phobos)라는 2개의 위성이 있다. 최근까지 지질학적 활동이 지속된 흔적이 있으며 태양계에서 가장 큰 화산인 올림포스몬스(Olympus Mons)가 있다. 표면이 붉게 보이는 것은 토양에 산화철이 풍부하기 때문이다.

목성은 태양에서 5.2AU 떨어진 곳을 공전하는, 태양계 행성 중 가장 크고 무거운 행성이다. 자전주기는 9시간 55분으로 짧다. 질량은 지구의 318배로 다른 모든 행성을 다 합친 것보다 2.5배 크다. 주로 수소와 헬륨으로 구성된 기체 행성이다. 자전 속도가 빠르기에 적도와 나란한 줄무늬 형태의 어두운 띠(blet)와 밝은 대(zone)가 특징적으로 보인다. 목성에는 얇은 고리가 있으며 위성 수가 토성 다음으로 많은 행성이다. 목성의 자기장은 지구의 그것보다 14배나 강한데, 이는 태양흑점을 제외하고 태양계에서 가장 강한 셈이다. 목성의 자기권꼬리(magnetotail)는 거의 토성의 궤도에 이른다.

토성은 태양으로부터 9.5AU 떨어진 곳에 위치한 목성형 행성이며, 자전주기는 10시간 47분 6초이다. 토성의 가장 큰 특징은 뚜렷한 고리이다. 질량은 지구의 95배, 밀도는 태양계 행성 중 가장 낮아 비중이 물보다 작다. 토성의 표면 중력은 지구와 비슷하다. 위성의 수는 2019년 10월에 20개의 위성이 무더기로 발견되면서 82개로, 목성을 뛰어넘어 가장 많다. 타이탄 (Titan)은 태양계 위성 가운데 유일하게 짙은 대기에 둘러싸여 있다.

천왕성은 태양에서 19.2AU 떨어진 곳에 있고 목성형 행성 가운데 가장 가벼우며, 질량은 지구의 14배이다. 천왕성의 자전축은 황도면에 대해 97.9° 기울어져 누운 상태로 공전한다. 천왕성의 중심핵은 다른 목성형 행성에 비해 매우 차가우며, 방출하는 열이 적은 것이 특징이다. 천왕성의 고리는 태양계에서 토성 다음에 두 번째로 발견되었다.

해왕성은 태양에서 30AU 떨어진 태양계에서 가장 멀리 위치한 행성으로, 질량은 지구의 17배에 해당한다. 해왕성의 위성 가운데 트리톤(Triton)은 태양계 위성 중 유일하게 역방향으로 모 행성을 공전한다. 천왕성과 해왕성은 목성형 행성이지만 기체 성분이 전체 질량의 10% 정도밖에 되지 않으며 얼음 물질의 비중이 높은 편이다. 질량의 대부분을 메테인, 물, 암모니아로 된 얼음이 차지한다.

태양의 나이는 현재 약 46억 살이며, 주계열성으로서 한창 생명력이 빛을 발하고 있다. 앞으로도 약 60~70억 년은 더 주계열성으로 지내다가 나이가 약 110억 살이 될 무렵이면 태양은 밝기를 키우며 준거성 단계로 진입하게 된다. 이후 점차 적색거성으로 변하면서 헬륨 연료가 전부 소진되면 태양의 핵은 팽창하고 온도는 떨어지게 된다.

마침내 나이가 120~130억 살이 되면 태양은 에너지와 빛을 잃으면서 백색왜성이 되어 별의 일생을 마감하게 될 것이다. 그리고 종국에는 흑색 왜성으로 소멸하게 될 것이다. 태양의 소멸은 당연히 행성의 종말을 초래할 것이다. 아니 그 이전에 태양의 중력 때문에 몇몇 행성의 궤도는 망가지게 되며 일부는 상호 충돌하여 부서질 것이다. 또 다른 일부 행성은 우주 공간으로 날아갈 수도 있을 것이다.

행성인 지구,
그리고 위성인 달

지구는 태양이 태어난 이후 1천만 년이 채 되지 않아 탄생한 것으로 추측되고 있다. 그러니 지구의 나이도 태양과 비슷한 약 45.5억 살이 되는 셈이다. 지구가 탄생할 당시의 구성 물질 또한 다른 태양계 천체들처럼 우주의 가스나 먼지였으리라 추측된다. 최초의 지구 온도는 비교적 낮았을 것이다. 그러나 지구 속으로부터 열이 발생하여 지구 내부의 온도가 점점 높아졌다. 이로 인하여 암석 안에 들어 있던 성분들이 녹고, 화산이 격렬하게 폭발하여 용암과 화산재가 지구표면을 덮게 되었다. 화산에서 뿜어 나온 수증기는 식어서 비가 되고, 이 비가 바다를 이루었다.

지구의 가장 두드러진 특징 가운데 하나는 물이 존재한다는 점이다. 지표면의 약 70%는 바다로 덮여 있으며, 해수는 지구의 표면에서 해양·호수· 늪· 하천 등 물이 차지하고 있는 영역 즉 전체 수권(水圈) 총질량의 98%를 차지한다.

지구의 구조는 외부구조와 내부구조로 나눠진다. 외부구조는 다시 대기권(大氣圈)과 수권(水圈) 그리고 암석권(岩石圈)으로 구분된다. 지구는 약 1,000km가 넘는 대기층으로 둘러싸여 있으며, 이 대기로 채워진 부분이 대기권인데, 밑에서부터 대류권(對流圈)· 성층권(成層圈)· 중간권(中間圈)· 열권(熱圈)으로 구분된다. 대기 밑에 있는 지구의 표면은 대륙과 바다로 나뉜다. 지구표면의 고체 부분은 흙과 암석으로 되어있는데, 이것이 암석권 즉 지각이다.

암석권에서 지구의 중심에 이르는 지구의 내부는 맨틀과 핵으로 되어 있다. 핵으로 갈수록 온도가 뜨겁고 압력이 높다. 맨틀은 지구에서 가장 많은 부분을 차지하고 있고, 내부가 워낙 초고온· 초고압의 상태이기 때문에 고체임에도 대류 현상이 일어나 흐르는 모습을 보인다. 핵은 고체 상태의 내핵과 액체상태의 외핵으로 이루어져 있다.

지구 대기와 지표가 받는 태양 복사에너지의 양은 70% 정도이다. 나머지 약 30%는 구름과 표면에서 반사되거나 공기 분자 등에 의하여 산란되어 우주 공간으로 나간다. 복사에너지란 온도를 가진 물체가 외부로 방출하는 에너지를 말한다. 한편, 지표면에서 방출되는 복사에너지는 일부만 우주 공간으로 빠져나가고, 대부분은 지구 대기에 흡수되어 대기의 온도를 높이는 데 쓰인다.

이처럼 지구의 대기권은 태양의 복사에너지를 흡수하는 동시에 지구 복사에너지를 일부는 방출하고 일부는 도로 흡수한다. 여기서 지구 복사에너지를 흡수하는 게 바로 잘 알려진 온실효과인데, 이것이 없었다면 지구 지표면의 평균온도는 지금과 같은 14~15도 정도가 아니라 훨씬 아래로 떨어져 생물체가 살기 어려웠을 것이다. 한마디로 지구 대기권은 생명체를 보호하는 일종의 보호막 역할을 하고 있다. 물론 지금은 온실효과가 커지고 있어 기후변화 문제를 초래하고 있다.

지구는 태양계의 9개 행성 중 3번째 궤도에 있는 행성이다. 태양과의 거리는 1.496×10^8km이며, 1천문단위(AU)로 표시된다. 지구는 인접해 있는 금성과 화성보다는 약간 크지만, 더 멀리 있는 목성/토성/천왕성/해왕성보다는 상당히 작다. 지구는 1개의 달을 위성으로 거느리고 있는데, 달은 다른 행성들의 위성들보다는 큰 편이다.

지구는 전반적으로 구형의 모습을 한 천체이다. 그러나 완전한 구형은 아니며 적도 부근이 부풀어 오른 회전타원체를 형성하고 있다. 즉 지구는 적도 주변보다는 극 주변이 더욱 편평한 모양을 하고 있으며, 이에 따라 지구의 위도 1°의 길이는 이를 측정하는 위도에 따라 다소 다르다. 반지름이 극지방 쪽은 6,357km이며 적도 쪽은 6,378km이다. 따라서 남극과 북극을 지나는 둘레의 길이가 4만 9km, 적도 둘레의 길이는 4만 77km이다.

지구의 부피는 1.083×10^27㎤이다. 그리고 지구의 무게 즉 질량은 6×10^24kg으로, 이는 달의 81배에 해당한다. 태양과 지구 달의 질량비는 333,400 : 1 : 0.01228에 해당한다. 지구의 표면적은 5억 1,000만㎢인데, 이는 만약 지구의 껍질을 벗겨서 펴면 5억㎢가 넘는다는 뜻이 된다.

태양계의 모든 행성은 태양 주위를 공전하면서 자전 운동을 한다. 행성들의 자전과 공전 운동의 방향은 모두 같다. 지구는 타원궤도를 그리면서 태양 주위를 공전한다. 지구가 태양을 한 바퀴 도는 데는 1년이 걸린다. 그 평균 속도는 매초 29.8km이지만 계절에 따라 변한다.

또 하루에 한 번씩 북극과 남극을 연결하는 가상의 축인 자전축을 중심으로 자전하는데, 이때 자전축은 23.5° 기울어져 있다. 이렇게 지구가 약간 기울어진 상태에서 운동하기 때문에 태양 광선을 받는 각도가 달라져 계절의 변화가 일어난다. 햇빛이 똑바로 비치는 때가 여름이고, 비스듬히 비치는 때가 겨울이다. 그러므로 북반구가 겨울일 때 남반구는 여름이다. 또 만약 지구 자전축이 기울어 있지 않았으면 밤낮의 길이는 각 지방의 위도에 따라 결정되고 1년 내내 변화가 없게 된다. 바람과 해수의 흐름도 단순해진다.

지구 자전축의 방향은 외부의 영향이 없다면 일정하게 유지되어야 한다. 그러나 태양계 내의 다른 별들의 인력은 지구에 영향을 미치며, 특히 태양과 달의 인력은 지구에 상당한 영향을 미친다.

지구는 타원체이므로 달의 인력은 지축을 경사지게 하여 지축은 달의 궤도에 대해 수직이 된다. 또 영향력은 작지만, 태양도 달과 비슷한 영향을 지구에 미친다. 그러나 지구는 이러한 인력의 영향을 받더라도 완전히 구속되지는 않는다. 대신 지구의 자전축은 우주 공간에서 원추모양의 표면을 따라 움직이게 되는데, 이러한 자전축의 운동을 세차(歲差)라고 한다.

지구자기장(地球磁氣場, earth's magnetic field)은 지구의 내부로부터 태양풍과 만나는 곳까지 뻗어있는 자기장인데, 태양풍은 태양으로부터 방사되는 하전입자들의 흐름이다. 지구자기장의 세기는 위치에 따라 약 25~65 마이크로테슬라(μT) 정도이다. 우리가 나침반으로 동서남북을 찾을 수 있는 것이 바로 지구자기장 덕분이다. 자기력선은 N극에서 나와 S극으로 들어간다. 그러므로 지구를 하나의 커다란 자석으로 볼 때 북극(North)은 자침의 N극이 가리키는 방향이므로 S극이고, 남극(South)이 N극이다.

상공 1,000~60,000km에는 지구자기장에 붙잡힌 방사성 입자의 띠가 있는데, 이것이 바로 '밴앨런대(Van Allen Belt)'다. 밴앨런대의 구성 물질은 대부분 태양풍, 즉 태양에서 분출된 플라즈마이다. 만약 지구자기장이 없다면 이 입자들은 밴앨런대를 통과하여 지구대기를 맹폭격하여 오존층을 전부 파괴해 버리게 된다. 그 결과 태양광의 자외선이 전부 지표면으로 쏟아져 들어와 지구의 생명체를 몰살시키게 될 것이다. 이렇게 볼 때 지구에 생명이 존재하는 것은 지구자기장의 덕분이라 해도 과언이 아니다.

이 지구자기장의 극성(極性)은 지구역사를 통해 대략 수십만~ 수백만 년에 한 번씩 역전되어 왔다. 역전은 짧으면 4만 년에 한 번 일어나기도 했으나 3,500만 년 동안 한 번도 일어나지 않기도 했다. 역전현상에는 특별한 규칙성이나 주기성이 없지만, 짧은 주기의 역전 이후에는 긴 주기의 역전이 일어나는 양상을 보여주고 있다. 실제로 과학계의 연구결과에 따르면, 지난 360만 년 동안 적어도 9번에 걸쳐 지구의 자기장역전 현상이 일어났고, 마지막으로 자기장이 역전된 시기는 약 78만 년 전이라는 사실이 밝혀졌다.

만약 자기장 역전현상이 발생하면 전자기기에 크게 의존하는 우리 사회는 커다란 혼란에 빠지게 될 것이다. 안정화된 지구자기장에 맞춰 설계된 변전소·송전탑에서는 전류가 일정한 방향으로 흐른다. 그런데 자기장

교란이 발생하면 전류 흐름에 문제가 생기면서 심각한 문제들이 야기될 것이다.

달(Moon)은 지구의 유일한 자연위성이다. 달은 태양계 위성 중에 5번째로 크지만, 행성에 대한 비율로 따지면 제일 크다. 평균 약 38만 4,400㎞ 거리에서 지구 주위를 서에서 동으로 공전한다. 달의 크기는 적도 지름이 약 3,476㎞로, 지구의 약 1/3.5에 달한다. 이에 비해 질량은 지구의 약 1/81에 불과하여 무게에 비해 덩치가 큰 편이다. 달 표면의 중력은 지구의 6분의 1이므로 지구에서 6kg은 달에서 1kg의 무게로 작용한다.

달은 지표면에서의 중력이 매우 약하기 때문에 대기를 유지할 수 없다. 따라서 현재 달에는 대기가 거의 없고, 태양풍만으로도 달 내부에서 나온 미소량의 가스를 충분히 날릴 수 있을 정도이다. 이처럼 달에는 대기가 없어서 기상 현상이나 침식 작용이 일어나지 않는다. 공기가 없어서 온도 변화가 매우 심하여 낮에는 120℃까지 오르고, 밤에는 영하 170℃ 이하로까지 내려간다.

달의 지형은 모래로 덮여 있고 분화구가 많은데, 지름이 200km가 넘는 큰 분화구도 있다. 달의 표면에는 둥근 테 모양을 한 산과 바다가 있는데, 높은 곳을 산이라 부르고 낮은 곳은 바다라 한다. 빛을 제대로 반사하지 못해 어두운 부분인 바다는 지구에서 검게 보이는데, 반대쪽에는 거의 없다. 달의 약 35%를 차지하는 바다 부분은 대륙 부분에 비해 상대적으로 구덩이의 수가 적고, 현무암질의 용암이 흘러나와 구덩이를 메워 생긴 것으로 알려져 있다.

바다 부분 이외의 대륙 부분은 작은 돌들이 모인 암석으로 구성되어 있다. 그리고 달에는 대기가 거의 존재하지 않기 때문에 운석이 그대로 월면에 충돌하여 크레이터(crater), 즉 구덩이를 만들었다. 또 물이나 바람에 의한 침식과 지각변동을 받는 일도 없기에, 수많은 크레이터가 만들어진 채 그대로 남아 있게 되었다. 이 대륙 부분은 주로 칼슘과 알루미늄이 많이 함유된 사장석(斜長石)으로 이루어져 상대적으로 밝아 보인다.

달은 스스로 빛을 발산하지 못하므로 태양의 빛이 닿는 부분만이 빛을 낸다. 따라서 달이 지구의 주위를 돌 때 지구와 달의 위치에 따라서 달의 모양이 초승달· 반달· 보름달 등 여러 가지로 바뀌어 보이는 것이다. 달은 지구의 인력만이 아니라 태양의 인력도 크게 받고 있어서 달의 운동은 아주 복잡하다. 달의 자기장은 지구자기장 세기의 1% 미만이라고 추정되고 있다. 이는 달의 크기가 애초에 작아서 지구보다 빨리 식었기 때문이라고 알려진다.

달은 자전축을 중심으로 27.3일 만에 1바퀴씩 자전하는데, 이는 달이 지구 주위를 1바퀴 공전하는 시간과 같다. 즉 공전주기와 자전주기가 동일한데, 이는 달과 지구 사이에 작용하는 기조력(tidal force) 때문에 생기는 자연스러운 현상이다. 이처럼 동주기 자전(synchronous rotation)의 결과 지구에서는 달의 한쪽 면만 볼 수 있다. 뒷면은 1959년 10월에 루나(Luna) 3호가 최초로 촬영하기 전까지는 볼 수가 없었다.

달이 태양에서 가장 가까이 있는 때를 신월이라 한다. 신월에서 다음 신월까지의 시간은 달의 공전주기보다 조금 길어서 평균 약 29.53일이 된다. 달은 지구를 중심으로 돌고 지구는 태양을 중심으로 돌기 때문에, 지구 - 달 - 태양의 순서로 일직선을 이루는 때가 있다.

　이때 달이 태양을 가려서 달의 그림자가 지구에 비치는 지역은 태양 빛이 들지 않게 되는데, 이러한 현상을 일식(日蝕, solar eclipse)이라 한다. 또 태양 - 지구 - 달의 순서로 일직선을 이룰 때는 태양 빛을 받는 지구의 반대쪽에 역시 그림자가 생겨 달은 태양 빛을 받을 수 없게 된다. 이러한 현상을 월식(月蝕, lunar eclipse)이라 한다.

우주망원경

천체망원경(Astronomical Telescope)은 천체에서 오는 전자기파를 모아서 관측하는 망원경이다. 어두운 천체의 빛을 넓은 면적에 모아서 밝게 보여주고, 분해 능력을 높여서 더욱 세밀한 천체의 모습을 보여준다. 천체망원경은 관측하는 파장에 따라 광학망원경, 적외선 망원경, 전파망원경, 자외선 망원경, X선 망원경, 감마선 망원경, 우주배경복사를 관측하는 마이크로파 망원경 등으로 나뉜다. 그리고 설치된 위치에 따라서도 나뉘는데, 지표면에 설치되는 지상망원경(ground-based telescope)과 인공위성 등의 우주궤도에 놓이는 우주망원경(space telescope)이 있다.

지상망원경은 지구 대기에 의해 대부분의 전자기파들이 차단되어, 가시광선과 전파 영역에서만 천체를 관측할 수 있다. 이에 반해 우주망원경은 지구 대기의 바깥에 있으므로 모든 파장의 전자기파를 관측할 수 있는 장점이 있다. 그래서 우주에서 오는 감마(γ)선, X선을 비롯하여 자외선과 적외선, 마이크로파(micro 波)를 관측하기 위해서 우주망원경을 띄운다. 또 지구 대기의 영향을 받지 않기 때문에 가시광선에서도 더 좋은 영상을 얻을 수 있다. 이처럼 우주망원경이란 지상관측이 불가능한 파장대역(Wavelength Bandwidth)의 관측이나 지상보다 좋은 관측조건을 얻기 위해 우주공간에 망원경을 설치하는 것을 뜻한다.

천체에서 방출되는 전자기파 중에 자외선처럼 파장이 짧은 전자기파는 지구 대기를 거치는 동안 대부분 흡수되거나 반사되어 지상까지 도달하지 못한다는 문제점이 있다. 가시광선도 일부가 지구 대기를 통과하는 동안 산란되거나 대기의 흔들림 때문에 천체의 상이 다소 흐려지거나 퍼져 보이는 문제가 생긴다. 대기의 영향을 받지 않고 지상에 도달하는 것은 파장이 긴 적외선이나 전파들뿐이다.

지구는 대기층에 둘러싸여 있으며, 빛이 외계로부터 지구로 도달하려면 지표면에 닿기 전에 대기층을 지나야 한다. 이때 대기층에 존재하는 기체들이 지구상에 존재하는 생명체에게 치명적인 X선, 감마선, 자외선 등을 흡수 또는 차단하기 때문에, 단지 가시광선과 전파만이 대기를 투과해서 지상에 도달하게 된다.

이 덕분에 우리는 지구상에서 안전하게 살 수 있지만, 천체로부터 오는 빛 중 가시광선과 전파 영역을 제외한 다른 파장의 빛은 관측할 수 없다. 따라서 지상에서의 관측만으로는 우주에 대한 모든 정보를 얻기가 어렵다. 그리고 또 대기가 흔들리는 현상 때문에 천체의 상이 원래보다 더 커지고 덜 선명하게 된다.

이런 문제점들을 극복하기 위해서 우주망원경이 만들어지게 된 것이다. 즉 우주망원경은 지구 대기권 밖 우주공간에서 관측을 수행함으로써 지구 대기요동에 의한 화상 질 저하를 피할 수 있고, 지구 대기로 인한 관측 파장의 제한을 받지 않는다는 장점이 있다.

관측 시간상의 제약이 없다는 것도 우주망원경의 장점이다. 지구의 낮과 밤, 날씨와 상관없이 24시간 관측을 지속할 수 있다. 지상망원경의 경우 1년의 절반은 낮이므로 기본적으로 관측이 불가능하다. 또 남은 일수의 절반은 달의 존재로 인해 고품질의 관측을 수행하기 힘들다. 거기다가 구름이나 상층 대기의 상태에 따라 남은 일수는 더더욱 줄어들게 된다. 이에 비해 우주망원경은 사실상 태양이나 지구에 의해 가려지는 부분을 제외하면, 1년 내내 온 하늘을 관측할 수 있다.

다만, 우주망원경은 지상망원경에 비해 추가적인 장비가 필요하고 업그레이드하기가 어려워서 가동 기간이 짧다는 단점이 있다. 아울러 발사와 유지에 엄청난 비용이 소요된다는 문제도 있다. 참고로 허블 우주망원경에는 발사 및 수리, 운영비까지 합쳐 약 100억 달러가 들어갔다.

이처럼 우주망원경은 지상에서 관측하기 불가능한 파장대를 관찰하기 위하여 만들어졌다. 즉 자외선, X선, 감마선, 적외선 등을 관측하기 위한 목적으로 사용된다. 빛은 파장이 짧은 쪽부터 감마선, X선, 자외선, 가시광선, 적외선, 전파로 나눠진다.

일상적으로 말하는 빛, 즉 가시광선은 400nm에서 700nm 정도의 파장을 가진다. 전자기파 전체의 범위를 감안할 때 가시광선이 차지하는 비중은 매우 작다. 이 영역에서 벗어나는 빛은 파장이 긴 쪽은 적외선, 짧은 쪽은 자외선으로 부른다. 그리고 파장(wavelength)과 주파수(frequency)는 반비례하여, 감마선은 파장이 가장 짧지만, 초당 진동수는 가장 크다. 색깔별로 파장이 다른데, 보라색이 파장이 가장 짧고, 빨간색이 파장이 가장 길다.

이 천체에서 나오는 파장의 특성에 맞추어 관측하는 우주망원경들이 각기 탄생하게 되었다. 대표적인 우주망원경인 허블(Hubble)은 가시광선 망원경이다. 지구와 유사한 외계 행성을 찾는 임무를 지닌 케플러(Kepler)와 TESS도 가시광선 망원경의 일종이다.

적외선 망원경은 멀고 어두운 천체를 관측하는 데 가시광선 망원경보다 훨씬 유리한데, 이에는 스피처(Spitzer), 가이아(Gaia Space Observatory) 등이 있다. 허블 우주망원경의 후속이 될 제임스웹 우주망원경(James Webb Space Telescope)도 적외선 관측용의 하나다. 이외에 감마선 우주망원경으로는 콤프턴(Compton Gamma-Ray Observatory)과 페르미(Fermi Gamma-ray Space Telescope)가 있고, X선 우주망원경으로는 찬드라(Chandra X-ray Observatory)가 있다.

우주망원경의 궤도는 탑재되는 인공위성에 따라 다양하게 구분된다. 낮은 고도에서 지구 주위를 도는 지구 저궤도(LEO, Low Earth Orbit)부터, 멀리는 지구–태양 간의 중력 균형점인 라그랑주 점(Lagrangian point)에서 관측하는 우주망원경들도 있다. 또 행성이나 소행성, 혜성에 다가가서 관찰하거나, 태양계를 벗어나 심우주로 나아가는 우주탐사선에 탑재된 것들도 있다.

우주망원경의 역사는 천문학자 라이먼 스피처(Lyman Spitzer)가 최초로 제안했던 1946년까지 거슬러 올라간다. 스피처는 관측 장비를 지구 대기권 바깥에 존치시켜 지구 대기요동에 의한 질 저하를 피하고, 지구 대기로 인한 관측 파장의 제한을 받지 않는 망원경을 건설하자고 제안했다. 스피처의 제안은 그 후 계속 논의되어 오다가 1969년 미국 NASA에서 구체적으로 검토되기 시작하였다.

마침내 1990년 4월 24일 우주왕복선 디스커버리(Discovery)호에 실려 우주망원경이 하늘로 올라가게 되었다. 이 망원경이 바로 우주가 팽창되고 있다는 사실을 밝혀낸 미국 천문학자 허블(Hubble)의 이름을 따서 명명된 '허블 우주망원경(Hubble Space Telescope)'이다. 허블 우주망원경은 길이가 13m나 되며 렌즈의 구경만 2.4m에 달하는 등 인공위성으로서는 매우 큰 편이기 때문에 일반 발사체에 실려 궤도에 올라가지 않고 우주왕복선 디스커버리호에 실려 궤도에 올랐다.

1995년 허블 우주망원경이 촬영한 '허블 딥필드(Hubble Deep Field)' 사진은 사람들이 인식할 수 있는 우주의 크기를 크게 넓혔다. 물리학자 아인슈타인이 우주를 설명하는 상대성 이론을 발표해 노벨 물리학상을 받은 20세기 초까지만 해도 사람들 인식 속의 우주 범위는 지름 약 10만 광년의 우리 은하에 불과했다. 그러나 허블 딥필드 사진 속에는 우리 은하와 같은 외부 은하들 수천 개가 찍혀있었다. 이후 이보다 더 많은 은하, 더 오래된 은하 모습을 담은 '울트라 딥필드(Hubble Ultra Deep Field)', '익스트림 딥필드(Hubble Extreme Deep Field)' 관측에도 성공했다.

과학자들은 허블 우주망원경을 통해 우주의 구체적인 나이도 측정하였다. 즉 1998년 초신성 관측을 통해 우주공간이 팽창하는 속도를 알아내었다. 이를 통해 우주가 원래 한 점이었던 시점, 즉 우주의 탄생 시점이 138억 년 전임을 밝혀내었다. 이는 우주공간이 팽창하는 속도를 제대로 관측할 수 없어서 우주의 나이를 100~200억 년 정도로 불확실하게 추정해왔던 이전과 비교하면 훨씬 정교해진 계산이라고 할 수 있다.

허블 우주망원경은 지상 559km의 저궤도에서 96분마다 한 번씩 지구 궤도를 돌며 관측 활동을 해왔다. 이처럼 우주공간에 설치된 관계로 대기권의 간섭을 거의 받지 않기 때문에 지상의 다른 천체망원경보다 해상도가 10~30배, 감도는 50~100배 뛰어난 관측 능력을 지녔다. 다만, 크기의 한계가 있다 보니 지상망원경에 비해 집광력이 떨어져서 어두운 천체를 관측하기 위해서는 며칠간의 긴 노출이 필요했다.

한편, 허블망원경을 이처럼 지구 저궤도에 설치한 이유는 우주왕복선을 이용하여 고장 수리와 기기 교체를 하는 등의 정비작업을 할 수 있도록 하기 위해서였다. 이를 통해 망원경의 수명을 연장하고 성능을 높일 수 있었다. 그렇지만 저궤도는 지구복사 에너지가 높아서 상이 안 좋아지는데, 이러한 배경 열은 잡광(stray light)과 함께 최대한 차단해야만 고품질의 관측 자료를 얻을 수 있다. 그래서 허블 우주망원경은 배플(baffle)과 칸막이(vane), 그리고 추가로 경통과 뚜껑을 설치해서 2중, 3중으로 배경 열과 잡광을 차단하였다.

허블 우주망원경은 저궤도에 위치한 관계로 접근성이 좋아 우주공간에서 운용되는 동안 수차례에 걸쳐 우주비행사들이 고장이 난 부분을 수리하고 장비도 업그레이드해왔다. 2003년 우주왕복선 컬럼비아호 사고 이후에는 더이상 존치시키기가 어렵다는 판단 아래 폐기하는 문제를 심각히 고려했었다.

그러나 허블 우주망원경을 계속 보수해서 사용하기를 원하는 천문학자들의 여론에 NASA는 기존의 입장을 번복하고 다시 수리와 정비를 거쳐 임무를 수행해 오고 있다. 이런 상황 속에서 마침내 2021년 12월 25일, 허블 우주망원경보다 성능이 뛰어난 제임스웹 우주망원경(JWST)을 후임자로 발사하였다. 아울러 2027년경 낸시 그레이스 로만 우주망원경이 올라가면 대기권으로 추락해 소멸될 예정이다.

제작에만 약 100억 달러가 투입된 '제임스웹 우주망원경(JWST, James Webb Space Telescope)'은 주반사경으로 모인 빛을 반사하는 보조반사경과 관측장비 4개로 구성된다. 태양과 지구의 반대쪽에서 먼 우주를 향하게 되는 주반사경은 1.3m 크기의 육각형 반사경 18개로 이루어져 있다. 반사경의 크기가 크고 시야 또한 넓어 한정된 시간에 넓은 영역을 관측할 수 있기에 훨씬 효율적이다.

관측영역 또한 허블이 가시광선과 근적외선 정도인 데 비해 적외선까지도 관측이 가능하다. 적외선 영역으로 우주를 관측하면 더 먼 거리의 별을 볼 수 있다. 우주의 먼지에 가려 그동안 관측이 어려웠던 별들도 적외선을 쓰면 효과적으로 투시할 수 있기 때문이다. 과학계에선 제임스웹 우주망원경의 총체적인 관측 능력이 허블 우주망원경보다 100배 강하다고 본다.

주반사경이 다 펼쳐지면 지름이 6.5m로, 2.4m인 허블 우주망원경의

2.7배에 이르며, 시야각은 15배이고, 빛은 약 7배 더 많이 받아들이게 된다. 이처럼 반사경은 훨씬 커졌지만, 망원경 전체의 무게는 6.5톤(t)으로 허블의 절반밖에 안 된다. 가벼운 금속인 베릴륨 소재에 금을 코팅하여 제작했기 때문이다.

제임스웹 우주망원경의 발사일정은 원래 2007년으로 계획되어 있었으나, 이후 수차례에 걸쳐 연기되어 왔다. 이에는 기존 허블 우주망원경에 대한 애착뿐만 아니라 기술상의 문제, 그리고 예산상의 문제도 작용하였다. 2014년으로 미뤄졌던 발사 계획이 2018년으로 변경되었다가 다시 2019년으로 그리고 또다시 2020년 5월로 연기되었다. 그러나 이 일정 역시 시험 중에 발견된 문제로 인해 2021년 3월로 연기되었고, 결국 2021년 12월에야 우주공간으로 올라가게 되었다.

제임스웹 우주망원경은 지구로부터 150만km 정도 떨어져 있는 2번째 라그랑주(L2) 지점 주위의 리사주 궤도(Lissajous orbit)에서 태양궤도를 선회하며 심우주를 관측한다. 허블보다 2,700배 높이 뜨는 셈이다. 라그랑주 지점은 태양과 지구의 인력과 우주망원경의 원심력이 균형을 이루는 지점을 의미한다. 문제는 이처럼 너무나 멀리 떨어져 있기에 문제가 생기면 그대로 버려야 한다는 것이다. 허블의 경우 문제가 발생하면 우주왕복선을 띄워서 수리를 할 수 있었지만, 제임스웹은 너무 멀어서 불가능하다.

제임스웹 우주망원경의 주된 임무는 은하계와 원시성이 파장을 방출하는 근원의 관찰을 목표로, 초기에 복사된 적외선을 관측하기 위해 설계되었다. 이처럼 적외선을 관측하는 이유는 초기의 우주 천체에서 복사된 빛은 적색편이 현상을 보이기 때문이다. '적색편이(赤色偏移)'는 별에서 나오는 빛이 우주가 팽창하면서 파장이 늘어나 자외선이나 가시광선에서 적외선으로 바뀌는 현상을 말한다.

2022년 7월 마침내 첫 작품을 내놨다. 제임스웹 우주망원경이 지름 6.5m의 주경을 이용해 지구에서 46억 광년 떨어진 'SMACS 0723' 은하단을 촬영한 사진이다. 이를 통해 NASA는 우주가 형성되고 약 3억 년 후인 135억 년 전에 생성된 별빛을 잡아낼 계획이다. 이 계획이 성공한다면 우주가 어떤 흐름을 거쳐 현재에 이르게 됐는지를 규명할 확실한 증거를 찾게 된다.

제임스웹 우주망원경의 또다른 주요 임무는 대기 분석을 통한 외계생명체 탐사이다. 기존의 '외계지적생명체탐사(SETI)'는 고도의 문명이 발달한 지능이 있는 외계생명체만 발견할 수 있었다. 그러나 제임스웹 우주망원경은 원시적인 생명체라도 행성 대기 구성 성분에 영향을 줄 수 있을 정도로만 번성하면 발견할 수 있다. 이는 다시 말해 SETI보다 외계생명체의 발견 확률을 수천~수만 배 더 올릴 수 있다는 것이다.

2022년 7월 NASA는 제임스웹 우주망원경이 지구로부터 1,150광년 떨어진 외계행성 WASP-96b에서 수증기 형태의 물을 확인했다는 사실도 발표했는데, 이로써 외계생명체의 신호를 찾을 수 있다는 기대도 나온다.

한편, '낸시 그레이스 로만 우주망원경(Nancy Grace Roman Space Telescope)'은 2027년경 발사 예정인 미국의 차세대 자외선 우주망원경이다. 헤일로 궤도를 돌며 가시광선 및 근적외선 관측 임무를 수행할 예정이다. 주 렌즈

크기는 허블 우주망원경과 동일한 2.4m이지만, 시야각은 허블 우주망원경보다 100배나 넓으며 초점은 더욱 또렷하게 맞출 수 있다. 허블 우주망원경의 후속 망원경인 만큼, 이 망원경이 우주에 올라가고 나면 허블 우주망원경은 태평양으로 추락·폐기될 예정이다.

이밖에도 몇몇 초대형 천체망원경 프로젝트들이 기획되어 추진 중이다. 한국천문연구원이 미국과 호주 등 세계 주요 우주기관과 공동으로 제작 중인 거대 마젤란 망원경(GMT, Giant Magellan Telescope), 미국 캘리포니아 공대 등이 건설을 추진 중인 30m 망원경(TMT, Thirty Meter Telescope), 유럽남천문대(ESO)가 칠레에 건설 중인 유럽극대망원경(ELT, European Extremely Large Telescope) 등은 모두 2025년 전후로 완공 예정이다.

물론 이 거대 망원경들은 지상망원경이기에 제임스 웹 우주망원경보다는 불리한 점이 있기는 하다. 그러나 그동안 발전된 여러 새로운 기술로 그 단점을 보완하고 있으며, 지상망원경이 지니는 장점도 최대한 기대되고 있다.

운석 낙하와
소행성과의 지구충돌

우리가 살아가는 이 지구상에 일어날 수 있는 천재지변의 종류는 매우 다양하다. 하늘에서 갑자기 엄청난 불덩어리들이 쏟아지는 재앙도 그중의 하나일 것이다. 실제로 지구 45.5억 년의 역사에서 이런 불덩어리들이 수도 없이 많이 쏟아졌다면 잘 믿기지 않을지도 모른다. 하지만 사실이다.

6,600만 년 전 중생대 말 공룡이 멸종한 원인도 소행성의 지구충돌에 의한 것으로 알려져 있다. 당시 충돌로 인한 폭발력은 2차 세계대전 당시 사용된 원자폭탄보다 100억 배 강력하고, 미국과 러시아가 보유한 모든 핵무기를 동시에 폭발시킨 것의 만 배 이상에 달한다고 한다. 이로 인해 1억 년 이상 지구를 지배한 공룡을 포함해 지구생물의 75% 정도가 몰살되고, 몸집이 작은 포유류·조류·곤충·양서류 등만 살아남았다. 멕시코 유카탄반도에 있는 지름 180㎞의 웅덩이 흔적도 그 증거의 하나라고 한다.

지구가 속한 태양계는 태양을 중심으로 8개의 천체가 공전하고 있다.

이들 천체를 '태양계의 행성'이라고 부른다. 반면 소행성(Asteroid)은 이들보다 크기가 작고 자체 중력이 부족해 원 형태를 유지하지 못한다. 쉽게 말해 크기가 불규칙적인 암석 덩어리로, 46억 년 전 태양계가 만들어진 비슷한 시기에 생겨났다.

소행성들은 전체적으로 띠 모양을 이루면서 태양 둘레를 돌고 있다. 이들은 주로 소행성대라고 불리는 화성과 목성 사이에 흩어져 있다. 소행성은 그 수가 수십만 개가 넘을 것으로 추산되며, 크기는 지름 10m의 소행성부터 530㎞가 넘는 '베스타(Vesta)'까지 다양하다. 세레스(Ceres)는 지름이 1,020km로 소행성대에서 가장 큰 천제이지만, 너무 커서 왜소행성으로 따로 분류되고 있다.

이 수많은 소행성 중에서 운행 궤도가 지구 공전궤도를 통과하거나 가까이 오는 것들은 지구에 커다란 문제를 일으키게 된다. 국제소행성센터와 한국천문연구원에 등록된 소행성의 개수만 해도 약 80만 개에 달한다. 그리고 지구궤도와 만나거나 지구 가까이에 다가서는 궤도를 지닌 '근지구 소행성'은 2만 6천 개 정도에 달하며, 지구를 위협할 정도로 가까운 '지구위협 소행성' 개수도 2,100개를 넘어섰다고 한다.

근지구 소행성이란 지구와의 거리가 1.3AU 이내인 소행성을 뜻한다. 또 지구위협 소행성은 근지구 소행성 중 지구와 궤도가 겹칠 때 거리가 0.05AU 즉 750만㎞ 이내이며, 지름이 140m 이상인 소행성을 뜻한다.

한편, 이 소행성보다도 좀 더 작은 천체인 유성체(流星體)는 지구의 대기권으로 진입하여 밝은 빛을 내면서 떨어지고 있다. 이때 지표면까지 모두 타지 않고 도달하면 운석이 된다. 우리는 흔히 이 운석을 별똥별이라고 부르고 있다. 이 유성체 또한 소행성과 같이 대다수가 화성과 목성 사이에 위치한 소행성대에서 발생하며, 드물게는 태양계 변두리에서 오기도 한다.

지금도 유성체가 모두 다 타지 못한 채 지상으로 떨어지는 물체인 운석이 매일 평균 100톤, 1년에 무려 4만 톤씩이나 지구에 떨어지고 있다. 먼지처럼 작은 입자의 우주 물질은 1초당 수만 개씩, 지름 1㎜ 크기는 평균 30초당 1개씩, 지름 1~5m 크기는 1년에 한개 꼴로 지구로 떨어진다.

이에 비해 규모가 큰 우주물체나 소행성과의 지구충돌 가능성은 물론 상대적으로 작은 편이다. 지름 50m 이상의 물체가 지구와 충돌할 가능성은 천 년에 한 번쯤, 지름 1㎞의 소행성이 지구와 충돌할 확률은 50만 년에 한번 꼴이며, 지름 5㎞짜리의 큰 충돌은 대략 천만 년에 한 번 정도다.

그러나 대형 운석이 지상에 떨어지거나 소행성이 충돌할 경우 발생하게 될 피해는 가공스러울 정도이다. 지름 10km 소행성 하나가 초속 20km 속도로 지구와 충돌하기만 해도 강도 8규모 지진의 1천 배에 달하는 격동이 지구를 휩쓸 것이며, 대재앙을 피할 수 없게 된다. 이런 연유로 지구 종말은 소행성 충돌로 인해 이뤄질 것이라는 공포가 광범하게 퍼져 있는 상황이다.

특히 직접적인 1차 피해도 그렇지만 연이어 나타날 2차 피해는 훨씬 더 크다. 만약 지름 수백㎞의 대형 운석이 떨어진다면, 운석은 지각을 1km까지 뚫고 들어가며 섭씨 2만°C까지 치솟는 고열로 땅은 젤리처럼 녹아들어 간다. 바닥 면이 튕기면서 운석과 주변 암석이 증발하고, 엄청난 양의 암석과 용융 물질, 재와 기체를 날려 보낸다. 지표면은 파도처럼 요동치면서 수백㎞ 반경의 모든 생명이 끝장난다. 이와 같은 대폭발이 1차 피해에 해당한다.

연이어 2차 피해가 나타난다. 충돌에 의한 먼지구름이 지구 대기의 성층권까지 올라가 태양을 가리면서 혹한이 초래된다. 이후 시간이 흐르면서 하늘을 가린 먼지가 없어지는 동안 지상에는 산성비가 내리게 된다. 그 다음 비가 그치면 오존층이 없어진 하늘을 뚫고 태양의 자외선이 강하게 내리쬐게 될 것이다. 이런 과정을 거치는 동안 태양에너지를 이용해 생활하는 모든 생물은 절멸될 것이다.

사실 인류는 운석 낙하와 소행성 충돌이 초래할 위험성에 대해서는 최근까지 큰 관심을 가지지 않았다. 단지 영화와 소설로만 이런 위험을 느꼈을 뿐이다. 1998년에 개봉된 〈딥 임팩트(Deep Impact)〉와 〈아마겟돈(Armageddon)〉은 모두 지구로 충돌해오는 소행성이나 혜성의 궤도를 바꾸거나 폭발시키는 내용을 담은 재난 영화이다.

상황이 바뀐 건 2013년이다. 러시아 첼랴빈스크에 소행성이 떨어져 1,500명 넘는 시민들이 다친 뒤부터 국제사회가 경각심을 갖게 됐다. 당시 소행성은 대기권에서 폭발해 운석 소나기를 뿌렸다. 폭발하면서 생긴 충격파는 주변 지역 건물 유리를 모조리 깨뜨렸으며, 이 유리 파편에 의해 수많은 사람들이 부상을 당하였다. 지름 17m 정도로 추정되는 미니 소행성인데도 이 정도 피해를 줬다.

국제사회가 눈을 번쩍 뜬 이유다. 그 뒤 미국을 중심으로 지구를 위협하는 소행성을 찾는 연구가 부쩍 활기를 띠었다. 2022년 3월에도 면적

2m 규모의 근지구 소행성인 '2022EB5'가 지구 대기권에 충돌하여 일부 잔해들이 북극 노르웨이 해안 부근으로 낙하했다.

혹시 있을지도 모를 소행성과의 충돌로 인한 재앙으로부터 지구를 보호하기 위해서는 지금보다 더 많은 노력이 필요하다. 직경 50m 크기의 작은 소행성이나 유성이라 할지라도 지구와 정면으로 충돌하면 도시 하나를 쑥대밭으로 만들고 수백만 명의 목숨을 앗아가기 때문이다. 만약 소행성이 지구와 충돌하면 지구 생명체의 70~80%가 멸종할 수 있다.

실제로 NASA에서는 소행성 충돌 방지를 위한 다양한 대책을 연구하고 있다. 소행성 충돌을 피할 방법으로써 크게 세 가지가 강구되고 있다. 우선 핵이나 재래식 무기로 소행성을 파괴하는 방법이 있다. 두 번째는 소행성에 고출력 레이저를 쏘거나 태양 돛으로 밀어내 궤도를 바꾸는 방법이 거론된다. 마지막으로 소행성 질량과 맞먹는 우주선을 소행성에 접근시켜 소행성을 천천히 끌어내 궤도를 바꾸는 것도 염두에 두고 있다.

가령, 지름 10m 이하 작은 소행성은 커다란 망으로 포획해 다른 궤도로 옮길 수 있다고 한다. 또 지름 100~500m인 거대 소행성에는 아예 우주선을 보내 지름 3m 크기 정도로 암석을 떼어낸 뒤 소행성 주변에 띄워 공전하게 만든다는 것이다. 이렇게 하면 소행성과 암석 사이 중력이 생기면서 거대 소행성의 궤도가 바뀌기 때문이다. 또 우주선에 원자력 엔진을 탑재하여 핵폭탄을 투하해서 소행성의 궤도를 변경시킬 수도 있다고 한다.

NASA는 2021년 11월 다트(DART, Double Asteroid Redirection) 우주선을

실은 스페이스X 팰컨9 로켓을 발사했다. 역사상 최초로 우주선으로 소행성 궤도를 수정하는 실험에 나선 것이다. 발사된 DART 우주선의 크기는 1.2×1.3m의 직사각형으로 무게는 약600kg이다.

이 우주선은 정찰용 카메라 드라코(DRACO)를 탑재하고, 2022년 9월말경 지구에서 약 1,100만 km 떨어진 소행성 디디모스(Didymos) 주변을 공전하는 직경 160m의 위성 디모르포스(Dimorphos)와 충돌하였다. 디모르포스는 지구에 직접적인 위협이 되지는 않지만, 위협이 될 수 있는 소행성과 비슷한 크기인 데다가 태양 주위를 도는 소행성 중 지구에서 관측할 수 있는 위치에 있어 임무 대상으로 선정되었다.

언제가 우리는 이 소행성들과 맞서야 할지도 모른다. 그리고 그날이 예상보다 빨리 올 수도 있다. 특히 이 중에서도 천문학자들이 심각하게 걱정하는 소행성이 몇 개 있다. 가장 심각한 것은 바로 죽음의 신으로 불리는 거대 소행성 '아포피스(Apophis)'이다.

2029년 4월 13일, 지름 340m나 되는 이 소행성은 지구에 31,600km 이내로 근접 통과할 예정이다. 꽤 먼 거리 같지만 지구정지궤도 35,786㎞보다 더 가까운 거의 충돌이나 마찬가지일 정도의 거리다. 지구에 아주 가깝게 접근해서 지면과 정지위성 사이를 통과할 정도이다. 더욱이 2036년에는 이보다 더 가까이 지구에 접근할 것으로 예견되고 있다.

다음은 1999년에 발견된 소행성 '베누(Bennu)'이다. 이는 마름모꼴 모양이고 지름이 약 500m에 달한다. 소행성 중에서는 중간 정도 크기로 질량은 약 1억 4천만 톤이어서 가볍지 않다. 과학자들은 이 베누가 2300년까지 지구에 충돌할 확률이 1,750분의 1이라고 추정한다. 특히, 충돌위험이 큰 날로는 2182년 9월 24일을 꼽았다.

행성만 지구를 위협하는 것은 아니다. 사실 소행성 충돌이 초래할 재앙의 규모는 우주에서 일어나는 다른 종류의 충돌들과 비교하면 무시할 수 있는 정도이다. 다른 충돌의 대표적인 예로 중성자별 충돌이 있다. 서로의 둘레를 회전하는 중성자별 2개가 있고, 이 두 괴물이 충돌하면 아마도 우주에서 가장 격렬한 폭발이 일어날 것이다. 폭발이 일어나고 100만 분의 1초 후 모든 게 끝난다. 이때 방출하는 에너지는 태양이 100억 년 동안 생산하는 에너지보다 많다고 한다.

또 블랙홀이 지구와 충돌한다면 어떻게 될까? 블랙홀이 지구에 근접하면 지구의 대기를 끌어당길 것이다. 긴 덩굴손처럼 흐르는 공기가 블랙홀 속으로 소용돌이치며 빨려 들어가고 블랙홀이 근접할수록 지구 위의 물체들도 점점 더 강한 중력을 느낄 것이다. 어느 시점에 이르면 지표면에 앉아 있는 인간들은 지구의 중력보다 블랙홀의 중력을 더 많이 느끼게 된다. 그리고 지면에서 떨어져 블랙홀 속으로 빨려 들어가게 될 것이다. 곧이어 블랙홀의 중력은 지구를 산산이 분해하기 시작할 것이다.

더 나아가 가장 거대한 충돌인 은하의 충돌도 수억 년에 걸쳐 전개되고 있다. 지구가 속해 있는 우리 은하와 가장 가까운 외부은하로 알려진 안드로메다은하는 시속 약 40만km의 속도로 서로를 향해 돌진하고 있다. 이에 앞으로 45억 년 후면 충돌할 수도 있을 것이다. 그러면 두 은하는 산산이 부서지면서 지구도 끝장이 나게 될 것이다.

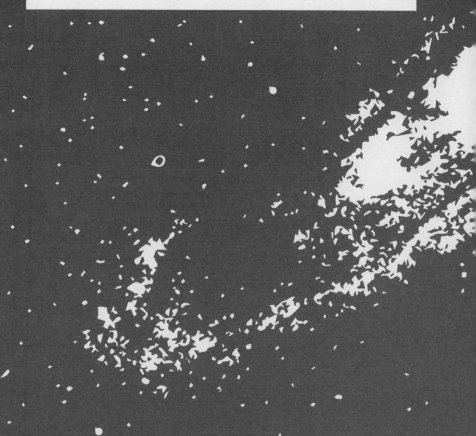

3장.
우주의 정치학

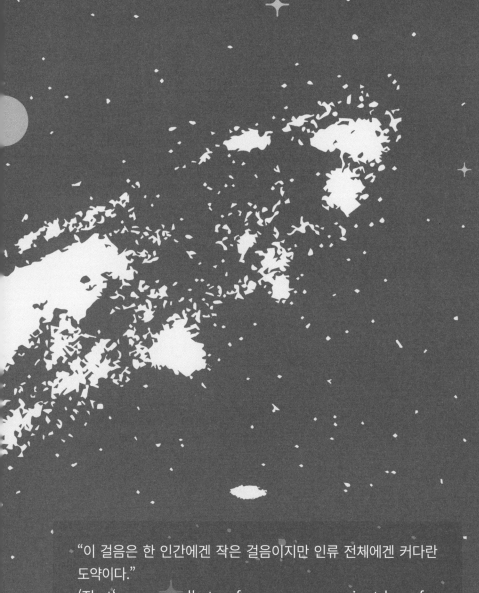

"이 걸음은 한 인간에겐 작은 걸음이지만 인류 전체에겐 커다란
도약이다."
(That's one small step for a man, one giant leap for
mankind)

- 닐 암스트롱(Neil Alden Armstrong)

우주전쟁,
우주군의 창설

1977년 제작된 조지 루카스(George Walton Lucas) 감독의 영화 시리즈물 〈스타워즈(Star Wars)〉는 방영되자마자 우주에서 벌어지는 전쟁이 어떤 모습인가에 대한 전형을 단숨에 확립해 버렸다. 또 이후에 제작된 모든 SF, 스페이스 오페라, 블록버스터 영화에 지대한 영향을 끼쳤으며 수많은 미디어에서 인용 및 패러디되었다. 나아가 단순한 영화를 넘어 북미권에서는 하나의 문화로 취급받으며 수많은 팬들을 양산하였다.

〈스타워즈〉 이후 우주전쟁 장르의 영화는 전형적인 장면들이 연출되어왔다. 물론 영화에는 허구적 요소로 가득 차 있다. 우주공간을 가르며 고속으로 비행하는 우주 전투기들, 그리고 느릿느릿 움직이며 함포 사격을 하는 거대한 우주 전함들과 이 모든 것을 압도하는 거대하고 파괴적인 우주 요새, 그리고 레이저 빔(laser beam)을 현란하게 뿜어내는 총포와 미사일들이 화면을 가득 채우고 있다.

〈스타워즈〉 형식 우주전투의 가장 큰 특징은 전쟁터가 우주이지만 우주가 아니라는 점이다. 분명 공기가 없는 우주공간에서 움직이는 전투기들이 지구 대기 중에서 움직이는 비행기들과 똑같이 비행하고 전투를 한다. 게다가 우주공간인데 레이저 총의 발사음, 미사일이나 전투기 등이 폭발하면서 내는 폭음 등이 너무 잘 들린다. 광속으로 날아오는 레이저를 눈으로 보고 피하는 것도 비현실적이다. 조준만 제대로 했다면 레이저를 피하는 것은 불가능하다.

그런데 영화와 상상 속의 우주전쟁이 현실에서도 일어날 가능성이 점점 커져가고 있다. 제2차 세계대전이 끝난 후 냉전 시대로 접어들면서 자본주의와 공산주의를 대표하는 미국과 소련은 우주개발 측면에서도 첨예하게 맞섰다. 이는 우주개발에 앞서는 측이 더 우월한 경제력과 기술력을 보유하고 있다는 하나의 증표와 같아 보였기 때문이었다.

따라서 양국은 우주개발 경쟁을 마치 전쟁을 치르듯 치열하게 했다. 다만, 경쟁의 대상이 된 천체는 넓디넓은 우주 중에서도 지구와 가까이 있는 달에 집중되었다. 처음에는 소련이 앞서 나갔지만, 결과적으로는 미국이 아폴로계획을 성공시킴에 따라 승자가 되었다.

이후 한동안 우주개발 경쟁은 잠잠해지게 된다. 이는 물론 소련이 붕괴된 측면도 있지만, 미국 역시 정치경제적으로 많이 지쳐 있었기 때문이다. 이후 양국은 국제우주정거장 건설 등 우주개발 협력시대를 열어나갔다.

그러나 제2의 경제대국으로 부상한 중국이 '우주굴기(宇宙屈起)'를 내세우며 우주개발에 적극 나서자 상황이 변하게 되었다. 기존의 우주강대국들도 각기 새로운 우주개발 프로젝트를 경쟁적으로 내놓게 되면서 세계는 자연히 '제2의 우주전쟁' 국면으로 치닫게 되었다. 더욱이 이제는 우주에서의 군사력 경쟁으로까지 비화되고 있다.

사실 오래전부터 우주공간은 전쟁터가 되어있었다. 우주는 인간의 손길이 닿지 않는 미지의 공간이 아니라 수많은 인공위성이 날아다니고 있었다. 가령 위치정보시스템(GPS) 인공위성은 군대가 정확히 목표를 타격할 수 있도록 돕는다. 또 다른 인공위성들은 적국의 미사일 발사 탐지 등 정보 수집용으로 활용되고 있다. 실제로 미국과 러시아는 수많은 정찰위성을 쏘아 올려 우주를 활동무대로 군사첩보 활동을 펼쳐왔다.

이런 상황에서 최근 들어 우주 강대국들은 우주군 창설계획을 속속 발표하고 있다. 이는 군사 분야에서도 우주의 중요성이 점점 커지는 현실을 반영한 것이라 하겠다. 우주군 혹은 항공우주군(航空宇宙軍, Aerospace Force)이란 지상의 육군, 바다의 해군, 하늘의 공군에 이어 우주시대에 새로이 생겨난 군대 조직이다. 물론 그동안에도 미국과 러시아 등에는 공군에 예속된 형태의 우주군이 존재하고 있었다. 그런데 얼마 전 미국은 사상 처음으로 공군에서 독립된 미합중국 우주군(United States Space Force, USSF)을 창설하였다.

2018년 6월, 트럼프 미국 대통령은 미국 우주군을 육군, 해군, 공군, 해안경비대, 해병대에 이어 제6군으로 독립시킬 것이라고 발표했다. 그리고 2019년 12월, 국방수권법에 서명함으로써 우주군 창설이 확정되었다.

이 우주군은 기존의 공군 우주사령부를 모체로 출범했으므로 인력과 시설 대부분을 공군에서 넘겨받을 수밖에 없다. 이에 따라 공군 우주사령부에 있던 1만 6천 명의 비행사와 민간인들이 우선 배치되었다. 또 우주 관련 기능이 있는 23개 공군부대와 거기에 배속된 약 1,840곳의 시설들도 우주군으로 재배치될 예정이다. 초대 우주군사령관은 기존 우주사령관인 존 레이먼드 공군대장이 임명되었다.

미국이 우주군을 창설한 목적은 중국·러시아와의 우주개발 경쟁에서 우위를 유지하는 한편, 우주공간에서 발생할지 모를 안보위협을 사전에 차단하려는 데 있다. 이에 평상시에는 인공위성을 관리하고 군사용 우주 프로그램을 개발하는 임무를 수행한다. 그리고 이 과정에서 NASA와도 긴밀한 협조관계를 유지해 나갈 예정이다.

또 유사시에는 적군의 통신 및 정찰위성을 무력화하고 아군의 인공위성을 보호하는 임무를 수행하게 된다. 창설된 우주군은 2020년 9월, 중동의 카타르에 20명 규모의 1개 중대를 배치하여 처음으로 해외파병을 단행하였다. 우리나라 오산기지에도 이 우주군이 배치되어 운용 중이다.

앞으로 미국 우주군은 작전 영역을 기존의 지구궤도를 넘어 심우주(深宇宙)까지 확장해 나갈 구상을 지니고 있다. 2022년 3월, 미국 공군연구소(AFLR, Air Force Research Laboratory)는 "지금까지의 우주 임무는 지상 약 3만 6천km에 그쳤지만, 앞으로는 우주 임무의 범위를 거리는 10배, 작전 영역은 1천 배 넓혀 달 뒷면까지 확장할 것"이라고 밝혔다.

프랑스의 마크롱 대통령도 2019년 프랑스 대혁명 기념일을 맞아 우주군이 군사전략에 필수적인 부분 중 하나라며, 우주군사령부 창설을 선언하였다. 계획의 주 내용은 2019년 9월 우주군사령부를 만든 뒤, 2025년까지 36억 유로의 예산을 투입해 각종 감시레이더 등 첩보시스템을 구축한다는 것이다. 그리고 2020년 9월, 정식으로 프랑스 공군의 명칭을 '프랑스 항공우주군'으로 개칭하였다.

전통의 우주 강국인 러시아는 1967년에 창설된 방공군이 우주군으로서 역할을 해왔다. 그러나 소련이 붕괴되면서 방공군도 1997년 해체되었다. 이후 2001년 우주군이 재창설되었고, 2011년에는 우주항공방위군으로 개편되었다. 우주항공방위군이 하는 일은 미국의 우주사령부와 유사하다. 다만, 민간용 우주선 발사의 경우 미국은 군이 아닌 NASA가 관장하지만, 러시아는 우주항공방위군에서 직접 관장한다. 그러다가 2015년 8월부터는 다시 독립 군종이던 우주군을 공군 예하로 통합하고, 공군의 명칭도 항공우주군으로 변경하였다.

중국 또한 2000년대에 들어서 유인우주선 '선저우(神舟)' 발사와 실험용 우주정거장 '톈궁(天宮)'의 성공적인 운용을 바탕으로 우주군 창설에 박차를 가하고 있다. 중국의 모든 우주 프로그램은 군사용이며, 그렇기에 다른 나라와의 교류도 소극적이다. 중국이 국제우주정거장 ISS에 참가하지 않고 독자적인 우주정거장을 건설하려고 하는 것도 이 때문이다. 2016년 1월부로 기존의 육해공군 및 로켓군에 이어, 이와 동급의 중국 인민해방군 전략지원부대를 창설하였다. 이 부대는 우주군과 사이버군 임무를 수행하는 것으로 알려졌다.

일본도 2020년 5월, 첫 우주 전문부대인 우주작전대가 설립되었다. 우주작전대의 첫 임무는 일본의 인공위성을 우주 쓰레기로부터 지키는 감시업무이다. 이를 위해 레이더를 설치해 3만 6천㎞ 고도의 정지궤도를 감시한다. 방위성은 우주작전대의 인원을 현재의 20여 명에서 2023년에는 120명으로 늘리고, 2026년에는 독자적인 우주 감시위성도 발사할 계획이다. 아울러 일본 우주항공연구개발기구(JAXA) 및 미군과 정보를 공유하는 시스템도 2023년부터 운용하기로 했다. 그리고 적성국 인공위성을 자세히 식별할 수 있는 광학위성과 접근해 망가뜨리는 방해위성의 개발도 계획하고 있다.

이외에 영국과 호주도 공군 소속으로 출범하되, 육군과 해군 등의 인력을 포함하는 우주사령부 형태의 우주군을 각각 2021년 4월, 2022년 3월에 창설하였다.

한편, 우리나라도 2021년 9월, 공군본부 직할기관 개념으로 '우주센터'를 신설하고, 우주군으로 도약하기 위한 첫발을 내디뎠다. 그리고 2021년 11월부터 전자광학 장비를 이용하여, 지상 기지에서 다른 나라의 위성을 감시하는 체계가 전력화되었다. 이는 대한민국 국군이 우주 작전을 수행하기 위한 전력을 도입한 첫 사례다.

2022년 1월에는 합동참모본부가 군사우주력 발전을 이끌 전담 조직으로 군사우주과의 신설을 발표했다. 합참 군사우주과는 육해공 합동성에 기반한 우주전략 수립과 합동우주작전 수행개념 정립, 각 작전사령부와 연계한 합동우주작전 수행체계 구축 등 군사우주 관련 업무를 총괄하는 부서이다.

이처럼 우주군이 우후죽순 만들어짐에 따라 여러 가지 우려가 제기되고 있다. 우선 당장 1967년 체결된 UN의 '세계우주조약(Outer Space Treaty)'이 사문화되는 문제이다. 이 조약에 따르면 조약의 당사국들은 지구 주변 궤도에 핵무기 또는 기타 모든 종류의 대량파괴 무기를 설치할 수 없게 되어있다. 그리고 우주와 천체는 평화적 목적으로만 이용되며 어느 국가도 영유권을 주장할 수 없는 '우주공간의 비무장화'가 핵심 내용으로 되어있다.

이렇게 볼 때 우주군 창설은 그 자체가 우주조약 위반이며, 나아가 세계 평화의 커다란 위협 요인이 아닐 수 없을 것이다. 물론 당사국들은 하나같이 우주군의 창설 목적이 평화유지를 위한 데 있다고 주장하고 있다. 그러나 군대 조직이 결성된 이상 언제 어떻게 무력행사가 이루어질지 아무도 모를 일이다.

미국 항공우주국,
NASA

 미국 항공우주국 나사(NASA)는 미국의 우주개발에 대한 모든 일을 수행하고 있는 국가기관이다. 공식 이름은 National Aeronautics & Space Administration이며, 통상 NASA로 부른다. 우주선을 만들어 발사하고 우주선이 보내온 데이터를 분석하는 일을 하며, 또 우주비행사들을 키우고 우주를 관측하는 임무를 맡고 있다.

 NASA의 본부는 수도인 워싱턴에 있다. 본부 기관으로는 장비 개발을 담당하는 항공우주기술부, 우주와 태양계 및 지구의 기원· 구조· 진화를 다루는 우주과학 및 응용부, 유인· 무인 우주수송과 우주왕복선 관련 사항을 다루는 우주비행부, 추적과 자료 수집을 담당하는 우주추적 및 자료부, 유인 우주정거장 건설에 관한 장기계획을 관리하는 우주정거장부 등의 부서가 있다. 현재 국장은 우주인이자 정치인인 빌 넬슨(Bill Nelson) 전 상원의원이다.

이외에도 NASA는 미국 곳곳에 연구소, 비행장 등 17개 시설이 있고, 세계 각국에 40여 개의 관측소도 갖고 있다. 이중 모든 유인 우주계획을 총괄하는 본부이자 우주인들의 훈련소인 텍사스주 휴스턴(Houston)에 위치한 '존슨 우주센터 (Lyndon B. Johnson Space Center)', 아폴로 계획을 포함하여 우주왕복선 등 다양한 로켓을 쏘아 올린 플로리다주 케이프 커내버럴(Cape Canaveral)의 '케네디 우주센터 (John F. Kennedy Space Center)' 등은 특히 잘 알려져 있다.

NASA의 탄생에는 소련의 우주개발이 큰 영향을 끼쳤다. 1957년 러시아가 인류 최초로 인공위성 '스푸트니크(Sputnik) 1호'를 발사하자 미국의 자존심은 크게 금이 갔다. 단지 자존심만의 문제가 아니라 미국으로서는 재앙 어린 뉴스였다. 우주로 인공위성을 쏘아 올릴 정도의 로켓이라면 핵폭탄을 싣고 미국 땅으로 날아올 수도 있기 때문이었다. 이에 당시 대통령이던 아이젠하워는 1958년에 서둘러 NASA를 설립했다.

이후 미국은 러시아와의 우주경쟁에서 이기기 위하여 무제한의 예산과 인력을 퍼부었다. 한때 NASA의 예산은 미국 연방 예산의 4% 이상을 차지했다. 특히 아폴로 계획 같은 유인 달 탐사계획의 경우 소련보다 먼저 달성해야 한다는 강박관념을 가진 존 F. 케네디 대통령에 의해 가능했다고 해도 과언이 아니다. 그러나 우주개발 경쟁자이던 구소련이 망한 이후에는 자금지원이 많이 줄어들면서 활약상과 기능이 다소 줄어들고 있다.

NASA의 우주개발 사업은 크게 두 가지 성격으로 나눌 수 있다. 첫째는 사람을 우주로 보내는 유인우주선(Manned Spacecraft) 사업이다. 1966년 제미니 8호와 인공위성 간의 도킹으로 최초로 우주 도킹을 이룬 일, 1969년 아폴로 11호의 달 착륙, 1973년 미국 최초의 우주정거장 스카이랩을 쏘아 올린 것 등은 유인우주선 사업이었다.

둘째는 탐사로봇이나 인공위성만 보내는 무인우주선(Unmanned Spacecraft) 사업이다. 1962년 금성으로 날아간 매리너(Mariner) 2호는 미국 최초로 행성 탐사에 성공하였으며, 1973년 매리너 10호는 최초의 수성 탐사선이 되었다. 1972년 발사된 파이오니아 10호(Pioneer 10)는 최초로 목성을 지나 태양계 밖으로 나간 우주선이 되었다. 그리고 1977년에 발사된 보이저(Voyager) 1호와 2호는 목성, 토성, 천왕성, 해왕성과 그 위성들을 관찰하였고 지금도 우주를 돌며 탐사하고 있다.

창설 후 NASA가 최초로 시행한 것은 유인 우주비행 계획이었는데, 냉전 중인 소련과의 치열한 우주개발 경쟁의 일환이었다. 1958년에 개시된 머큐리 계획은 원래 인간이 우주공간에서 생존할 수 있는가와 같은 기초적인 문제를 조사하는 것부터 시작되었다.

머큐리 계획의 종료 후, 달 비행의 연습 과정이라고 할 수 있는 제미니 계획이 시작되었다. 계속되는 9회의 유인 비행으로 장기간의 우주 체류나 다른 위성과의 랑데부와 도킹이 가능한 것이 증명되었고, 무중력이 인체에 미치는 의학적 자료도 축적되었다. 참고로 랑데부(rendez-vous)란 단순히 접촉하는 것만을 의미하나, 도킹(docking)은 접촉 후 통로를 연결해 마무리하는 것을 뜻하며 기술적으로 훨씬 어려운 과정이다.

이후 추진된 '아폴로 계획(Apollo program)'은 인간을 달 표면에 착륙시키는 한편, 안전하게 지구로 귀환시키는 것을 목적으로 구상되었다. 그렇지만 아폴로 1호에서는 지상에서의 훈련 중에 화재 사고가 발생해 비행사 3명이 희생되었다. 이로 인해 아폴로 우주선은 인간을 탑승시키기 전에 몇 차례의 무인 시험비행을 시행하는 것이 불가피하게 되었다.

마침내 1969년 7월 20일, 아폴로 11호가 달 표면에 착륙했다. 그리고 닐 암스트롱과 버즈 올드린 비행사가 지구의 생명체 최초로 지구 이외의 천체에 발자국을 남겼다. 그러나 또다시 아폴로 13호에서는 비행하는 도중에 우주선의 산소 탱크가 폭발하는 사고가 발생하였다. 다행히 3명의 비행사는 무사히 지구로 귀환하는 것에 성공했다.

1972년 아폴로 17호를 끝으로 더이상 인류는 달에 가지 않았다. 아폴로 계획에서는 합계 6회의 월면 착륙을 함으로써 귀중한 과학적 데이터와 400kg 가까운 월석을 가지고 돌아왔다. 또 지질학, 유성체, 지진학, 전열, 레이저 광선을 사용한 지구와 달 사이의 정확한 거리 측정, 자기장, 태양풍 등 다수의 과학적 실험을 이행하였다.

스카이랩(Skylab)은 NASA가 지구 주회궤도(地球 周回軌道) 상에 발사한 미국 최초의 우주정거장이자 연구실이었다. 무게가 100톤 가까이 나가는 스카이랩은 1973년부터 1979년까지 지구를 계속 주회하고, 수차례에 걸쳐서 비행사가 탑승했다. 스카이랩은 3회의 유인 비행으로 총계 171일 13시간에 걸쳐서 인간을 우주에 체류시켰고, 또 지구를 2,000회 이상 돌았다.

비행사가 우주선 밖에서 활동을 한 시간은 42시간 16분에 이른다. 그리고 8종류의 태양 관측을 포함한 과학실험에 든 시간은 대략 2,000시간 정도이다. 이 스카이랩에 의해 태양의 코로나 홀(Coronal hole)이 발견되었다. 인간이 장기간 무중력에서 생활하는 것에 관한 조사도 많이 행해졌다. 그러나 1979년 지구 대기권으로 재진입하면서 분해되었다.

미국은 아폴로 프로그램이 끝난 뒤 우주개발 계획의 방향을 선회하였다. 이는 구소련에 앞서 달에 우주인을 보내야 한다는 확고한 목표가 사라진 데다 막대한 소요자금을 감당하기 어려웠기 때문이다. 이런 상황에서 NASA의 차세대 유인 우주비행 계획이 태어났다. 바로 우주왕복선 프로그램이다.

그러나 우주왕복선 프로젝트는 발사에 들어가는 비용이 처음 예상보다 훨씬 많이 들었고, 발사가 일상화되자 관심도 시들해졌다. 더욱이 1986년의 챌린저(Challenger) 사고와 2003년의 컬럼비아(Columbia) 사고로 우주비행에 따르는 위험성을 재인식하게 되었다. 마침내 2011년 7월 아틀란티스(Atlantis)의 마지막 임무를 끝으로 우주왕복선은 그 일생을 마쳤다. 이에 따라 NASA는 국제우주정거장(ISS, International Space Station) 프로젝트 추진으로 방향을 전환하고, 유럽 및 러시아 등과의 협력을 강화해 나가고 있다.

2004년, 미국 부시 행정부는 2020년까지 인간을 다시 달에 보낸다는 '컨스텔레이션 계획(Constellation program)'을 발표하였다. 이는 21세기 상반기 안에 국제우주정거장과 달을 거쳐 최종적으로 화성과 그 너머까지 유인 탐사를 진행하려는 거대한 계획이었다.

그러나 오바마 행정부에서는 막대한 비용문제를 들어 이 계획을 전면

취소하였다. 이에 NASA는 '오리온(Orion)'이라는 새로운 유인탐사선으로 달에 다시 가려던 계획을 2010년 백지화시켰다. 하지만 오리온 우주선 자체는 퇴역한 우주왕복선을 대체하는 차세대 유인우주선으로 활용하기 위해 계속 개발되는 중이다. 2022년부터 추진되는 아르테미스 계획에도 활용될 예정이다.

그러던 중 트럼프 행정부 들어서는 또다시 달 탐사계획이 복구되면서 계속 진행되고 있다. 즉 아폴로 17호 이후 50여 년 만에 다시 달에 인간을 보내는 '아르테미스 계획(Artemis program)'을 발표하였다. 이는 물론 달 탐사가 궁극적인 목적이 아니라, 달 탐사에서 축적한 자료와 경험을 바탕으로 화성과 더 큰 우주의 세계로 나아간다는 원대한 계획이다. 아울러 민간 우주기업들의 적극적인 동참을 바탕으로 추진해 나갈 예정이다.

한편, NASA는 여러 사업에 대학과 일반 기업의 참여를 유도하고 있다. 미국은 2011년 우주왕복선이 퇴역한 이후 러시아의 소유즈(Soyuz) 우주선을 통해서 국제우주정거장에 우주비행사들을 수송해 왔다. 이는 자국의 우주비행사들을 수송하는데 다른 나라의 힘을 빌린다는 의미를 지니고 있었다. 여기에다 의회의 예산 삭감으로 인해 유인우주선 개발에 더 이상 힘을 쏟기 힘들어지고 있었다.

이에 NASA는 자신이 직접 유인우주선을 개발하는 기존의 방식에서 탈피해 민간기업들이 주도적으로 우주개발을 해나가도록 유도하는 방식을 도입하기에 이른다. 이에 따라 NASA는 우주개발 과정 중 가장 많은 돈이 투입되는 발사체 분야를 민간에 넘겨 로켓 개발비용을 크게 줄일 수 있게 되었다. 그 덕분에 NASA는 본래의 설립 목적인 우주탐사 및 연구에 집중할 수 있게 되었다. 아울러 민간기업의 참여를 통해 우주산업 생태계를 넓힌다는 목적 또한 달성할 수 있게 될 것이다.

사업자로 선정된 민간기업은 NASA의 자금을 받아 로켓을 개발하고, 이 기술력을 바탕으로 우주여행 등 다른 사업 분야를 개척할 수 있게 되었다. 이러한 구상은 실제로 효과를 나타내었다. 우선 민간기업체들은 로켓을 회수해 재활용하는 방식으로 운송서비스 사업의 비용효과를 달성했으며, 우주산업과 시장을 형성해 나갔다. 아울러 NASA는 러시아의 도움을 탈피하고 재정문제도 해소할 수 있게 되었다. 다시 말해 정부로부터 투자의뢰를 받은 민간기업이 상품과 서비스를 내놓고, 이를 다시 정부가 구매하는 생태계를 갖춘 '뉴 스페이스(New Space)' 시대가 열리게 된 것이다.

민간기업의 참여방법은 국제우주정거장으로 승무원과 화물을 실어 나르는 프로젝트로 구체화되고 있다. 이 중 상업 승무원 수송 프로그램(CCP, Commercial Crew Program)은 궤도상 유인우주선을 제작할 능력과 의지가 있는 민간 우주기업 몇 곳을 선정하여 개발비를 지원하는 프로그램이다. 2014년 보잉(Boeing)의 'CST-100 스타라이너(Starliner)'와 스페이스X의 '크루 드래건(Crew Dragon)' 두 곳이 채택되어 활동 중이다. 스페이스X는 지난 2020년 5월, 그 임무를 먼저 달성하였다.

또 상업 궤도 수송 사업(COTS, Commercial Orbital Transportation Services)은 미국 측의 우주정거장 보급 시스템을 민영화한 일종의 택배사업이다. 1기 COTS는 스페이스X의 '드래건(Dragon)', 오비탈(Orbital)의 '시그너스(Cygnus)'가 채택되어 국제우주정거장으로의 화물 운송을 성공시키면서 결실을 보았다. 이후 2016년 초에는 2기 사업자를 모집, 드래건과 시그너스 외에 시에라네바다(Sierra Nevada)의 '드림 체이서(Dream Chaser)' 와도 계약을 체결함으로써 2020년부터 2기 COTS가 시작되었다.

현재 NASA에서 진행되고 있는 주요 프로젝트는 아르테미스와 루나 게이트웨이, 케플러 계획 등이 있다. 아울러 1977년 발사한 탐사선 보이저 미션도 아직 계속 진행 중이다. '아르테미스(Artemis program)'는 아폴로 이후 중단되었던 달 유인탐사를 재가동하는 계획이다. 이에 따르면 2025~6년경 달에 도착한 우주비행사들이 장기 체류하면서 달 개척과 더불어 각종 연구를 수행하게 된다. 이 계획에는 한국계 조니 김(Jonathan Yong Kim) 미국 해군대위가 우주비행사로 참여하여 달 표면을 거닐 예정이다.

아르테미스 계획과 연계되어 추진 중인 '루나 게이트웨이(Lunar Gateway)'는 미국이 유럽·러시아·일본 등과 공동으로 건설할 달 궤도에 위치한 우주정거장으로, 우리나라 또한 프로젝트 참여를 위해 협상을 진행 중이다. 또 '케플러 계획(Kepler program)'의 미션은 지구와 유사한 환경을 가진 제2의 지구 행성을 찾는 것이다. 동시에 태양계가 속한 우리 은하의 다양한 별을 조사함으로써 행성의 구조와 다양성을 탐구한다는 목적도 있다. 다만, 그동안 미션의 주 역할을 담당해오던 케플러(Kepler) 망원경이 2018년부터는 테스(TESS) 망원경으로 대체되었다.

NASA는 앞으로 화성과 지구궤도 너머의 우주개발에 전력을 다할 예정이다. 물론 토성, 목성 등 태양계의 다른 행성이나 혜성과 소행성에 대한 탐험도 계획하고 있다. 이에 따라 지구권 및 달 탐사의 경우 NASA보다는 민간 우주기업들에게 무게가 실려진다.

사실 NASA는 2000년대 이후부터는 화성 탐사에 힘을 기울여 왔다. 그동안의 화성 탐사 결과에 따르면, 오래전에는 물이 있었고 지금도 극지방에는 얼음이 쌓여 있다는 사실이 밝혀졌다. NASA가 달에 기지를 세울 방법을 찾고 있는 것 또한 그곳을 화성 개발의 근거지로 삼기 위해서다.

차세대 대형 우주발사체인 'SLS(Space Launch System)' 개발에도 박차를 가하고 있다. NASA는 지구권 및 달 탐사 임무를 민간에 이양하면서, 지구궤도 너머로 우주선을 보낼 SLS 개발에 진력할 수 있게 되었다. 그 결과 NASA는 2014년 개발에 착수해 230억 달러를 들여 높이 98.1m, 무게 2,600t의 우주 로켓을 완성했다. 인류 역사상 최강의 발사체로, 추력이 4,000t에 달한다. 아폴로 탐사선을 보낸 '새턴 5'보다 높이는 12m 낮지만, 추력은 15% 더 강해졌다. 우선 당장 2022년 10~11월 예정된 아르테미스 1호의 우주선 '오리온(Orion)' 발사에 SLS 발사체가 활용된다. 향후 인류를 화성으로 실어 나를 우주선을 발사하는 데도 활용할 것으로 예상된다.

NASA는 1980년대까지는 막대한 정부 예산지원을 받으며 우주기술 개발과 우주탐사의 선도에 커다란 활약을 했었다. 그러나 우주개발의 경쟁자이던 구소련이 망한 이후부터는 그 위상과 역할이 많이 축소되고 있다. 우선 당장 자금지원이 많이 줄어들어 힘들어하고 있다. NASA가 자랑하던 세계적 연구 시설의 상당수도 운영비가 없어서 다른 정부 기관이나 민간에 넘어가 버렸다.

또 우수 인재들이 NASA를 기피하고 있는 현실도 큰 문제이다. 이는 보수와 연구비가 민간 연구기관보다 상대적으로 작은 데다가, 조직운영도 경직적인 점 등에 기인한다. 하지만 여전히 민간이 감당키 어려운 중요한 전략기술과 대형 우주개발 프로젝트는 NASA가 직접 수행해나갈 예정이다. 따라서 NASA는 앞으로도 민간 우주기업들과 협력과 경쟁을 하는 가운데 우주탐사 및 개발 임무를 수행해나갈 것으로 보인다.

주요국의 우주개발 기구와 우주정책

국제사회에서의 우주개발 경쟁은 제2차 세계대전 이후 미국과 구소련, 즉 러시아에 의해 본격적으로 진행되기 시작했다. 초기에는 러시아가 앞장서 나갔다. 1957년 10월 4일 스푸트니크(Sputnik)라는 인류 최초의 인공위성을 지구궤도에 진입시켜 세상을 깜짝 놀라게 했다. 연이어 1957년 11월 3일 스푸트니크 2호에 개 '라이카'를 탑승시켜 동물의 첫 우주비행을 성공시켰다. 또한, 1961년 4월 12일에는 보스토크(Vostok) 우주선에 유리 가가린(Yurii Gagarin)이 탑승해서 세계 최초의 유인 우주비행도 성공하였다.

그러나 경제사정이 악화되어 구소련이 붕괴되면서 우주개발 사업도 다소 느슨해지게 된다. 이는 예산부족과 비효율적인 예산 집행이라는 이유가 가장 컸지만, 내부 연구기관끼리의 분쟁도 한몫하였다. 구소련의 우주개발 프로젝트는 미국의 NASA와 같은 통일적인 조직이 아니라 다수의 기관에 분산·운영되어 왔다. 이 과정에서 정치적인 바람을 타게 되면서 자연히 업무성과가 떨어지게 되었다.

1992년 러시아 연방우주국, 로스코스모스(Roscosmos)를 설립하면서 부터야 비로소 우주개발 연구업무를 체계적으로 추진할 수 있게 되었다. Roscosmos 본부는 모스크바에 있으나, 대부분의 발사기지는 카자흐스탄 바이코누르 우주기지(Baikonur Cosmodrome)에 있다.

러시아는 이전에 비하면 많이 빛이 바랜 것은 사실이지만, 구소련 시대 부터 꾸준하게 축적된 자체 기술력이 있어서 여전히 우주개발 최강국으로서 지위를 유지하고 있다. 가령 미국도 2020년 스페이스X가 '크루 드래건'을 발사하여 도킹에 성공하기 이전에는 국제우주정거장으로 가기 위해서는 반드시 러시아의 '소유즈(Soyuz)' 우주선을 빌려 타고 가야만 했다. 이를 위해 지불하는 비용만도 무려 연간 4억 달러에 달했다.

또 러시아는 국제우주정거장의 건설과 운영에 주도적으로 참여하면서, 핵심 우주 모듈인 자리야(Zarya)와 즈베즈다(Zvezda)를 제공하였다. 그리고 2022년 7월에는 소유즈 로켓에 달 탐사선 '루나(Luna) 25호'를 실어 달 남극에 착륙시킬 계획을 지니고 있다. 러시아의 달 탐사는 1976년 이후 46년 만이다. 아울러 유럽과 공동으로 화성 개발 프로젝트도 추진 중이다.

유럽 우주국(ESA, European Space Agency)은 유럽 각국이 공동으로 설립한 우주개발기구이다. 1975년 5월에 설립되었으며, 프랑스를 비롯해 독일, 이탈리아 등 19개국이 참가하고 있다. ESA에서는 프랑스 국립 우주연구센터(CNES)가 중요한 역할을 수행하고 있으며, 우주선 발사장으로는 주로 프랑스령 기아나의 기아나 우주센터가 이용되고 있다. ESA는 아리안 5, 소유즈, 베가 등 세 종류의 발사체를 지니고 있다.

여러 무인우주선 분야에서 냉전 이후 러시아를 앞설 정도의 발전을 보였으나, 유럽의 전반적인 경제력이 침체되면서 상승세가 둔화되고 있다. 그래도 우주개발 프로젝트의 추진에 있어서는 국제사회와 긴밀한 협조관계를 유지해 나가고 있는 편이다. 가령 미국 NASA와는 허블 우주망원경을 공동으로 개발하였고, 국제우주정거장의 건설과 운영에도 적극 참여하는 등 긴밀한 협력관계를 유지해오고 있다. 또 화성과 수성 탐사 프로젝트는 각각 러시아 Roscosmos, 일본 JAXA와 공동으로 탐사선을 개발해서 추진하고 있는 중이다.

ESA의 향후 주요 역점 사업으로는 NASA와 공동으로 추진 중인 오로라(Aurora) 계획을 들 수가 있다. 이는 2025년까지 화성에 유인우주선을 착륙시키고, 2033년까지 태양계의 모든 위성에 유인우주선을 보낸다는 것을 주 내용으로 한다. 그리고 NASA의 루나 게이트웨이 사업에도 적극 참여할 예정이다. 또 러시아와 공동으로 2016년에 이어 2022년 화성 탐사선 '엑소마스(ExoMars)'를 발사할 예정이었지만, 우크라이나 사태로 취소되었다.

일본은 1970년 인공위성 '오스미(Osumi)' 발사에 성공함으로써 세계 4번째 인공위성 발사국의 반열에 오른다. 이후 상업위성 발사를 목표로 액체연료를 기반으로 한 대형 우주로켓 개발에 나섰다. 미국과 우주협정을 맺고 관련 기술을 도입하여 N-1 로켓을 개발했는데, 이를 1975년부터

1982년까지 총 7회에 걸쳐 발사하였다. 하지만 1990년대 후반부터 2000
년대 초까지 연이어 발사체의 우주궤도 진입실패를 겪으면서 시련을 맞
게 된다.

이후 2003년 관련 우주과학 연구단체들을 통합하여 일본 우주항공연
구개발기구(JAXA, Japan Aerospace eXploration Agency)를 만들면서 많은 성과
를 보이고 있다. 2008년 국제우주정거장 단일 최대의 과학실험실 모듈인
'키보(Kibo)'를 개발했으며, 이를 우주정거장 물자수송용 우주선인 'HTV'
에 실어 발사하는 데도 성공하였다.

2010년에는 탐사선 '하야부사(Hayabusa)'가 세계 최초로 달 이외의 천체
물질을 채취하여 지구로 귀환했다. 같은 해 '이카로스(IKAROS)'가 세계 최
초로 우주 공간에서 태양 범선, 즉 우주 돛단배를 띄웠다. 이는 태양이 내
뿜는 빛 입자들이 미는 힘으로 우주를 항해하는 우주선을 뜻한다. '이카로
스'는 가로 및 세로 14m 길이에 두께 0.0075㎜의 돛을 펼친 우주선으로,
태양 복사압만으로 6개월 만에 금성 근처 궤도까지 이동했다. 또 2014년
에는 세계 최초의 우주 쓰레기 청소위성 'STARS-II' 위성을 발사하였다.

2020년 6월, 일본은 향후 10년간 추진할 우주정책을 담은 새 '우주기본
계획'을 의결했다. 2015년 이후 5년 만에 개정된 이 계획은 미국과 유럽,
중국에 뒤지는 우주개발의 기반을 강화하는 데 초점을 맞췄다. 우선, 약 1
조 2천억 엔 수준의 일본 우주산업 규모를 2030년대 초까지 2배 이상으
로 키운다는 목표를 세웠다.

이와 함께 미사일 탐지 능력을 갖춘 위성기술 개발 등 안보분야의 우

주개발을 강화하기로 했다. 또 그동안 정부가 주도해 온 우주개발에 민간 참여를 늘려 우주산업 생태계를 조성해나간다는 방침도 제시했다. 달 탐사와 관련해서는 미국의 '아르테미스 계획'에 적극 참여하는 한편, 달의 남극과 북극에 있을 것으로 추정되는 물을 찾아내기 위해 독자적인 탐사도 추진한다는 목표를 제시했다.

인도는 달 탐사 등 우주 관련 과학기술과 투자에서 명실공히 4대 강국에 들어가는 선진국이다. 1969년 '인도의 NASA'로 불리는 인도항공우주국(ISRO, Indian Space Research Organization)을 설립하였고, 1972년에는 세계 최초로 '우주부'를 정부기구로 발족시켰다. ISRO는 1975년 인공위성 '아리아바타'를 소련의 로켓에 실어 지구궤도에 올려보내는 데 성공했고, 1980년에는 자체 로켓을 통해 인공위성을 쏘아 올렸다.

21세기 들면서는 달 탐사에 노력을 기울이고 있으며 실제로 성과를 나타내고 있다. 2008년 10월, 달 궤도에 진입한 '찬드라얀(Chandrayaan) 1호'가 달에 탐사장비를 내려보내 물과 얼음의 존재 사실을 밝혀내었다. 2019년 7월에는 무인탐사선 '찬드라얀 2호'를 발사하여 미국, 러시아, 중국에 이어 세계 4번째로 달 착륙을 시도하였다. 특히 탐사선을 달의 남극에 보내는 것은 인도가 인류 사상 최초여서 성공 여부가 주목되었다.

당시 '찬드라얀 2호'는 달 궤도에 진입하여 달의 북극 등 표면 이미지를 촬영해 전송하였다. 그러나 안타깝게도 착륙 과정에서 교신이 끊기는 바람에 4번째 달 착륙국이 되는 꿈은 이루지를 못했다. 그래도 임무 목표의 90% 이상은 달성하였다. 이는 궤도선은 달 궤도를 정상적으로 돌면서 표면 촬영, 대기 연구 등 임무를 수행하였기 때문이다. 그리고 궤도선에는 역대 달 탐사선 중 최고 해상도의 카메라가 장착돼 있어 세계 과학계에 매우 유용한 고해상도 이미지를 제공할 것으로 보인다. 아울러 조만간 '찬드라얀 3호'를 다시 발사하는 한편, 유인 달 탐사계획까지 세워두고 있다.

2014년에는 인도가 쏘아 올린 화성 탐사선 '망갈리안(Mangalyaan)'이 화성 궤도 진입에 성공했다. 화성 탐사선의 궤도 진입은 미국 1964년, 러시아 1971년, EU 2003년에 이어 인도가 4번째이다. 일본과 중국은 각각 1998년과 2011년에 시도했으나 실패했다. 인도의 망갈리안 프로젝트는 계획의 실현 가능성을 타진하는 예비조사 단계부터 화성 궤도에 진입하기까지 4년밖에 걸리지 않았다. 더욱이 소요비용은 미국의 1/10 정도에 불과하였다. 망갈리안은 적재한 15kg 상당의 도구 5개로 화성 표면에 메탄가스가 존재하는지 여부 등 여러 임무를 수행하였다.

20세기까지 무인탐사선을 달에 착륙시킨 나라는 미국과 러시아뿐이었다. 그러나 21세기 들어서는 중국과 인도가 가세했다. 특히 중국은 미국 다음의 경제대국으로 올라서면서 우주개발에도 두각을 나타내고 있다. 2045년 우주 최강국 목표의 '우주굴기(宇宙崛起)' 기치를 내건 중국은 달 탐사 프로젝트 외에도 유인우주선을 달에 보내고, 지구 상공에 우주인이 상주하는 우주정거장을 건설하며, 화성과 목성에 탐사선을 보내는 등의 야심찬 계획을 세워두고 있다.

중국은 1993년 중국 국가항천국(CNSA, China National Space Administration)을 설립한 뒤 본격적인 우주개발을 추진해 나가고 있다.

2003년 최초의 유인우주선인 '선저우(神舟) 5호' 발사에 성공하면서, 미국과 러시아에 이어 세계 3번째의 유인우주선 보유국이 되었다.

2011년에는 우주정거장 톈궁 1호를 발사했고, 그 해에 무인우주선 선저우 8호와 톈궁 1호의 도킹에도 성공했다. 2016년 10월에는 6번째 유인우주선 발사에 성공하였고, 궤도상의 실험실에 2명의 우주비행사를 상주시키면서 장기 우주실험을 수행하였다. 이로써 중국은 사실상 지상과 지구 상공을 언제든지 오갈 수 있는 기술을 보유한 국가가 된 셈이다.

이후에도 우주개발 도전은 계속 이어졌다. 2020년 7월 중국 최초의 화성 탐사선 '톈원(天問) 1호'를 발사해 2021년 5월 착륙에 성공하였다. 궤도선과 착륙선, 탐사로봇으로 구성된 톈원 1호는 화성 표면을 탐사한 이후, 채취한 화성 토양을 가지고 2030년 귀환이 예정돼 있다.

그리고 2022년 중국우주정거장(CSS) '톈궁(天宮)'을 건설할 목표를 세우고 착실히 추진 중이다. 이를 위해 2011년 톈궁 1호와 2016년 톈궁 2호를 연이어 발사하여 사전 정지작업을 해두었다. 또 2021년 4월에는 톈궁의 핵심 모듈인 '톈허(天和)'를 발사하는 데도 성공하였다.

아울러 2021년 6월에는 '선저우 12호'에 우주인을 탑승시켜 보냄으로써 '톈궁' 건설을 위한 첫 번째 유인 임무수행을 시작하였다. 2021년 10월에는 또다시 '선저우 13호'를 발사하여 6개월간 우주에 머물며 톈궁의 조립 및 건설에 대한 핵심적 기술 테스트, 톈궁 건설에 필요한 각종 장치 설치, 과학실험 등을 수행했다. 그리고 2022년 7월에는 첫 실험실 모듈인 원톈(問天)을 발사하여 핵심 모델인 톈허(天和) 모듈과의 도킹에도 성공했다.

중국이 이룬 여러 우주개발 성과 중에서도 특히 달 탐사 측면에서의 성과는 눈부시다. 2013년 중국의 달 탐사 위성인 '창어 3호(嫦娥3号)'가 달에 착륙하는 쾌거를 이루어 낸다. 더욱이 동행한 '옥토끼'라는 의미를 지닌 달 탐사로봇 '위투(玉兎)'는 완전한 중국 기술로 제작한 것이었다.

이는 중국이 월면 탐사기기에 대한 원거리 조종 능력을 확보했다는 뜻이고, 중국의 우주과학 기술이 세계 최고 수준에 이르렀음을 보여주는 것이었다. 더불어 미국이나 러시아와 함께 달 자원을 같이 누릴 수 있는 권리를 획득하게 됐다는 뜻이기도 했다.

2019년 1월, '창어 4호'는 역사상 최초로 달의 뒷면에 연착륙하는 데 성공했다. 그리고 동행한 탐사로봇 '위투-2호'는 지금까지 총 271m 거리를 주행했다. 그런데 달 뒷면 착륙은 그동안 미국과 러시아도 이루지 못한 기술적 쾌거로 달 탐사의 새로운 이정표를 세웠다. 더욱이 그 이전에 쏘아진 오작교라는 뜻의 '쵀자오(鹊桥)' 통신위성이 창어 4호와 지구 사이에서 중계역할을 수행함으로써 교신의 한계까지 뛰어넘었다.

2020년 12월에는 '창어 5호'도 발사하여 달 표면에 착륙한 후 달 토양을 채취하는 데 성공하였다. 이에 중국은 미국과 러시아에 이어 세계에서 3번째로 달 암석 채취에 성공한 국가로 자리매김하였다. 또 2030년까지는 유인우주선도 달에 보낼 계획을 세워두고 있다.

나아가 2020년 6월에는 '베이더우(北斗)' 시스템 구축이 마무리되면서 중국은 미국과 러시아에 이어 세계에서 3번째로 독자적인 GPS 시스템을 갖춘 국가가 되었다. 중국은 미국 GPS에 의존하지 않고 독자적인 민간과 군사 영역의 위성항법 시스템을 구축하기 위해 1994년부터 프로젝트를 진행해왔다.

하지만 기술적인 어려움으로 인해 3단계로 나눠서 진행하였다. 우선 2012년에는 1차적으로 중국 내에서의 GPS 서비스를 제공하는 데 성공했다. 그리고 전 세계를 대상으로 하는 3단계 서비스는 2017년부터 시작해 마침내 2020년 완성되었다. 중국은 앞으로 이 '베이더우' 시스템을 통해 일대일로(一帶一路) 참여국들에게 필요한 서비스를 제공할 예정이다.

우주정거장

1961년 구소련이 인류 최초로 유인우주선 '보스토크(Vostok)'를 발사한 이후, 미국과 구소련은 경쟁이라도 하듯 많은 자금을 투자하여 일회용 우주선을 발사했다. 그러나 항상 많은 경비와 비효율성이 문제였다. 그래서 양국은 비용을 적게 들이고 장기적인 체류를 하면서 효과적인 연구를 할 수 있는 우주정거장을 건설하기로 마음먹었다.

우주정거장은 지구궤도에 건설되는 대형 우주 구조물로, 사람이 반영구적으로 생활하면서 우주실험이나 우주관측을 하는 기지이다. 사람이 우주공간으로 진출하기 위해서는 우선 지구에서 사람이나 기자재를 우주선에 싣고 우주정거장까지 옮겨야 한다. 이후 우주정거장에서 기자재를 다시 정비하여 본격적인 우주항행을 하게 된다. 그곳에서는 지상에서처럼 우주복을 벗고 지낼 수 있으며, 무중력 상태에서 각종 과학실험을 할 수 있다. 우주정거장이 이런 임무를 수행할 수 있도록 우주선들이 정기적으로 우주정거장에 승무원과 화물을 실어 나르고 있다.

우주정거장은 추진장치와 착륙설비가 없다는 점에서 우주선과 구분된다. 그리고 '국제우주정거장(ISS)'처럼 승무원이 상주하는 유인 우주정거장, '톈궁(天宮)' 같은 승무원이 상주하지 않는 무인 우주정거장이 있다. 그러나 이 우주정거장들은 모두 지구 저궤도 우주정거장으로, 보다 심층궤도에 위치한 우주정거장은 아직 실현되지 못하고 있다.

그러면 이 우주정거장의 역할과 가치는 무엇일까? 무엇보다 가장 큰 존재 가치는 먼 우주로 나아가기 위한 전초기지라는 데 있다. 우주개발을 원활히 하려면 우주공간 중간중간에 휴게소처럼 머물 장소가 필요한데, 이 목적으로 세운 것이 우주정거장이다. 더욱이 우주정거장은 머무는 장소로서의 기능만 하는 게 아니다. 일례로 우주선의 발사를 들 수 있다.

우주선 발사는 할 수만 있다면 우주공간에서 하는 게 좋다. 지구에서 발사하면 지구 중력을 이기고 올라가야 하므로 막대한 연료와 비용이 드는 반면, 우주정거장에서 우주선을 조립해 발사하면 중력이 없는 우주공간이어서 연료 걱정을 덜 수 있어 경제적으로 큰 도움이 된다.

또 다른 우주정거장의 중요한 역할은 무중력 상태에서 하는 과학실험을 들 수 있다는 것이다. 우주의 무중력 상태를 이해하는 것은 인류가 심우주로 진출하는 데 필수적인 요소이다. 그동안 우주정거장에서 수천 종류의 실험이 이뤄졌지만, 가장 많은 실험이 이뤄진 분야는 우주공간에서의 인간신체 변화이다.

중력이 거의 없고 치명적인 우주방사선이 지구보다 약 100배 이상 강한 우주에서 인체의 변화를 살피는 연구는 훗날 인간이 지구 이외의 다른 행성에서 살아가는데 필요한 조건과 방법의 실마리를 제시해 줄 것으로 기대된다.

우주정거장은 기술수준에 따라 몇 단계로 나눠진다. 1세대 정거장은 스카이랩, 초기 살류트 등 모듈이 하나이며 재보급을 상정하지 않은 정거장이다. 2세대 정거장은 살류트 6호와 7호, 톈궁 1호와 2호 등 재보급을 고려한 정거장이다. 그리고 3세대 정거장은 미르, 국제우주정거장 등 궤도에서 각각의 모듈을 이어 붙여 제작하는 정거장을 가리킨다. 우주정거장을 모듈 형식으로 제작하면 안전성 제고, 제작비 절감, 제작 기간 감소, 다양한 요구 사항 충족 등의 장점이 있다.

최초의 우주정거장은 1971년 4월 발사된 러시아의 '살류트(Salyut)'로, 유인우주선 소유즈 10호와 결합하여 무게 26t, 길이 23m의 우주정거장을 이루었다. 이곳에는 총 22명의 승무원이 탑승해 1,600회의 각종 실험과 관찰을 함으로써 인간이 장기적으로 우주공간에 적응할 수 있음을 보여주었다. 미국의 최초 우주정거장은 1973년 5월 발사된 스카이랩(Skylab)이다. 스카이랩은 무중력 상태에서 인간활동에 대한 실험과 지구와 우주관측 등의 임무를 수행한 후 1979년 지구 대기권에 돌입되어 분해된 후 인도양으로 가라앉았다.

러시아는 살류트에 이어 1986년 2월 또다시 우주정거장 '미르(Mir)'를 발사하였다. 미르는 모두 6개의 접속장치를 가지고 있고 3개의 모듈로 구성되어 있으며, 총길이 13m에 지름 4.2m, 총무게 21t의 대형 우주정거장이다. 유리 로마넨코(Yuri Romanenko)가 326일간을 체류하는 기록을 세움으로써 인간이 우주공간에 정주할 수 있는 가능성을 보여주었다.

'국제우주정거장(ISS, International Space Station)' 건설 프로젝트는 과학기술 분야의 국제협력 사업 가운데 역사상 가장 큰 사업이다. 이 사업은 미국이 주축을 이루고 있으며 유럽, 러시아, 일본, 캐나다 등 16개국이 참여하였다. 우리나라는 2000년대 초반 국제우주정거장 건설사업에 참여하는 방안을 미국과 협의했으나 성공적인 결과를 얻지 못했다. 그 대신 미국, 유럽이나 일본 등의 모듈에서 무중력을 이용한 과학기술 실험과 연구를 직간접적으로 수행하고 있다.

미국은 1980년대 레이건 행정부에서 처음으로 '프리덤(Freedom) 우주정거장'의 건설 계획을 입안했다. 그러나 1986년 우주왕복선 챌린저호의 폭발사고 및 천문학적인 비용 조달 등의 문제로 계속 지연되다가 결국 이 계획은 취소되고 말았다. 이후 미국은 1993년 '프리덤 우주정거장', 러시아의 '미르 2 우주정거장', 유럽우주기구의 '콜럼버스 연구실 모듈' 등의 우주정거장 계획을 하나로 통합한 국제우주정거장 건설 프로젝트를 구상하게 된다.

국제우주정거장 건설의 본격적인 대장정은 1998년 11월, 러시아가 우주정거장 전체 구조물의 한 부분인 자리야(Zarya) 모듈을 발사하며 시작됐다. 이후, 러시아의 즈베즈다(Zvezda) 모듈, 미국의 유니티(Unity) 모듈과 데스티니(Destiny) 모듈, 그리고 태양전지판과 로봇 팔 등이 발사돼 착착 조립되기 시작했다. 하지만 거대 국제협력 개발사업은 생각처럼 쉽지 않았다. 2003년 임무를 마치고 지구로 귀환하던 '컬럼비아(Columbia)' 우주왕복선이 폭발하는 사고를 당한 것이다.

이 사고로 2006년 9월까지 모든 우주왕복선은 지상에 묶여 있었다. 이처럼 우주인과 화물을 싣고 국제우주정거장을 왕복하는 우주왕복선의 발이 묶이면서 결국 국제우주정거장의 조립도 중단됐다. 이후 소요 재원 문제와 기존에 조립된 모듈의 수명 문제 등으로 일부 계획이 축소되어 기존의 3분의 2 정도로 크기를 줄였다. 시설의 완공시기도 늦어져 2010년 말경부터야 제대로 된 모습을 드러내기 시작했다.

국제우주정거장은 인류가 지금까지 우주로 쏘아 올린 물체 중 가장 큰 크기를 자랑한다. 질량 450t, 길이 108.5m, 폭 72.8m로 월드컵 축구 경기장 규격과 비슷하다. 현재까지 만들어진 다른 어떤 우주정거장들에 비해서도 훨씬 더 큰 규모이다. 하지만 규모가 크다고 해서 속도가 느리다고 생각하면 오산이다. 초속 7.7km, 시속 27,700km의 속도로 매일 지구를 15.7 바퀴 돌고 있다. 또 국제우주정거장은 상공 400~420km의 대기권 안에 떠 있기에, 인류가 관측할 수 있는 천체 중에서 태양과 달에 이어 세 번째로 밝게 빛난다.

국제우주정거장의 규모는 생활공간과 작업 공간으로 침실 6개, 욕실 2개, 체육관 1개를 갖추었다. 국제우주정거장은 처음부터 지금처럼 커다란 크기로 발사되지 않았다. 뼈대가 되는 구조물을 먼저 발사하고, 그다음에 고도 약 400km의 지구궤도에서 조금씩 조립하면서 정거장을 완성해 갔다. 국제우주정거장은 모듈로 이루어져 있는데, 상주하는 우주비행사들은 이 모듈 안에서 생활하고 있다. 그리고 이 모듈들은 우주비행사들이 우주에서 조립했다.

국제우주정거장에서는 6개의 우주실험실 모듈을 갖추고 과학실험을 진행하고 있다. 주요한 실험실 모듈로는 미국 NASA의 데스티니(Destiny module), 유럽 ESA의 콜럼버스(Columbus module), 일본 JAXA의 키보(Kibo module) 등이 있다. 여기서 미세중력 실험, 생명과학, 우주과학, 지구과학, 약학 등 다양한 분야에 걸쳐 90종이 넘는 실험을 진행하고 있다. 특히, 내부에 24개의 설비구조를 갖춘 NASA의 데스티니는 스테이션 전체를 통제하는 사령실이기도 하다. 그렇기에 우주실험 중 가장 중요하고 은밀한 실험이 대부분 여기서 이뤄지고 있다.

국제우주정거장에는 2000년 11월부터 우주인이 거주하고 있다. 이후 본격적인 운영에 들어가면서부터는 2명 이상의 사람들이 항상 머무르게 되었다. 우주왕복선의 승무원 교대는 보통 1년에 3~4번 진행되고, 한번 올라가면 3~6개월 정도 체류하는 편이지만 1년 동안 체류하기도 한다. 이처럼 1년에 3~4번 정도 갱신되는 체류 프로그램을 '엑스퍼디션(Expedition)'이라고 부른다. 상시 체류 인원은 보통 6명으로 꾸려지며, 러시아와 미국이 각각 3명, 2명씩 배정한 뒤 기타 국가에서 1명 올려보내는 것이 일반적이다.

이 엑스퍼디션을 위해 우주비행사들이 이용하는 우주선은 러시아의 '소유즈(Soyuz)'호였다. 미국 NASA 소속 우주비행사들도 그동안 소유즈를 타고 다녔다. 그러나 앞으로는 상업 승무원 수송 프로그램에 따라 스페이스X의 '드래건(Dragon) 2' 같은 민간기업의 우주선 이용 비중을 늘려나가다 소유즈 이용을 완전히 대체할 예정이다.

엑스퍼디션 외에도 임시체류가 가능함은 물론이다. 특히, 러시아의 경우 2000년대 초부터 다양한 민간인 방문 프로그램을 운영해 왔다. 이에

2020년까지 대략 240여 명의 사람들이 국제우주정거장을 방문했다. 우리나라 한국항공우주연구원 소속 이소연 박사도 2008년 러시아 우주선 소유즈를 타고, 국제우주정거장에서 10일간 머물며 과학실험을 했다.

이처럼 우주비행사들이 체류하면서 연구가 진행되고 있는 국제우주정거장에 대한 안전성 문제가 꾸준히 제기되어 오고 있다. 우선 무엇보다도 운석이나 우주 파편 등과의 충돌 가능성이 수시로 일어나고 있다는 점이다. 2009년 3월 우주 파편이 건설 중이던 국제우주정거장에 접근하면서 승무원들이 파편과의 충돌을 피하기 위해 소유즈 캡슐로 긴급 대피하는 일이 발생했다.

2018년 9월에는 국제우주정거장과 도킹해 있던 소유즈의 궤도 모듈에서 드릴로 뚫린 것이 확실한 구멍이 발견되었다. 만약 발견되지 않았다면 국제우주정거장 안의 공기가 전부 손실될 수 있었던 대형사고인데, 다행히 현지에서 구멍을 찾아서 응급처치를 했다. 당시 우주비행사가 고의로 구멍을 뚫은 것일지도 모른다는 의혹이 제기되기도 했으나, 조사 결과 소유즈 제작 당시 조립공이 실수로 구멍을 뚫은 것으로 밝혀졌다.

2021년 11월에도 국제우주정거장의 승무원들이 한때 긴급 대피하는 소동이 발생하였다. 이는 러시아가 자국 위성을 미사일로 요격해 파괴할 때 발생한 1,500개 이상의 우주 파편이 국제우주정거장으로 떨어진 데 기인한 것이다.

그러면, 국제우주정거장에 사는 우주인들의 일상은 어떠할까? 우선 우주비행사들도 지구에서처럼 삼시 세끼 식사를 한다. 모든 음식은 건조된 상태로 만들어지며, 음식을 따로 식탁에 앉아서가 아니라 둥둥 떠다니면서 먹는다. 음식은 매우 조심스럽게 먹어야 한다. 이는 흘린 음식물이 우주정거장 내부에서 떠다니게 되면 무슨 문제를 일으킬지 모르기 때문이다.

대소변은 벽에 붙은 쓰레기 처리장치에서 좌석벨트를 메고 하게 되는데 여기에는 하수구가 없고 휴지는 특수용기에 넣어 처리된다. 우주정거장에서는 밤낮의 구분이 명확하지 않기에 잠을 제대로 자기 위하여 수면 마스크를 착용하고 고정대(固定帶)를 사용한다.

우주비행사들은 최상의 몸 상태를 유지하기 위해 하루에 최소 2시간씩 매일 운동을 한다고 한다. 무중력 상태에서는 근육의 손실이 일어날 수 있기 때문이다. 또 국제우주정거장에는 컴퓨터가 탑재되어 있는데, 이를 통해 우주비행사들은 데이터를 분석하고 인류발전에 도움이 될 만한 연구를 한다. 우주에 있다고 해서 컴퓨터 바이러스에 안전한 것은 아닌데, 실제로 탑재된 컴퓨터가 바이러스에 걸렸던 적이 있다고 한다.

국제우주정거장의 미래는 어떻게 될까? 그동안 프로젝트를 사실상 주도해 오던 미국의 NASA는 2015년, 가능한 한 이른 시점에 국제우주정거장 운영에서 손을 떼고 달과 화성 탐사에만 집중할 것이라고 선언했다. 이는 국제우주정거장 운영에 워낙 많은 비용이 들어갈 뿐만 아니라, 당시까지만 해도 우주인을 실어나르는 유인 우주왕복선을 러시아에 의존해 왔기 때문이다. 이에 NASA는 2024년~2025경 국제우주정거장의 운영을 중단하는 계획을 세웠었다.

러시아 또한 2025년 이후 탈퇴 가능성을 시사하였다. 2021년 9월 러시아 연방우주국은 국제우주정거장보다 효율성이 높은 러시아 궤도 스테이션을 만들 계획이라고 밝혔다. 그러나 국제우주정거장이 지닌 상징성과 효용성으로 인해 미국은 달 궤도에 위치하는 우주정거장인 '루나 게이트웨이(Lunar Gateway)'가 완공되기 전후인 2030년까지는 지속적으로 운영해 나갈 것으로 보인다. 이에 따라 ISS의 수명연장 및 신형 에너지 모듈 등 증축 사업이 예정되어 있다. 아울러 NASA는 국제우주정거장 운영 중단 2년 전인 2028년까지 상업용 우주정거장이 가동되기를 희망한다는 견해도 밝혔다.

한편, 지금까지 우주개발의 전초기지로 활용되어온 국제우주정거장이 점차 우주호텔로 변신하고 있다. NASA는 2019년 6월, 국제우주정거장을 관광 등 민간 상업용도로 개방한다는 계획을 밝혔다. 이에 민간 우주기업체들은 국제우주정거장을 우주여행 상품으로 활용할 예정이다. 국제우주정거장의 하룻밤 숙박비용은 3만 5천 달러에 달하는 것으로 알려졌다. 물론 국제우주정거장까지 날아가기 위해 탑승해야 할 유인우주선 비용 약 5~6천만 달러는 별도이다.

2022년 4월에는 사상 처음으로 민간인들로만 구성된 승무원들의 국제우주정거장 여행이 성공적으로 이뤄졌다. 그동안 민간인의 국제우주정거장 방문은 전문 우주비행사와 동행한 가운데 러시아의 소유즈 우주선을 이용해 러시아쪽 모듈에서 이뤄졌다. 그러나 이번은 우주비행사가 동반하지 않는 첫 순수 민간인 여행이자, 스페이스X의 유인우주선 '크루 드래건 인데버(Crew Dragon Endeavour)'호를 타고 미국 모듈 쪽에서 진행하는 첫 국제우주정거장 방문이었다.

2022년 4월 25일, 미국의 우주관광업체인 액시엄 스페이스(Axiom Space) 주관으로 민간인 4명이 크루 드래건(Crew Dragon, Dragon 2)으로 국제우주정거장 여행을 마치고 지구로 귀환하였다. 이들은 4월 8일 지구에서 출발해 9일 우주정거장에 도착했고, 애초 8일간 체류할 예정이었으나 기상 악화 등으로 귀환 일정이 늦춰지면서 7일 더 정거장에 머물렀다. 이들 민간인이 우주여행에 지불한 비용은 개인당 왕복 요금 5,500만 달러와 하루 체류비용 3만 5천 달러라고 전해진다.

이제 국제우주정거장은 영화 세트장으로도 활용되고 있다. 2021년 10월, 러시아 국영 TV 제작진들은 배우 율리아 페레실드와 감독 클림 시펜코는 영화 '비조프(Вызов, 도전이라는 뜻)' 촬영을 위해 우주로 향했다. 이들은 12일간 국제우주정거장에서 머물며 약 40분 분량의 영화 장면을 촬영했다.

이들이 촬영한 영화는 우주 쓰레기에 부딪혀 중상을 입었지만, 지구로 즉시 돌아갈 수 없는 우주비행사를 수술하기 위해 긴급히 우주정거장에 파견되는 한 여성 외과 의사에 관한 이야기다. 국제우주정거장의 러시아 우주비행사들도 출연진으로 등장하는 것으로 알려졌다.

이외에 미국의 영화배우 톰 크루즈(Thomas Cruise)도 스페이스X 및 NASA와 함께 영화 제작 프로젝트를 추진 중이다. 2020년 5월, 당시 NASA 국장이던 짐 브라이든스틴(Jim Bridenstine)은 트위터에서 "NASA는 국제우주정거장에서 톰 크루즈와 함께 영화 촬영을 하게 돼 흥분된다. NASA의 야심찬 우주계획을 현실화하고, 차세대 공학자와 과학자에게 영감을 주기 위한 대중매체가 필요하다."라고 글을 올렸다. 이 영화 촬영을 위해 영화제작사는 2024년 우주 스튜디오를 국제우주정거장으로 발사해 설치할 계획을 지니고 있다. 그리고 실제로 많은 촬영 작업이 이 우주 스튜디오에서 이뤄질 예정이다.

한편, 중국은 미국과 러시아가 주도하는 국제우주정거장과는 별도의 독자적인 우주정거장 프로젝트를 추진하고 있다. 이에 따라 2011년과 2016년 연이어 '하늘의 궁전'이라는 뜻을 가진 '톈궁(天宮)' 1호와 2호를 발사하였다. 톈궁 1호와 톈궁 2호는 실험용 우주정거장으로, 수명이 다 되어 각기 2018년과 2019년 대기권으로 낙하되어 폐기되었다.

그러나 중국은 여기서 얻은 지식을 활용해 2022년경 독자적인 우주정거장을 건설하여 10년간 운용할 계획을 지니고 있다. 신설될 '톈궁 우주정거장'은 길이 37m, 무게 90t으로 국제우주정거장(ISS)의 3분의 1, 퇴역한 러시아 우주정거장 미르와 비슷한 크기가 될 예정이다. 만약 국제우주정거장이 조기에 폐기될 경우 우주정거장은 중국의 '톈궁' 하나만 남게 된다.

중국은 지난 2021년 4월 독자 우주정거장의 핵심 모듈인 '톈허(天和)'를 발사하는 데 성공하였다. 그리고 5월에는 화물우주선 '톈저우(天舟) 2호'를 통해 승무원 보급품 등을 우주로 보냈다. 연이어 6월에는 유인우주선 '선저우(神舟) 12호'가 '톈허'와 도킹에 성공하면서 핵심 모듈인 '톈허'에 화물 모듈 '톈저우 2호', 유인우주선 '선저우 12호'가 모두 연결되었다. 특히 '선저우 12호'에는 우주인 3명이 탑승해 '톈궁' 건설을 위한 첫 번째 유인 임무 수행을 시작하였다. 이들은 3개월 동안 우주선 수리 및 보수, 설비교체, 우주유영 등을 시도했다.

연이어 중국은 화물우주선 '톈저우 3호', 유인우주선 '선저우 13호'를 차례로 쏘아 올렸다. 특히, 2021년 10월 발사된 선저우 13호에 탑승한 3명의 우주인은 톈궁에 6개월 동안 머무르며 임무를 수행하였다. 또 2022년 7월에는 첫 실험실 모듈인 원톈(問天)을 발사하여 핵심 모델인 톈허(天和) 모듈과 도킹에 성공했다. 중국은 2022년 10월 두 번째 실험실 모듈 멍톈(夢天)을 발사하여 우주정거장의 T자형 구조를 완성함으로써, 독자 우주정거장인 '톈궁(天宮)' 건설을 마무리할 것이라고 밝혔다.

우주왕복선

우주선은 우주에서 이동하는 모든 인공 물체를 말한다. 인간이 탑승하든 하지 않든 관계없이 모두 우주선이라고 칭하므로, 우주캡슐, 우주왕복선, 인공위성, 우주탐사선 등을 포괄한다. 이 때문에 지구 정지궤도에 진입한 인공위성도 우주선이라고 부르고 있다. 다만, 유인 인공위성인 우주정거장만큼은 우주선이라고 부르지 않는다. 그리고 사람이 타고 있는 것을 유인우주선, 타고 있지 않은 것을 무인우주선 또는 우주탐사선(space probe)이라 부른다.

우주선은 통신, 지구관측, 기상관측, 내비게이션, 천체 탐사, 우주여행 등 다양한 용도에 사용된다. 우주선은 발사 로켓의 추력에 의해 우주로 날아간다. 그런데 로켓들은 연료가 소진되면 자동으로 우주선과 분리되어 지구로 추락하지만, 우주선은 지구 주회궤도로 진입하거나 우주의 목적지를 향해 계속 진행한다.

최초의 우주선은 소련이 1957년에 쏘아 올린 스푸트니크 1호 인공위성이다. 그 후 60년 이상의 세월이 흘렀지만, 우주선을 만들고 발사할 수 있는 나라는 아직도 전 세계에 24개국 밖에 없다. 더욱이 유인우주선의 경우에는 미국, 러시아, 중국 세 나라만이 그 노하우(know-how)를 보유하고 있을 뿐이다. 특히 우주선 기술은 대부분 대륙간탄도미사일(ICBM, Intercontinental Ballistic Missile) 기술로 전용될 수 있기에, 다른 나라에 기술이전을 해주지 않는 실정이다. 다만, ICBM화가 어려운 액체로켓들의 경우 예외적으로 일부분은 이전해 주는 경우가 없지 않았다.

우주왕복선(Space Transportation System, Space Shuttle)은 우주정거장에 사람과 물자를 실어 나를 수 있는 우주선이다. NASA에서 아폴로 계획으로 대표되는 달 탐사계획 이후, 후속 우주탐사를 위해 등장한 궤도 우주선이다. 그리고 처음부터 우주와 지구를 반복해서 왕복할 수 있도록 설계되었다. 이에 따라 다양한 궤도로 많은 화물을 실어 나를 수 있으며, 국제우주정거장 승무원의 임무 교대 시 사용되고 수리 임무를 수행하기도 한다.

또 우주왕복선은 NASA 항공우주공학 기술력의 정수이자 인류 역사상 최초의 재사용이 가능한 비행 우주선이다. 소련이 미국과 경쟁하기 위해 만든 '부란(Buran)'도 있지만, 소련이 해체되면서 실제로 우주비행사를 태워 날리지는 못했다. 이 때문에 스페이스X의 '드래건 2(Crew Dragon)' 우주선이 데뷔하기 전까지 유일무이한 재사용할 수 있는 유인우주선이었다.

물론 우주왕복선이라고 해서 모든 구성요소를 재활용하는 건 아니다. 우주왕복선은 승무원과 화물을 운반하는 날개가 달린 비행기 모양의 궤도선(Orbiter Vehicle), 궤도선에 사용되는 연료가 든 외부 연료 탱크(External

Tank), 고체추진제를 사용하는 1쌍의 부착식 로켓 부스터(Solid Rocket Boosters) 등 3부분으로 구성되어 있다. 이중 부스터와 궤도선은 재활용되지만, 연료 탱크는 버린다.

우주왕복선 프로젝트는 1981년 4월 미국이 컬럼비아호를 성공적으로 발사하면서부터 사실상 시작되었다. 미국은 아폴로 프로그램이 끝난 뒤 우주개발 계획의 방향을 선회하였다. 이는 구소련에 앞서 달에 우주인을 보내야 한다는 확고한 목표가 사라진 데다 막대한 소요자금을 감당하기 어려웠기 때문이다. 이런 상황에서 NASA의 차세대 유인 우주비행 계획이 태어났다. 바로 우주왕복선 프로그램이다.

미국은 1977년 최초의 우주왕복선 엔터프라이즈(Enterprise)호가 시험 비행을 하였다. 엔터프라이즈는 보잉747을 타고 올라가 분리된 후 홀로 착륙해 보임으로써 우주왕복선이 안전하게 활강해 착륙할 수 있음을 입증했다. 이후 1981년 4월, 컬럼비아(Columbia)호가 유리 가가린의 우주 비행 20주년 기념일에 두 명의 승무원을 태우고 성공적인 발사를 하게 된다. 그리고 연이어 챌린저(Challenger)호· 인데버(Endeavour)호· 디스커버리(Discovery)호· 아틀란티스(Atlantis)호 등이 발사되었다.

그러나 1986년 7명의 우주비행사를 태운 챌린저호가 발사 직후에 폭발하는 사고가 발생하였고, 또 2003년에는 컬럼비아호가 발사 중 연료 탱크의 단열재 일부가 손상되어 대기권 진입 도중 폭발하는 사고를 당했다. 이런 어려움 속에서도 미국의 우주왕복선은 국제우주정거장 건설을 성공적으로 마무리했다.

그리고 우주탐사와 개발에 획기적인 성과를 거둔 허블 우주망원경도 우주왕복선 디스커버리호에 실려 올라갔다. 허블 우주망원경은 NASA와 유럽 우주국(ESA)이 공동으로 개발한 것으로, 이 계획의 성공으로 우주협력의 시대가 열리게 되었다. 1990년 가동한 이래, 수많은 우주 천체 사진을 계속 송출하여 여러 과학자에게 많은 도움을 주었다.

소련에서도 '부란(Buran)'이라는 우주왕복선을 만들었다. 소련은 미국과 우주개발 경쟁이 치열했던 1976년 재사용 가능한 우주 비행체를 만들겠다는 취지로 부란의 개발을 시작했다. 소련은 1988년 부란을 발사해 지구궤도를 두 바퀴 돌고 다시 귀환시키는 무인 발사에 성공했다. 하지만 1991년 소련이 붕괴하면서 우주계획 자체가 폐기 수순을 밟게 되면서, 부란의 비행은 결과적으로 이때가 처음이자 마지막이 되었다.

이후 소유즈가 개발되어 지금까지 우주왕복선 역할을 하고 있다. 소유즈는 원래 미국의 아폴로 계획에 대응하기 위한 소련의 유인 달 착륙 계획 중 우주선에 해당하는 부분으로 개발이 시작되었다. 그러나 달 착륙 경쟁에서 미국에 패배하는 등 달 탐사계획이 제대로 이행되지 않자 우주정거장 프로젝트로 전환해서 우주정거장과 지구를 왕래하는 궤도용 우주선으로 활용하게 되었다. 이후 소련은 경제상 이유로 새로운 우주왕복선을 개발하지 않고 지금까지 소유즈 우주선을 그대로 사용하고 있다.

원래 유인 달 탐사용 우주선으로 개발된 소유즈는 1967년 4월 첫 발사가 시도되었으나 실패하였다. 1968년 10월 발사에는 일단 성공을 거두었지만, 달까지 실어 나를 로켓 개발 지체라는 기술적 문제와 미국의 달 탐사 경쟁에서의 패배 등을 이유로 유인 달 탐사계획이 완전히 중단되었다. 이로 인해 결국 소유즈는 달 착륙이라는 원래 목적으로 영영 사용되지 못했다.

이후 우주왕복선으로 변신한 소유즈호는 우주인들을 살류트(Salyut)와 미르(Mir) 우주정거장에 수송하였다. 지금은 국제우주정거장으로의 물자 수송과 우주인 왕래에 활용되고 있다. 2001년에는 사상 처음으로 우주 관광객을 태우고 우주여행을 떠났다. 2008년 한국인 이소연씨가 국제우주정거장으로 갈 때도 소유즈를 이용하였다.

소유즈호는 매년 3~4번 발사되며, 매회 승무원은 최대 3명 탑승할 수 있다. 1년에 3~4회 발사하는데 들어가는 비용이 우주왕복선을 한번 발사하는데 드는 비용과 비슷할 정도로 경제적이다. 물론 우주왕복선의 수용량과는 비교가 되지 않지만, 매번 그렇게 많은 양을 수송할 필요가 없었기에 적은 양을 그때그때 필요한 만큼 여러 번 가는 것이 더 실리적이라는 것이다.

1998년 12월 10일은 우주왕복선 프로그램에서 역사적인 날이다. 며칠 전 미국의 인데버호는 국제우주정거장의 첫 번째 미국 모듈인 유니티(Unity)를 싣고 우주로 올라갔다. 러시아 모듈인 자리야(Zarya)는 이미 11월 말경 궤도에 올라와 있었다. 마침내 유니티는 자리야와 결합했고, 인데버호의 선장 밥 카바나와 러시아 우주인 세르게이 크리칼레프는 최초로 국제우주정거장의 해치를 열고 들어갔다. 그 뒤로도 우주왕복선은 꾸준히 국제우주정거장에 우주인과 부품, 보급품을 실어 날랐다.

국제우주정거장 건설을 성공적으로 이뤄낸 미국의 우주왕복선 프로그램은 2011년 7월, 아틀란티스(Atlantis)호의 은퇴를 끝으로 우주개발 역사에 뚜렷한 족적을 남기며 그 일생을 마쳤다. 중단 사유는 운영에 너무 많은 비용이 든다는 점과 두 차례의 사고에서 나타난 바와 같이 위험이 크다는 점이었다.

그 이후부터 미국은 국제우주정거장에 보내는 물자와 우주인 수송을 민간기업에 위탁·운용하기로 방침을 세웠다. 상업 승무원 수송 프로그램(CCP)과 상업 궤도 수송 사업(COTS)이 바로 그것이다. 이중 물자수송은 차질없이 진행되었다. 그러나 우주인 수송문제는 다소 지연됨에 따라 그동안 러시아의 소유즈 우주선에 자국 우주비행사를 태워 우주로 보냈었다.

이런 상황이 꽤 오랫동안 지속되던 중 2020년 5월, 스페이스X는 새 유인우주선 '크루 드래건(Crew Dragon. Dragon 2)'을 우주궤도에 쏘아 올리는 데 성공하였다. 드디어 미국의 유인우주선이 재등장하게 된 것이다. 이에 따라 민간 주도형 유인 우주탐사 모델을 제대로 적용해 나갈 수 있게 되었다. 즉 정부가 유인 우주 서비스를 요청하면 민간기업이 유인우주선을 빌려주는 방식이다. 이는 다가올 유인 달 탐사와 화성 탐사에도 적용될 것으로 보인다.

보이저 탐사선

인간이 행성탐사의 목적으로 우주선을 쏘아 올리기 시작한 것은 1960년 무렵이다. 1960년 10월, 구소련은 화성으로 탐사선을 발사했지만 실패하였다. 2년 후인 1962년 8월, 미국에서 발사한 금성 탐사선 '마리너(Mariner) 2호'는 처음으로 임무 수행에 성공하였다.

그 이후에도 미국과 러시아의 행성 탐사는 주로 지구에서 가까운 금성과 화성에 집중되었다. 이로 인해 지구에서 멀리 떨어진 목성과 토성 부근까지 보낸 행성 탐사선은 몇 개 되지 않는다. 그러던 중 '보이저호(Voyager)'가 처음 목표인 목성과 토성 탐사를 끝낸 이후로도 우주항해를 계속하여, 드디어 태양계의 끝자락까지 도달했다.

또 보이저호 발사 이후 2006년 1월에는 인류 최초의 명왕성 탐사선 '뉴호라이즌스 호(New Horizons)'가 발사되었다. 임무의 목적은 명왕성과 그 주변의 위성들, 카이퍼 벨트를 탐사하는 것이었다. 다만, 발사된 바로 그

해에 명왕성은 행성 지위를 잃었다. 뉴 호라이즌스 호는 2015년 7월 명왕성 곁을 지나갔으며, 2019년 1월 1일에는 카이퍼벨트 천체 곁을 지나는 역사적인 탐사에 성공했다. 그리고 2022년 6월에는 지구에서 53AU 정도 떨어진 지점에서 13.81km/s의 속도로 궁수자리 방향으로 항해하고 있다.

보이저 1호는 1977년 9월 5일에, 보이저 2호는 1977년 8월 20일에 발사되었다. 1, 2호 모두 타이탄 로켓에 실려서 미국 케이프 커내버럴 공군기지에서 발사되었다. 원래는 두 대의 탐사선을 모두 같은 날에 발사할 예정이었으나, 1호 발사체의 고장 때문에 2호가 1호보다 먼저 발사되었다. 2대를 만든 이유는 다른 1대의 고장을 대비하기 위한 것이다.

한편, 보이저호 발사에는 엄청난 에너지가 필요했기에 '스윙바이(swingby)' 기법을 활용하였다. 이는 우주선을 발사할 때 엄청난 에너지가 필요해 자체의 연료만으로 얻는 추진력으로는 한계가 있을 때, 탐사하려는 행성의 중력을 이용해서 가속시키는 기법을 말한다.

스윙바이는 접근했을 때의 상대 행성의 위치와 속도 등을 제어하여 이루어지는데, 1차로 불충분할 때는 다음 행성에 접근하여 다시 궤도변경을 할 수 있다. 지금이야 이 기법이 보편적으로 활용되고 있지만, 당시에는 고난도의 기술이었다. 때마침 보이저가 발사될 시기에는 행성들이 위치가 절묘하게 놓여서 스윙바이하기에 매우 좋은 기회였다.

보이저 탐사선은 원래 목성과 토성을 탐사하는 4년 프로젝트로 시작되었지만, 1989년 성간우주 탐사로 목표가 바뀌어 지금까지 탐사활동을 이어가고 있다. 보이저에는 지상으로부터 명령을 받고 문제를 처리하는 컴퓨터 명령 시스템(CCS, Computer Command System), 카메라를 비롯한 과학 장비들을 제어하고 데이터를 수집하는 비행 데이터 시스템(FDS, Flight Data System), 탐사선의 움직임을 조절하는 자세 제어 시스템(AACS, Attitude and Articulation Control System) 등 총 세 종류의 컴퓨터가 2대씩 실려 있다. 이를 통해 보이저 1, 2호는 모두 목성의 근접 사진과 인근 위성들의 사진을 찍어 보냈으며, 이제는 태양계 밖으로 나갔다.

인류 역사상 가장 먼 거리를 항해하고 있으며 발사한 지 45년이 되는 지금까지도 임무를 수행하고 있다. 어떠한 중력장에 붙잡히지 않는 한, 그리고 신호를 보내는 동력이 완전히 소진되기 전까지는 영원히 우주로 나아가면서 발견되는 모든 것에 대한 정보를 지구에 보내주게 된다. 보이저 운영팀은 동력 및 노후 장비와 부품 관리를 통해 보이저 1호와 2호가 앞으로 수년간 더 성간우주에서 과학정보를 계속 수집할 수 있을 것으로 보고 있다. 참고로 현재 지구궤도 상에 있는 위성 중 가장 오래된 인공위성은 1958년 발사된 '뱅가드(Vanguard) 1호'이다.

40년 넘게 우주를 비행하던 미국의 우주탐사선 '보이저 2호'가 태양계를 벗어나면서 보낸 자료가 2019년 11월, 처음으로 공개됐다. 이를 통해 태양계 끝에는 태양에서 오는 입자는 줄어든 대신 다른 별에서 온 다른 입자가 늘어난 것으로 밝혀졌다. 아울러 태양은 사방으로 전기를 띤 입자를 뿜어내고 있다는 사실도 알아내었다. 이 모습이 마치 태양에서 바람이 불어오는 것과 같다고 해서 태양풍으로도 불린다. 이 태양풍이 미치는 곳이 태양권(heliosphere)이며, 그 끝에서 성간우주와 맞닿아 있는 곳이 태양권계면(heliopause)이다.

NASA 과학자들은 "보이저 2호가 관측한 태양계의 끝은 좁은 타원형으로 뭉툭한 탄환과 같은 모습"이라고 밝혔다. 아울러 태양권이 대칭적인 모습이라는 사실도 확인하였다. 또 태양이 우리 은하의 성간우주를 채우고 있는 물질들과 어떻게 상호 작용하는지도 분석할 수 있게 되었다.

보이저호는 초속 16~17km를 나아가는 인류가 만든 가장 빠른 물체 중 하나이다. 이에 보이저 1호는 하루에 약 147만km씩, 보이저 2호는 약 133만km씩 지구로부터 멀어지고 있다. 그 결과 2022년 8월 기준 보이저 1호는 지구에서 약 235억km 떨어져 있고, 보이저 2호는 약 195억km 떨어진 상태다. 이는 태양으로부터 빛의 속도인 초속 30만km로 달려도 하루 가까이 걸리는 거리다. 보다 구체적으로는 보이저 1호와 지구 사이의 통신에 한쪽이 신호를 보내도 21시간 이상이 걸린다. 다른 표현으로 21광시(光時, light-hour) 거리이다. 그리고 두 보이저 탐사선 상호 간의 거리는 200억km 정도 된다.

2012년 6월 15일, NASA는 보이저 1호가 태양계 끝자락에 도달했다고 발표했고, 같은 해 10월에는 태양계의 경계를 통과했다고 발표했다. 하지만 두 달 뒤인 12월에 기존 발표를 번복, 태양계를 벗어난 줄 알았던 보이저 1호가 태양계의 새로운 부분인 자기 고속도로(Magnetic highway)를 발견했다고 공표했다. 이는 항해 초반에 예측했던 태양계의 마지막 부분인 태양권계면이 아닌 다른 부분이다. 이곳에서 태양계의 자기장선과 성간 자기장선이 만나게 되며, 입자들과 성간물질들을 서로 교환하게 된다고 한다.

2013년 9월 13일, NASA는 보이저 1호가 마침내 자기 고속도로와 태양계를 벗어나 성간우주(Interstellar Space)로 나갔다고 공식 선언했다. 2018년 12월 10일에는 보이저 2호도 태양계를 벗어났다. 쌍둥이 탐사선인 보이저 1호는 보이저 2호보다 며칠 늦게 발사됐지만, 성간우주에는 먼저 진입했다. 먼저 발사된 2호는 천왕성과 해왕성을 탐사하느라 1호보다 5년 늦게 성간우주로 들어섰다.

보이저 1, 2호는 시간차를 두고 나란히 목성, 토성을 지나간 이후 서로 갈라져 다른 방향으로 진행했다. 1호는 토성을 거쳐 태양계 밖으로 향했고, 2호는 천왕성과 해왕성까지 탐사한 뒤 태양계 밖을 향했다. 현재까지 보이저 2호를 제외하고는 천왕성과 해왕성을 방문한 탐사선은 없다. 다만, 명왕성은 보이저의 탐사대상에서 제외되었다.

두 탐사선은 모두 방사성 물질인 플루토늄이 내는 열을 전기로 바꿔 쓰고 있다. 동력이 소진되면 비행은 가능하더라도 지구로 자료를 보내기 어렵게 된다.

다행히 2017년 보이저 1호는 토성에서 마지막으로 사용한 분사 엔진을 37년 만에 움직이는 데 성공함으로써 수명이 2~3년 더 늘어났다. 보이저 2호 또한 수명이 연장되었다. 2019년에는 에너지를 절약하여 수명을 늘리기 위해 중요도가 떨어지는 일부 설비의 보온장치를 끄기도 했다.

이런 노력에도 불구하고 수년 후에는 보이저호의 동력이 모두 소진될 것으로 보이며, 2025년 전후로는 지구와의 통신이 두절될 것으로 예상된다. 그러나 보이저는 지구와의 교신이 끊어지더라도 계속 우주공간으로 나아가 보이저 1호는 앞으로 약 300년 후 태양권을 둘러싼 오르트 구름(Oort cloud) 지역에 도달하고, 또 1만 6,700년 후에는 태양계에서 가장 가까운 별 프록시마 센타우리를 지나게 된다. 그로부터 3,600년 후에는 보이저 2호가 이 별을 통과한다. 또 약 4만 년 후에는 기린자리 방향으로 17 광년 거리 떨어진 글리제 445 항성계를 근접해서 지나갈 것으로 추정되고 있다. 그리고 그 뒤에도 두 우주선은 수백만 년 동안 은하계를 계속 떠돌 것이라고 NASA는 밝혔다.

보이저호에는 조금 특별한 방식의 외계 생명체 찾기 프로그램이 실려 있다. 다름 아닌 동체에 부착된 LP 레코드판으로, 지구의 각종 정보와 메시지를 담고 있다. 12인치 구리 디스크의 표면에 금박을 입혔기 때문에 '골든 레코드(Golden Record)'로도 불리고 있다. 알루미늄 보호 케이스에 재생기와 함께 보관되어 있다. 음반의 이름은 〈지구의 소리(THE SOUNDS OF EARTH)〉이다. 골든 레코드의 목적은 외계생명체가 보이저호를 우연히 발견할 경우 지구의 존재를 알리겠다는 것이다.

레코드를 동봉하자는 아이디어와 실린 정보는 천문학자 칼 세이건(Carl Edward Sagan)의 주도 아래 이루어졌다. 그는 NASA와 협의해 음악 27곡, 사진 116장, 55개국의 인사말 등을 실었다. 음악은 바흐의 브란덴부르크 협주곡이나 척 베리의 조니 B. 굿 등 널리 사랑받는 걸작부터 세계의 민요와 악기 연주곡까지, 인류를 대표하는 곡이 담겨있다. 또 모차르트와 베토벤의 고전 음악부터 미국 나바호족의 찬가, 그리고 루이 암스트롱의 재즈까지 다양하다.

사진들도 매우 다채롭다. 우선 달 표면과 목성, 지구의 사진을 넣었다. 사람의 일상을 표현한 사진들은 무척 구체적이다. 어린이의 공부를 지도

하는 교사, 대형마트에서 장을 보는 주부, 트랙에서 전력 질주 중인 육상 선수, 교통체증 상태에 놓인 도로의 모습 등이 내장돼 있다. 남녀로 구분되는 인간의 신체적 특징, 키와 몸무게를 알려주는 정보도 실려 있다.

인간이 외계로 보내는 메시지인 만큼 인사말도 수록됐다. 지금은 쓰지 않는 고대어부터 중국 방언까지 다양하다. 한국어도 실려 있다. 골든 레코드에 수록된 자료를 확인할 수 있는 NASA 홈페이지에 접속하면 "안녕하세요!"라고 인사하는 한 여성의 음성을 들을 수 있다. 우주는 워낙 방대해 이 메시지가 외계 생명체에게 발견될 확률은 낮은 게 사실이다. 그러나 우주를 향한 인간의 의지를 되돌아본다는 점에서 이 메시지는 지구인을 위한 것이기도 하다.

1990년, 태양계를 벗어나기 직전 보이저 1호는 지구의 지령에 따라 자세를 제어하고, 신호 도달에 6시간이 걸리는 명왕성 근처 우주 공간에서 지구를 조준해 사진을 찍었다. 천문학자 칼 세이건은 이 사진을 표지로 실은 저서 〈창백한 푸른 점(Pale Blue Dot)〉에서 다음과 같은 인상적인 메시지를 남겼다.

"저 점을 다시 보세요. 저기가 바로 이곳입니다. 저것이 우리의 고향입니다. 저것이 우리입니다. 우리가 사랑하는 모든 이들, 우리가 알고 들어 보았을 모든 사람들, 존재했던 모든 인류가 저곳에서 삶을 영위했습니다. 우리의 모든 즐거움과 고통이, 우리가 확신하는 모든 종교, 이념, 경제 체제가, 모든 사냥꾼과 약탈자가, 모든 영웅과 겁쟁이가, 모든 문명의 창시자와 파괴자가, 모든 왕과 농부가, 사랑에 빠진 모든 젊은 연인들이, 모든 어머니와 아버지가, 희망에 찬 모든 아이가, 모든 발명가와 탐험가가, 모든 도덕 선생님들이, 모든 부패한 정치가가, 모든 인기 연예인들이, 모든 위대한 지도자들이, 모든 성인과 죄인들이 저곳 - 태양 빛 속에 부유하는 먼지의 티끌 위에서 살았던 것입니다.

지구는 우주라는 거대한 극장의 아주 작은 무대입니다. 그 모든 장군과 황제들이 아주 잠시 동안 저 점의 일부분을 지배하려 한 탓에 흘렸던 수많은 피의 강들을 생각해 보십시오. 저 점의 한 영역의 주민들이 거의 분간할 수도 없는 다른 영역의 주민들에게 얼마나 많은 잔학 행위를 저지르는지를, 그들이 얼마나 자주 불화를 일으키고, 얼마나 간절히 서로를 죽이고 싶어하며, 얼마나 열렬히 서로를 증오하는지를 생각해 보십시오.

우리의 만용, 우리의 자만심, 우리가 우주 속의 특별한 존재라는 착각에 대해, 저 희미하게 빛나는 점은 이의를 제기합니다. 우리 행성은 사방을 뒤덮은 어두운 우주 속의 외로운 하나의 알갱이입니다. 이 거대함 속에 묻힌 우리를 우리 자신으로부터 구해 줄 이들이 다른 곳에서 찾아올 기미는 보이지 않습니다.

지금까지 알려진 바에 의하면 지구는 생명을 품은 유일한 행성입니다. 적어도 가까운 미래에 우리 종이 이주할 수 있는 곳은 없습니다. 다른 세계를 방문할 순 있지만, 정착은 아직 불가능합니다. 좋든 싫든, 현재로선 우리가 머물 곳은 지구뿐입니다.

천문학을 공부하면 겸손해지고 인격이 함양된다는 말이 있습니다. 멀리서 찍힌 이 이미지만큼 인간의 자만이 어리석다는 걸 잘 보여주는 것은 없을 겁니다. 저 사진은 우리가 서로 친절하게 대하고, 우리가 아는 유일한 보금자리인 창백한 푸른 점을 소중히 보존하는 것이 우리의 의무임을 강조하고 있는 것입니다."

아폴로 계획과
아르테미스 계획

"이 걸음은 한 인간에겐 작은 걸음이지만 인류 전체에겐 커다란 도약이다.(That's one small step for a man, one giant leap for mankind)" 1969년 7월 20일 20시 17분 40초, 미국 우주항공국 NASA 소속의 닐 암스트롱(Neil Alden Armstrong) 선장과 에드윈 올드린(Edwin "Buzz" Eugene Aldrin Jr.)은 유인우주선 아폴로 11호의 착륙선 '이글(Eagle)호'를 타고 달 표면의 '고요의 바다(Mare Tranquillitatis)'에 착륙하였다. 인류가 달에 처음으로 착륙한 순간이다. 그리고 몇 시간 후 인류 최초로 달에 첫발을 디딘 암스트롱은 이와 같은 말을 남겼다.

아폴로 11호 팀들은 앞서 7월 16일 08시 32분, 미국 플로리다주에 있는 케네디 우주센터에서 새턴 5호 로켓이 쏘아 올린 아폴로 11호에 실려 달 궤도까지 갔다. 그다음 '이글(Eagle)호'를 조종해 달에 착륙했다. 달 도착 6시간 뒤인 7월 21일 02시 39분, 암스트롱은 이글 호에서 내려오기 시작해

몇 분 후 인류 최초로 달에 첫발을 디뎠다.

19분 뒤 이글호 조종사인 올드린이 뒤따라 내렸다. 두 사람은 중력이 지구의 약 6분의 1인 달 표면을 약 2시간 30분 동안 걸어 다니며 임무를 수행했다. 달 표면을 걸어 다니며 성조기를 꽂고, 지진계를 비롯한 관측기를 설치하고, 샘플용 흙을 채취했다. 이 과정은 전 세계에 중계되어 '아폴로 신드롬(Apollo syndrome)'을 불러일으켰다. 사람들은 우주와 과학기술에 대한 꿈을 이야기하며 희망에 부풀었다. 그동안 사령선 모듈인 컬럼비아호에는 우주비행사 마이클 콜린스(Michael Collins)가 남아 달 궤도를 선회했다.

암스트롱과 올드린은 달 표면에서 모두 21시간 30분을 보낸 뒤, 이글호를 이륙시켜 사령선과 도킹했다. 세 사람은 7월 24일 태평양 해상에 착륙함으로써 지구로 귀환했다. 이들의 임무 수행 시간은 8일 3시간 18분 동안이었지만, 그들은 인류의 역사를 새로이 쓰는 감동과 족적을 남겼다.

달에 인간을 보내는 '아폴로 계획(Apollo Program, Project Apollo)'은 원래 냉전 경쟁국인 미국과 구소련의 자존심 대결에서 비롯했다. 경쟁은 1957년 10월 4일 구소련이 세계 최초의 인공위성 '스푸트니크(Sputnik) 1호'를 지구궤도에 쏘아 올리면서 시작됐다. 그리고 같은 해 11월 3일에는 스푸트니크 2호에 라이카 품종의 개를 실어 보내 생명체가 엄청난 압력을 견디고 지구궤도에 올라 무중력 환경에서 생존할 수 있음을 증명했다.

이에 미국은 '스푸트니크 충격(Sputnik shock, Sputnik crisis)'에 빠지게 되었다. 과학기술은 세계 최고라는 자부심이 무너진 건 물론, 소련의 대륙간탄도미사일(ICBM)이 인공위성처럼 우주 공간을 거쳐 미국까지 올 수 있다는 생각에 공포까지 느꼈다. 이를 만회하기 위해 미국은 1957년 12월 6일 '뱅가드(Vanguard) TV-3'을 발사했지만, 중간에 폭발했다. 이후 1958년 1월 31일, 인공위성 '익스플로러(Explorer) 1호'를 주노(Juno) 1호 로켓에 실어 발사하는 데 성공하게 된다. 그러나 이는 스푸트니크에 이은 세계에서 두 번째 위성이 될 수밖에 없었다.

당시 아이젠하워 미국 대통령은 혁신으로 역전을 노렸다. 우선 1958년 7월 29일, 우주항공 분야 장기계획을 위한 우주항공국 'NASA'를 창설했다. 미국은 우주항공 분야는 물론 과학기술 전반에 걸쳐 연구개발 투자를 대폭 늘렸으며, 정책과 행정도 대대적으로 개혁했다. 대학은 물론 중고교의 교육 과정에 수학 및 과학 과정을 강화했으며 전 세계에서 과학기술 인재를 초빙했다.

그러나 1961년 4월 12일, 소련은 또다시 유인우주선 '보스토크(Vostok) 1호'를 발사해 성공시킨다. 이제는 무인이 아닌 유인우주선을 띄움으로써 우주개발의 새로운 역사를 만들어 내었다. 보스토크에 탑승한 러시아의 우주비행사 유리 가가린(Yurii Gagarin)은 무중력 상태의 우주권에 돌입하여 1시간 48분 동안 지구 한 바퀴를 비행한 뒤 낙하산을 이용하여 지구에 무사히 착륙하였다. 그 결과 인류 역사상 최초의 우주비행사가 되었다. 당시 유리 가가린이 남긴 "우주는 매우 어두웠으나, 지구는 푸른 빛이었다. 모든 것이 명확하게 보였다."라는 말은 미국인들에게 비수처럼 꽂혔다.

자존심을 크게 상한 미국은 막대한 인력과 예산을 투입하여 달에 인류를 보내는 '아폴로계획(Apollo program)'을 세웠다. 그리고 이 계획을 수행하는데 1961년부터 1973년까지 12년간 254억 달러 예산을 투입하였다.

현재가치로 환산하면 1,500억 달러가 넘는데, 한화로 약 200조 원에 해당한다. 또, 34,000명의 NASA 내부 직원과 375,000명의 산업체 및 대학의 외부 직원이 투입되었다.

1962년 9월, 당시 미국의 대통령이던 John F 케네디는 NASA 기지가 있는 휴스턴에서 다음과 같은 연설을 남겼다.

"우리는 달에 가기로 결정하였습니다. 그것이 쉽기 때문이 아니라 어렵기 때문에 이렇게 결정한 것입니다.(We choose to go to the moon in this decade and do the other things, not because they are easy, but because they are hard) 이것은 우리의 모든 역량과 기술을 한데 모아 가늠해보는 일이 될 것입니다. 이 도전이야말로 우리가 하고자 하는 것이며, 더이상 미룰수 없는 것이고, 우리의 승리가 될 것이기 때문입니다."

미국은 드디어 1969년 달에 인류의 첫 발자국을 남긴다. 결과적으로 우주개발 분야에서 미국이 승리를 거두게 되었다. 그러나 아폴로 계획의 성공적 추진에는 많은 희생과 고난이 수반되었다. 1967년에는 지상 훈련 중이던 아폴로 1호가 화재로 인해 사령선이 전소되고 세 명의 우주비행사가 사망하는 사고가 발생하였다.

NASA는 이런 어려움을 극복하면서 아폴로 4~6호는 무인 비행으로, 7~10호는 유인 비행으로 인간을 달에 보내는 기술을 발전시켜 나갔다. 이후 1969년 마침내 아폴로 11호가 성공적으로 달에 착륙하게 되었다. 그러나 1970년에도 달로 가고 있던 아폴로 13호가 장비 고장으로 달 궤도만을 선회하고는 간신히 지구로 귀환했다.

NASA는 마지막 유인 비행인 1972년의 아폴로 17호까지 여섯 차례에 걸쳐 모두 12명의 인류를 달에 보내는 데 성공했다. 이들은 달의 월석을 채취하고 골프를 치는 퍼포먼스를 보이는 등 다양한 일을 한 뒤 지구로 귀환했다. 과학적 성과 또한 컸다. 385kg의 흙과 돌멩이를 직접 채취해왔고, 달에 설치한 지진계를 통해 달의 내부 구조가 지구와 유사하다는 점을 파악했다. 또 아폴로 11호, 14호, 15호는 달에 3개의 레이저 반사경을 설치하였다. 그 결과 달과 지구의 거리 및 달의 궤도를 보다 정확히 알아낼 수 있었으며, 자기장과 태양풍에 대한 원인분석도 용이해지게 되었다.

아울러 흙과 암석의 분석을 통해 달에 매장되어 있는 자원이나 달의 생성연도 등을 추정할 수 있었다. 물이 존재하는 사실도 알아냈다. 2009년 11월 NASA는 달 뒷면에 상당한 양의 물이 있다고 발표했다. 물론 예상되는 물의 상당량은 크레이터(crater) 사이에 얼음 형태로 되어있다.

생성 당시에 물이 있었을 가능성도 있지만, 햇빛이 들지 않는 영구 그림자 지역에서 수억 년 동안 축적되었을 가능성이 크다고 한다. 물을 바로 꺼내 쓸 수 있을 정도지만 수은 함량이 높아서 처리 과정이 필요하다. 다만, 과학자들은 흙에서 생명체 반응이 나오길 기대했지만, 박테리아조차 발견되지 않았다고 한다.

그러나 미국은 1972년 무인 비행인 아폴로 18호를 끝으로 달 탐사를 끝낸다. 달 착륙 선점을 두고 경쟁했던 미국과 구소련의 냉전이 종료되고, 또 막대한 비용을 투입한 데 비해 성과는 그다지 크지 않았기 때문이다. 여기에 달 착륙 성공으로 달에 대해 사람들이 지니고 있던 신비감도 줄어들었다.

그런데 50여 년이 지난 뒤 미국을 위시해 주요국들은 다시 달과 우주 개발에 대한 관심이 불붙고 있다. 마치 '제2의 우주전쟁'이 시작된 것 같다. 그 불씨를 중국이 당겼다. 냉전의 시대 기술력과 최초의 우주인 등으로 미국을 자극했던 구소련처럼 중국이 G2의 위상에 걸맞게 달 착륙 등 우주패권에 도전하고 있다.

중국은 2007년 달 탐사선 '창어(嫦娥) 1호'를 발사한 후, 2013년 12월에는 '창어 3호'가 탐사 로봇 옥토끼(玉兔)를 싣고 달 표면에 성공적으로 착륙하였다. 이후 2019년 1월에는 무인 달 탐사선 '창어 4호'를 쏘아 올려 인류 최초로 달 뒷면 착륙에 성공했다.

이는 항공우주 기술력이 가장 앞선 것으로 평가받는 미국과 러시아도 못한 일을 먼저 해낸 것이다. 달 앞면엔 미국의 성조기가, 뒷면엔 중국의 오성홍기가 꽂히는 상징적인 사건이었다. 2020년 12월에는 또다시 '창어 5호'가 달 표면 샘플을 싣고 지구로 귀환하는 데 성공하였다. 나아가 중국은 2030년까지는 유인우주선도 달에 보낼 계획을 세워두고 있다.

이에 자극받은 미국은 우주인을 다시 달에 착륙시키는 '아르테미스 계획(Artemis program)'을 2017년 발표하였다. 계획의 이름은 아폴로 계획에 맞춰 그리스 신화에 등장하는 아폴로의 쌍둥이 누이이자 달의 여신인 아르테미스의 이름에서 따왔다.

이 계획에 따르면 남녀 2명의 우주비행사가 참여할 예정이며, 달 체류 기간은 6일 반으로 예정되어 있다. 이는 약 3일간 달에 체류한 아폴로계획의 2배 이상의 기간이다. 달 체류기간 동안 2명의 우주비행사는 최대 4

회에 걸쳐 탐사를 시행하여, 과학적 지표 분석 및 얼음 등의 샘플을 채취할 예정이다.

다만, 이 계획의 추진일정은 다소 유동적이다. 처음 발표 시에는 2028년까지 임무를 달성하겠다고 했으나, 2019년에는 2024년으로 4년 단축하겠다고 발표했다. 그러나 2021년 11월 NASA는 이 일정이 코로나 사태와 예산 차질 등의 이유로 인해 또다시 2025년 이후로 연기되었다고 밝혔다. 그런데 이 일정마저도 매우 낙관적인 것으로 실제로는 2026년 이후로 예상되고 있다.

이의 첫 단계로 2022년 10~11월경 사람이 탑승하지 않는 아르테미스 1호 임무를 수행하게 된다. 아르테미스 1호는 우주발사체와 유인 캡슐이 달을 오가는 데 문제가 없는지 점검할 예정이다. 이를 위해 아르테미스 1호 우주선 오리온에는 사람 대신 우주복을 입은 마네킹 세 개가 실린다. 오리온은 42일간 달 궤도 진입·체류를 한 뒤 지구로 귀환할 예정이다.

아울러 우주비행사가 탑승하는 유인 비행 아르테미스 2호는 2024년, 여성과 유색인종 우주비행사가 달의 남극에 착륙하는 아르테미스 3호는 2025년 이후로 예정돼 있다. 달 착륙 이후에는 상주기지를 지어, 먼 우주로 나아가기 위한 터미널과 핵융합 발전의 원료인 헬륨3(3He) 등을 캐낼 수 있는 자원 채굴장으로 활용할 복안을 지니고 있다.

그런데 이 아르테미스 계획은 1969년의 아폴로 계획과는 몇 가지 점에서 커다란 차이를 보인다. 우선 무엇보다 이번 계획의 최종 목표는 달에 인류를 머무를 수 있게 한다는 점이다. 즉 달의 남극 지역에 인류가 정착할 수 있는 기지를 건설하려는 계획이 포함되어 있다. 둘째, 아폴로 계획과 달리 유럽, 러시아, 일본, 캐나다, 호주 우주국 등이 공동으로 참여한다는 점이다. 우리나라도 2021년 5월, 협정에 서명함으로써 아르테미스 계획에 동참할 수 있는 10번째 국가가 되었다. 셋째, 첫 유인 달 탐사 우주인으로 여성을 보내기로 했다는 점이다.

넷째, 민간 우주기업의 참여를 통해 진행된다는 점이다. 이의 일환으로 NASA는 달착륙선 개발업체로 블루 오리진, 스페이스X, 다이네틱스(Dynetics) 3개사를 후보 업체로 선정했다가, 2021년 4월 스페이스X를 최종 선정하였다. NASA는 스페이스X의 발사체이자 우주선인 스타십(Starship)이 재활용 가능한 점, 이미 수십 차례의 테스트를 통해 검증된 랩터 엔진을 이용하는 점, 넓은 승무원 구획을 제공하는 점 등을 주요 선정 이유로 들었다. 그러나 이에 반발한 아마존의 제프 베조스 회장은 불복소송을 제기함과 동시에, 자신이 소유한 블루 오리진과 계약 시 NASA에 20억 달러를 제공하겠다며 달 탐사계획에 적극적인 의지를 보이기도 했다.

이러한 우여곡절과 진통을 겪은 NASA는 2022년 3월, 달착륙선 개발기업을 스페이스X 이외에도 추가로 더 선정하겠다며 방침을 수정해서 발표하였다. 이는 1년 전 예산이 부족해 단독 계약을 맺었던 기존 상황에서 벗어나 경쟁 체제를 유지함으로써 비용을 절감하고 효율을 높인다는 본래 계획으로 돌아온 것이다. 이외에도 다수의 민간기업들이 제휴업체로 참여하게 되는데, 달 기지 최초의 통신장비 구축 사업자로는 핀란드의 노키아(Nokia)가 선정되었다.

다섯째, 이번 계획은 달의 정복이 최종목적이 아니라는 점이다. 아폴로 프로젝트가 인류를 달에 보내는 데 초점을 맞췄다면 아르테미스는 달에 기지를 세우고 자원을 채굴하는 등 인류가 상주하는 것을 목표로 한다. 2025~6년경 달에 도착한 우주비행사들은 장기 체류하면서 달 개척과 더불어 각종 연구를 수행하게 된다. 이처럼 미국이 달을 개발하려는 이유는 여기서 얻는 자원을 토대로 화성 등 지구에서 멀리 떨어진 심(深)우주 탐사(deep space missions)에 나서기 위해서다. 이의 일환으로 미국은 달 기지를 베이스캠프 삼아 2030년 화성 유인탐사에 나설 계획을 세워두고 있다.

이와 함께 유럽도 2025년까지 유인우주선을 달에 보내겠다며 경쟁에 뛰어들었다. 유럽우주국 ESA는 사람이 머물며 연구와 탐사를 할 수 있도록 달에 기지를 선설한다는 목표를 세워두고 있다. 여기에 러시아와 인도, 일본 등 국가들도 경쟁 대열에 합류했다. 러시아는 1976년 중단한 달 탐사를 재개하여 2022년 중에는 소유즈 로켓에 무인탐사선 '루나(Luna) 25호'를 실어 발사할 계획을 가지고 있다. 루나 25호는 달 남극의 충돌구에서 로봇 팔로 토양 시료를 채취해 분석할 계획이다.

인도 또한 조만간 달 착륙을 목표로 '찬드라얀(Chandrayaan) 3호'를 발사할 예정이다. 오랫동안 유인 달 탐사국의 꿈을 꾸어오던 일본도 2022년 중 초소형 무인 탐사기 2대를 미국의 새로운 대형 로켓인 우주발사시스템(SLS, Space Launch System)으로 쏘아 올릴 예정이다. 아울러 2020년대 후반까지는 일본인 달 착륙을 실현한다는 목표를 지니고 있다.

한편, 우리나라도 2022년 8월, 스페이스X의 팰컨 9 로켓으로 무인 달 탐사선(KPLO, Korea Pathfinder Lunar Orbiter)인 '다누리'호를 발사했다. 한국형 달 궤도선인 '다누리'가 목표대로 항행할 경우 12월 중순 달에 근접하며 12월 말쯤에는 달 상공 100㎞ 원궤도에 안착할 전망이다. 이후 2023년 1월부터 1년간 달 궤도를 하루에 12바퀴 돌며 각종 과학임무를 수행할 예정이다. 과학임무 중에는 달 극지방에서 물의 존재를 찾고, 2030년대 한국이 목표하는 달 착륙지 후보 탐색이 포함된다. 또 우주인터넷 통신 시험, 달 뒷면의 입자 분석 등 세계 최초 임무도 수행한다.

이는 우리나라 최초의 지구 밖 탐사로, 우리나라 우주개발 영역이 정지궤도 위성이 있는 지구 상공 3만 6천㎞에서 달까지 38만㎞로 확장되는 의미가 있다. 나아가 2030년경에는 달착륙을 목표로 하고 있다.

제2의 지구를 찾아서

지금 전 지구촌은 신종 코로나바이러스(coronavirus)라는 전염병으로 인해 커다란 고통을 겪고 있다. 하찮은 바이러스로 인해 세계경제가 침몰하고 인간의 삶이 통제되는 전대미문의 대혼돈에 빠져 있다. 더욱이 수많은 사람들의 목숨마저 앗아가고 있다. 눈부신 과학기술의 발전으로 무병장수와 우주여행의 시대를 열어나가고 있던 인류로서는 참으로 뼈아픈 일격을 당하게 된 것이다.

물론 전염병이 발생하기 전에도 세상이 태평성대를 구가한 것은 아니다. 오히려 위험천만의 아슬아슬한 순간 속에서 하루하루를 보내고 있었다. 강대국들의 치열한 패권다툼과 끊이지 않는 테러로 인해 언제 어디서 세계대전이 일어날지 모를 위기 국면에 처해 있었다. 또 지구온난화현상이 심화되면서 극지방의 빙하와 얼음이 녹아내리고, 이로 인해 해수면이 상승함에 따라 몇몇 섬나라들은 물속에 가라앉는 상황에 처해있다. 아울러 태풍과 지진 등 자연재해 피해도 이전보다 훨씬 더 심각해지고 있다.

여기에 생명공학과 인공지능 기술 등 과학기술의 발전은 인간에게 행복을 제공해주기보다는 오히려 재앙으로 다가오는 측면이 더 많은 실정이다. 생명공학의 발전으로 인간의 수명이 길어짐에 따라 인구폭발, 그로 인한 범죄 발생과 환경오염 등의 문제가 우려되고 있다. 또 킬러 로봇(killer robot)이 출현하여 인간을 공격할지도 모를 상황도 제기되고 있다.

이처럼 우리 주변에서 실제로 일어나고 있는 불안한 현상들을 뒷받침이라도 하듯 2020년이 시작되면서 인류가 최후를 맞는 시점까지 남은 시간을 개념적으로 표현한 지구종말 시계가 100초 전으로 당겨졌다. 1947년 지구종말 시계가 생긴 이래 종말에 가장 근접한 시간인 것이다.

시시각각으로 지구를 위협하고 있는 이 같은 위기상황은 과학자들로 하여금 '제2의 지구'를 찾아 나서게끔 부추기고 있다. 〈시간의 역사〉를 쓴 영국 물리학자인 스티븐 호킹은 인류가 앞으로 천년 내에 지구를 떠나지 못하면 멸망할 수 있다고 경고하면서 "점점 망가져가는 지구를 떠나지 않고서는 인류에게 새천년은 없으며, 인류의 미래는 우주탐사에 달렸다"고 강조했다.

또 2010년 민간기업 최초로 로켓 발사에 성공한 스페이스X의 CEO 일론 머스크는 "지구에 안주해서는 인류의 멸종을 막을 수 없다. 유일한 대안은 지구밖에 자립할 수 있는 제2의 문명을 만드는 것이다."라고 말했다. 이 같은 위기 속에서 인류는 '제2의 지구'를 찾아 외계행성 발굴 작업에 박차를 가해 나가고 있는 것이다.

천문학자들이 외계행성을 찾는 방법은 다양하다. 직접 촬영 방법을 제외한 나머지는 별을 관측하여 간접적으로 행성의 존재를 알아내는 방식이다. 이중 시선속도(視線速度) 방식은 빛의 파장 변화로부터 외계행성을 찾는 방법이다. 별은 주변 행성의 중력에 영향을 받아 조금씩 움직인다. 만약 별이 지구 쪽으로 움직이면 파장이 짧은 파란색을 더 띠고, 멀어지면 파장이 긴 붉은색이 나타난다. 이를 통해 행성의 존재를 확인하는 것이다.

다음은 별 앞으로 행성이 지나가면서 빛이 일부 사라지는 식(蝕)을 이용하는 transit 방식이다. 이 방법은 2009년 케플러 우주망원경이 발사되면서 실제 관측에 활용되었다. 그동안 외계행성은 97%를 시선속도나 식 방식으로 찾았다. 문제는 이 방식들은 행성이 별 근처에 있어야 효과가 있다는 것이다. 따라서 태양계에서 목성 바깥에 있는 행성처럼 별에서 멀리 있으면 미시중력렌즈(microlensing) 방식을 활용한다.

1992년 푸에르토리코 아레시보 천문대의 알렉산데르 볼시찬 박사가 지구에서 1,500광년 이상 떨어진 처녀자리에서 중성자별 펄서(pulsar) 주변을 돌고 있는 2개의 행성을 발견했다고 발표했다. 태양계 밖의 행성을 처음 발견한 것이다. 한편, 태양과 비슷한 별의 주위를 돌고 있는 외계행성으로서 최초로 확인된 것은 1995년에 보고된 목성 크기의 페가수스자리 51b이다.

이후 국제사회에서는 외계행성 탐색관측 연구가 체계적으로 진행되어 갔다. 특히 NASA의 '케플러 우주망원경(Kepler Space Telescope)'은 2018년 10월 30일 공식적으로 퇴역할 때까지 인류의 우주 진출을 결정지을 제2의 지구를 찾는 데 일등공신의 역할을 수행하였다.

2009년 3월, 델타 II 로켓에 실려 지구를 떠난 케플러 우주망원경은 발사된 지 한 달 후부터 본격적인 활동을 시작했다. 지구의 궤적에 따른 372.5일을 주기로 태양을 중심으로 돌며 태양계 밖의 우주를 관측하였다. 케플러 우주망원경의 위치는 지구에서 약 1억 5천만km 떨어져 있었다. 지구와 유사한 궤도에 놓여있으며 임무를 방해할 수 있는 자기권의 영향을 피한 것도 특징이다.

또한, 지름 95cm 망원경을 통해 최소 4년 동안 같은 곳의 하늘을 응시할 수 있었다. 케플러 우주망원경이 바라보는 곳은 태양계의 수평면 밖에 있는 지역인 백조자리로, 행성 간 먼지에 의한 빛의 산란이나 소행성에 반사되어 안개처럼 보이는 현상을 피하기 위한 궤도다. 그리고 케플러는 직경 140cm의 반사경을 지니고 있어 탐사 가능 범위는 약 3,000광년이었다. 또 약 9,460만 화소에 달하는 빛 감지기를 장착하고 있었다.

케플러 우주망원경은 우주를 바라보는 인류의 인식을 크게 바꾸어 놓았다. 그동안 우리의 상상 속에서만 존재했던 '제2의 지구'에 해당하는 외계행성이 우주 곳곳에 다수 존재한다는 사실을 직접 확인해 주었다. 2018년 퇴역할 때까지 9년 동안 케플러는 2,662개의 공식적으로 입증된 외계행성을 발견하였다. 특히, 10여 개는 골디락스 영역에 위치한 지구와 유사한 규모의 암석형 행성이다. 이외에 케플러는 2,900개가 넘는 후보 외계행성, 그리고 항성 53만 506개와 초신성 61개도 찾아냈다.

이 케플러 우주망원경을 비롯해 그동안 인류가 발견한 외계행성의 수는 2022년 3월을 기해 마침내 5,000개를 넘어서게 되었다. 1990년대 초반 첫 발견 이래 거의 30년 만의 일이다. 특히, 4,900개는 지구에서 수천 광년 이내에 있는 것들이다. 태양계가 우리 은하 중심에서 2.6만 광년 떨어져 있다는 사실을 생각하면, 우리 은하에는 아직 발견하지 못한 행성이 무수히 많을 것으로 보인다.

그동안 놀라운 성과를 거둔 케플러가 늙어서 은퇴한 이후 이를 대체하는 차세대 행성 사냥꾼 '테스(TESS, Transiting Exoplanet Survey Satellite)'가 등장하게 된다. 2018년 4월에 쏘아진 이 우주망원경 역시 케플러처럼 별의 밝기 변화를 관측하는 방식을 사용하지만, 관측기기들의 성능이 훨씬 우수해 더 넓은 범위에서 더 많은 별들을 관측할 수 있다. 테스는 13.7일에 한 번씩 지구 주변을 돌며 외계행성을 관측하고 있어, 전임인 케플러 망원경보다 400배 넓은 관측 범위를 자랑한다.

그래서 테스는 앞으로도 더 많은 행성을 찾는 한편 생명체가 살 수 있는 행성의 존재 여부에 대한 탐색에도 박차를 가한다는 방침이다. 더욱이 테스에게는 강력한 원군이 하나 따라붙는다. 2021년 12월 발사한 사상 최대의 '제임스웹 우주망원경(JWST)'이다.

테스가 먼저 새로운 외계행성을 발견하면 뒤이어 제임스웹이 이를 정밀 관측한다. 이 둘의 합작은 외계행성 연구에 큰 전기를 마련할 것으로 과학자들은 기대하고 있다. 이에 2020년 발견된 글리제(Gliese) 887계열 행성들에 대기가 존재하거나 액체상태의 물이 존재하는지 여부 등을 밝혀낼 수 있을 것으로 보인다.

나아가 NASA는 2027년경 '낸시 그레이스 로만 우주망원경(Nancy Grace Roman Space Telescope)'을 발사해 한층 더 다양한 방법으로 새로운 외계행성을 찾아낼 계획을 밝혔다. 이 우주망원경을 통해 10만 개 이상의 외계행성을 추가할 예정이다.

인류가 찾아 나선 '제2의 지구(Earth 2.0)'란 사람이 살 수 있는 지구 같은 외계행성을 뜻한다. 그 필요조건을 정리해보면 다음과 같다. 첫째, 목성처럼 가스형 행성이 아니고 지구와 같은 암석형 행성이어야 한다. 둘째, 지구처럼 모항성에서 적당한 거리에 있어 물이 액체상태로 존재할 수 있어야 한다. 이는 이른바 서식 가능한 '골디락스 존(Goldilocks zone)'을 말한다. 태양계의 경우, 골디락스 존은 지구-금성 궤도 중간에서 화성 궤도 너머까지 걸쳐 있다. 셋째, 행성의 크기와 질량이 지구와 비슷해, 대기를 잡아두고 생명체가 살기에 적당한 중력을 유지할 수 있어야 한다.

한편, '슈퍼 지구(Super-Earth)'는 지구처럼 암석으로 이루어져 있지만, 지구보다 질량이 2~10배 크면서 대기와 물이 존재해 생명체 존재 가능성이 큰 행성을 통칭한다. 슈퍼 지구의 특징은 중력이 강하고 대기가 안정적이며, 화산 폭발 등 지각운동이 활발하다는 점이다. 지금까지 슈퍼 지구는 글리제 876d 이후 여러 개 발견되었다. 그러나 태양계에는 슈퍼 지구의 모델이 될 사례가 없다. 이는 가장 큰 암석형 행성은 지구이며, 지구보다 한 단계 무거운 행성은 천왕성으로 지구 질량의 14배이기 때문이다.

NASA에 따르면 지금까지 발견된 외계행성에서 가장 많은 종류는 35%를 차지하는 해왕성형이다. 이는 우리 태양계의 맨 바깥에 있는 천왕성이나 해왕성과 같이 얼어붙은 거대 행성이다. 그리고 31%는 크기와 질량 기준으로 봤을 때 슈퍼 지구급 행성으로 분류된다. 또 30%는 가스형 행성으로, 태양계의 목성과 토성처럼 가스로 이뤄진 거대 행성이다. 결국, 나머지 4%가 지구처럼 암석형이고 크기도 비슷한 지구형 행성이다.

지금까지 알려진 가장 유력한 '제2의 지구' 후보는 2019년 발견된 케플러-1649c이다. 이 행성은 지구에서 300광년 떨어져 있고 크기는 지구의 1.06배라고 한다. 태양보다 크기가 작은 적색왜성 주변을 한 바퀴 도는 데 19.5일이 걸리고, 이로부터 받는 빛의 양은 지구가 태양으로부터 쬐는 빛의 75% 정도이다.

또 생명체 서식 가능구역(Habitable Zone)에 있을 뿐만 아니라 지금까지 발견한 외계행성 가운데 크기와 추정 온도 등에서 지구와 가장 비슷하다. 물론 대기가 얼마나 있는지, 있다면 어떤 기체로 이뤄졌는지에 따라 생명체 서식 가능성이 달라지겠지만 매우 눈에 띄는 '제2의 지구 후보'를 찾아낸 것은 분명하다.

2020년에도 슈퍼 지구가 국제공동연구팀에 의해 발견되었다. 특히 이번에 발견된 행성들은 물론 태양계 밖의 외계행성(exoplanet)이지만, 지구와 불과 11광년밖에 떨어져 있지 않은 가까운 곳에 위치한다. 이들은 글리제(Gliese) 887b와 글리제 887c로, 항성 글리제 887 주위를 매우 짧은 궤도로 돌고 있다.

더욱이 이들은 액체 형태의 물이 존재할 뿐만 아니라 지구와 같은 암석형 행성일 가능성이 높다고 연구진은 설명했다. 글리제 887c의 행성 표면 온도는 섭씨 70도 정도로 관측됐다. 항성인 글리제 887의 경우, 태양보다 강한 자외선을 내뿜고 다량의 에너지를 방출해 주변 행성의 대기를 파괴하는 다른 적색왜성들과는 달리 활동적이지 않은 것으로 파악됐다.

하지만, 정작 제2의 지구를 발견했다 하더라도 거기까지 갈 수 있느냐 하는 것은 또 다른 문제다. 현존하는 가장 빠른 물체의 하나인 보이저 1호가 여러 차례 중력보조를 받은 끝에 얻은 속도는 17㎞/s이다. 이는 무려 총알의 20배 가까이 빠르지만, 이 속도로도 가장 가까운 별인 4.3광년 거리의 센타우루스(Centaurus) 자리 프록시마(Proxima Centauri)에 가는 데만도 8만 년이 걸린다. 이에 인류는 지구에서 가까운 거리에 위치한 달과 화성에 새로운 인류정착촌을 건설하려는 노력을 강화해 나가고 있는 것이다.

화성탐사와
화성정착촌 건설

인류가 우주개발에 힘을 기울이는 궁극적인 목적은 우주에 삶의 터전을 마련하는 데 있을 것이다. 즉 사람이 살기에 적당한 천체를 찾아서 그곳에 도시를 세우고 거기서 살아가는 것이라 하겠다. 이 우주도시에는 농장과 식당, 집과 병원 등 지구에서 이용할 수 있는 대부분의 시설이 갖춰져 있어야 한다. 아울러 지구에서는 어렵거나 불가능한 제품과 자원의 생산과 채굴도 가능해야 할 것이다. 그런데 지금까지의 과학기술로 밝혀진 최적의 우주도시 입지를 지닌 천체는 화성이다.

화성은 태양계 행성 중에서 지구와 환경이 가장 비슷한 곳이기 때문이다. 화성은 태양에서 4번째에 있는 행성으로, 지구로부터 약 5,500만㎞ 떨어져 있다. 화성은 평균 지름이 6,787km로 지구의 약 절반 정도에 불과하고, 밀도 역시 3.933g/㎤로 지구보다 작다. 공전궤도는 타원형이고, 화성의 하루는 약 24.5 지구시간이며 1년은 약 687 지구일이다.

이처럼 공전궤도가 타원형으로 지구보다 더 큰 타원을 그리기 때문에 지구로부터의 거리가 일정하지 않다. 지구와 화성 간의 거리는 가깝게는 5,500만 km 내외, 멀게는 2억 km 이상 벌어진다. 화성이 지구와 가장 가까워지는 주기는 약 780일로 대략 2년에 한번 꼴로 가까워지는 셈이다. 지구에서 보는 화성은 가장 가까이 접근하면 가장 멀리 있을 때보다 크기는 7배 크게 보이고 밝기는 16배 밝아진다고 한다.

화성도 지구처럼 자전축이 기울어져 있고 대기를 지니고 있기에 계절이 있다. 화성의 표면온도는 -175℃~35℃ 정도로 평균온도는 약 -70℃이다. 이렇게 낮은 온도는 화성의 대기가 희박하여 열을 유지할 수 없기 때문이라 알려져 있다. 화성의 대기는 아주 희박하다. 지표부근의 대기압은 약 0.006기압으로 지구의 약 0.75%에 불과하다. 이렇게 희박한 대기는 중력이 작기 때문이다. 화성대기의 구성은 이산화탄소가 약 95%, 질소가 약 2.7%, 아르곤이 약 1.6%이고, 다른 미량의 산소와 수증기 등을 포함한다.

화성의 지형은 크게 2개의 특징으로 나눈다. 남반구는 오래된 지형으로 운석구덩이들이 많지만, 북반구는 대부분 지역이 화산이나 바람에 의해 새로운 물질로 덮였기 때문에 운석구덩이가 적다. 또 표면에는 화산, 넓은 용암대지, 여러 종류의 계곡과 협곡, 사태(沙汰)의 흔적 등이 있는데, 이들 대부분이 지구상의 것들보다 크다.

화성을 사람이 살기에 적당한 곳으로 만들려면 무엇보다 물이 필요하다. 물이 있어야 인간의 생명을 유지할 수 있을뿐더러 식물을 심어 산소도 만들어 낼 수가 있기 때문이다. 우주선을 이용한 탐사 결과, 화성에 물이 존재한다는 사실을 확인했으나 생명체의 존재 여부는 밝혀지지 않았다.

2008년 NASA는 화성에서 물을 발견했음을 공식적으로 발표하였다. 2018년 7월에는 지하 호수가 존재한다는 사실도 발견되었다. 그러나 물의 양이 얼마나 되는지 또 어떤 성분이 포함되어 있는지 등 모든 것이 불확실한 상황이다. 이에 과학자들은 액화수소를 이용해 화성을 물이 넘치는 곳으로 만들려는 구상을 하고 있는 중이다.

사실 달과 지구의 거리는 약 38만㎞로, 지구와 화성 거리인 5,500만㎞와 비교하면 상당히 가까운 거리다. 만약 지구에서 발사체를 타고 달에 간다면 3일이면 가능한데, 화성까지 가려면 최소 6개월이 필요하다. 또 이미 개발된 발사체 기술로도 충분히 인류를 달로 보낼 수 있기에 굳이 화성이 아니더라도 달에 인류 정착지를 만들 수 있을 것이다. 그러나 이에는 커다란 장벽이 존재한다. 달은 화성과 비교할 수 없을 정도로 극한 환경을 지니고 있다. 완벽한 진공 상태에 가까워 달 표면에서 사람이 움직이면서 건물을 짓거나 탐사를 하는 등 외부활동이 쉽지 않다.

또 대기가 없는 달은 우주에서 날아오는 고에너지 입자에 그대로 노출될 수밖에 없다. 공기가 없기에 운석이나 소행성이 달로 향하면 대기 중에서 소멸되지 않고 그대로 땅으로 떨어진다. 달에 건물을 지었다가 운석을 맞으면 큰 사고로 이어질 수 있다. 기온 역시 적도를 기준으로 120℃까지 올랐다가 영하 170℃까지 떨어지는 등 편차가 심하다. 반면 화성은 지구처럼 대기가 존재하고 중력도 지구와 비슷하다. 물과 얼음의 흔적도 발견된 만큼 화성은 인류가 거주하기에 달보다는 유리한 조건을 갖추고 있다.

화성 탐사는 1960년대 초에 이미 시작됐다. 이 시기에 구소련과 미국은 경쟁적으로 탐사선을 발사했다. 화성의 과거 역사를 알아내고 미래 이주 가능성을 점검하려는 시도였다. 그러나 3분의 2 이상이 실패로 끝나면서 '화성의 저주(the Mars Curse)'라는 말까지 생겨났다.

그러던 중 1965년 미국의 '마리너(Mariner) 4호'가 화성의 궤도에 접근해 최초로 사진을 지구로 전송하면서 탐사가 본격화되었다. 1971년 11월에는 마리너 9호가 화성 궤도에 안착했고, 1971년 12월에는 구소련의 마스(Mars) 3호가 화성 표면에 착륙했다. 1976년에는 미국의 바이킹(Viking) 1호와 2호도 화성에 착륙해 수많은 자료를 보내오기 시작했다. 이후에도 화성탐사가 계속 진행되고 있지만, 아직까지는 사람이 직접 하는 대신 탐사로봇이 임무를 수행하고 있다.

즉 미국의 NASA는 2003년 '스피릿(Spirit)'과 '오퍼튜니티(Opportunity)'라는 쌍둥이 로봇 차량을, 2012년 8월에는 '큐리오시티(Curiosity)' 로버(Rover)를 화성에 보내 탐사활동을 벌여 왔다. 이런 경력을 바탕으로 NASA는 이제 사람이 착륙해 수행하는 유인탐사도 2026년경 아르테미스 프로젝트를 성공적으로 이룩한 뒤, 늦어도 2030년까지는 마무리한다는 계획을 세워두고 있다.

2020년은 화성탐사 프로젝트가 본격적으로 그리고 경쟁적으로 추진된 해로 기록되고 있다. 지구와 화성의 거리가 짧아지는 해라는 점이 커다란 이유가 되었다. 우선 미국은 2020년 7월 말, 2012년부터 임무를 수행해 오던 '큐리오시티'에 이어 추가로 이동형 탐사로봇인 '퍼서비어런스(Perseverance)' 로버를 화성으로 발사하였다.

NASA는 자동차 정도 크기의 이 로버로 화성의 토양을 시추해 생명체의 흔적을 찾을 계획이다. 특히 이번 화성 탐사는 육지뿐 아니라 하늘에서도 동시에 진행된다. 화성 최초로 하늘을 날게 된 이 헬리콥터는 로버의 배에 붙어 발사되었다. 무게가 1.8kg에 날개 길이가 1.2m인 이 헬리콥터에는 '인제뉴어티(Ingenuity)'란 이름이 붙여졌다.

2021년 2월 18일, 퍼서비어런스와 함께 화성에 성공적으로 착륙한 인제뉴어티는 지구 밖 행성에서 최초의 동력 비행에 성공하며 기대 이상의 성과를 보였다. 무엇보다 퍼서비어런스 같은 지상 장비로는 직접 이동하기 어려운 거친 지형을 탐사했다는데 큰 의미를 지닌다. 이에 원래 예정했던 한 달간의 일정을 넘어 2022년 6월 1일까지 총 28번의 비행을 수행하며 3,256초 동안 화성 하늘을 날았고 6.99 km를 이동했다.

우주굴기(宇宙堀起)를 내세운 중국 또한 2020년 7월 '톈원(天問)-1호'를 화성으로 발사하였고, 2021년 2월 궤도에 무사히 진입한 뒤 5월에는 착륙에도 성공하였다. 톈원 1호는 궤도선과 착륙선, 탐사 임무를 맡은 탐사로봇 3개 조합으로 이뤄져 있다. 착륙선과 로버는 화성의 토양과 지질 구조, 대기, 물에 대한 과학적 조사를 진행한다. 탐사로봇인 '주룽(祝融)'은 6륜 탐사차량으로 13가지 과학기구가 탑재되어 있는데, 화성 환경과 지표층 구조 분석 등의 연구가 목적이다.

중국은 이번 '톈원' 프로젝트의 성공으로 화성궤도 진입은 비록 인도에도 뒤처졌지만, 화성 착륙에 성공한 국가로는 미국과 구소련에 이어 3번째가 되었다. 여기에 주룽까지 화성 표면에 안착시켜 가동하면서 중국은 미국에 이어 2번째로 탐사로봇을 이용해 화성 지표면을 탐사한 국가로 기록되었다.

아랍에미리트(UAE)도 전통적인 우주강국은 아니지만, 희망이라는 뜻을 가진 '알-아말(Al-Amal)'이라는 이름의 화성 궤도선을 2020년 7월에 일본 우주발사체 'H2A'에 실어 발사하였다. 아말호는 아랍국가 최초로 화성의 대기를 연구하였다. UAE는 그동안 지구궤도로 로켓을 쏘아 올리고, 국제 우주정거장에 우주비행사를 보내는 등의 활동을 해왔으며, 아말호 발사를 시작으로 화성탐사를 본격화해 종국적으로는 화성에 정착촌을 건설하겠다는 큰 꿈을 지니고 있다.

이에 비해 유럽과 러시아가 공동으로 2016년에 이어 2020년 중 발사하려던 화성 탐사선 '엑소마스(ExoMars)' 프로젝트의 추진일정은 2022년으로 미루어졌다. 더욱이 이 일정마저도 우크라이나 사태로 중단되고 말았다. 한편, 2014년 망갈리안을 쏘아 올려 미국, 러시아, 유럽에 이어 네 번째로 화성궤도 진입에 성공한 인도 또한 새로운 화성탐사 계획을 마련하고 있다.

조만간 화성 여행과 정착촌 건설의 꿈도 이뤄질 것으로 보인다. 2012년 네덜란드에서는 '마스 원(Mars One)'이라는 재단이 나타나 화성이주민을 모집하는 사건이 벌어졌다. 2024년부터 화성 식민지 개척자들을 화성으로 보낼 예정이며, 두 번 다시는 지구로 돌아올 수 없다는 이 프로젝트에 무려 20만 명이 지원했다고 한다. 결국 이 재단은 일종의 해프닝이거나 사기극이라는 의구심을 남긴 채 2019년 파산하였다.

첫 유인 우주탐사선 도킹을 성공시킨 스페이스X의 최고경영자 일론 머스크도 화성탐사 계획을 발표하였다. 이제 그의 다음 목표는 달과 화성 여행, 그리고 화성 정착촌 건설이다. 이를 위해 2022년까지 화성에 화물선을 보내 현지의 수자원 및 자원 채굴을 위한 초기 설비를 설치할 예정이며, 2024년에는 차세대 우주선이자 발사체인 '스타십(Starship)'에 승객 100명을 태우고 화성 유인탐사를 본격화하겠다는 구상을 발표한 바 있다.

그리고 2030년경에는 인구 8만 명이 거주할 수 있는 화성 식민지를, 2050년 무렵에는 100만 명이 거주하는 도시를 조성하겠다는 원대한 포부도 밝혔다. 그러나 이 일정은 차세대 발사체 '스타십 발사 시스템(Starship Launch System)'이 기대만큼 빨리 개발되지 않고 있는 등 전반적으로 지연될 것으로 보인다.

한편, 언젠가 화성 정착의 꿈이 실현되더라도 이게 우주개발의 최종목적일 수는 없다. 우주개발 시대를 활짝 열기 위해서는 화성 너머로 날아가야 한다. 그러나 문제는 화성 너머로의 여행이 만만치 않다는 데 있다. 현재의 우주기술로는 목성까지 가는 데만도 5~6년 남짓, 토성까지는 10여 년 남짓, 태양계의 맨 끝인 명왕성까지는 40여 년 남짓한 시간이 걸린다. 명왕성까지 한 번 갔다 오려면 평생이 걸릴 수도 있다는 얘기다. 이쯤 되면 한평생을 우주선에서 보내야 하니 태양계 끝까지의 우주개발은 그야말로 상상일 뿐이다.

더구나 태양계는 우주의 전부가 아니다. 우주 전체로 놓고 보면 해변의 모래알 한 톨에나 미칠 정도의 티끌 같은 존재다. 이처럼 광활한 우주 곳곳을 맛보며 우주개발을 하려면 고도의 성능을 갖춘 우주선 개발이 절실하다. 화성을 다녀오는 정도의 우주선으로는 태양계 너머로의 우주개발은 불가능하다. 그래서 광속 우주선을 꿈꾼다. 그러면 우주 저 끝까지는 아니어도 태양계 바깥까지의 우주개발은 실현될 수 있을 것이다.

이를 위해 인류는 인간의 육체적인 역할을 대신하는 로봇, 인간의 지적 한계를 뛰어넘는 정보 수집과 처리 능력을 지닌 인공지능(AI, Artificial Intelligence)의 도움도 받아가면서 우주탐사를 계속 수행해 나갈 것이다. 지금도 인류는 이런 원대한 꿈을 실현하기 위해 한 걸음씩 나아가고 있다.

4장.

우주의 경제학

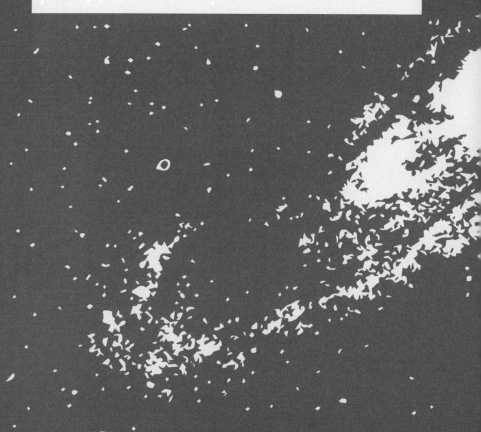

"우주산업과 전기차 개발이야말로 벤처 기업이 해야 할 일이다. 두 가지 모두 신기술 개발이 필요하고 또 비용을 절감해야 하는 산업이다. 기존 산업계에서 이를 진행하기란 무척이나 어렵다. 그러니 벤처에서 시작해야 한다."
(The space industry and the development of electric vehicles are what venture companies should do. Both are industries that require the development of new technologies and reduce costs. It is very difficult to do this in the existing industry. So you have to start with a venture.)

- 일론 머스크(Elon Musk)

민간주도의
뉴 스페이스 시대 개막

우주개발은 냉전 시대의 산물이다. 미국과 구소련의 자존심을 건 우주 개발 경쟁으로 우주선·달 착륙·행성 탐사선·국제우주정거장(ISS) 등 인류 역사에 굵직한 성과들이 나왔다. 이런 국가주도 우주개발이 시들할 무렵, 스페이스X(Space X) 등 민간 우주기업들이 나타나 분위기를 반전시킨다.

2020년 5월 30일, 스페이스X는 첫 민간 유인우주선 '크루 드래건(Crew Dragon)'의 발사에 성공하였다. 그리고 62일간의 임무 수행을 마친 뒤, 8월 2일 멕시코만 해상에 성공적으로 착수하면서 지구로 귀환하였다. 이는 본격적으로 '뉴 스페이스(New Space)' 시대가 열렸음을 의미한다.

과거의 우주개발은 군사안보, 국가위상 제고 등을 목적으로 정부주도로 시행되었다. 우주산업은 민간기업이 뛰어들기에는 상업성이 부족할뿐더러 인공위성과 같은 하드웨어 개발에 엄청난 비용이 소요되었다는 점도 이유가 되었다. 그래서 우주개발은 국가만이 할 수 있는 영역이었다.

이를 '올드 스페이스(Old Space)'라고 한다.

그러나 4차 산업혁명과 함께 우주산업도 변하기 시작했다. 우주산업이 위성과 발사체 같은 하드웨어 중심에서 상상력과 아이디어를 기반으로 한 소프트웨어 산업으로 변하고 있다. 이에 우주산업에 민간기업들이 뛰어들고 있다.

이들은 수차례 다시 쓸 수 있는 재사용 로켓 기술부터 민간 우주여행 상품, 빅 데이터(Big data)와 인공지능(AI) 기술을 활용한 위성영상 분석서비스 등 우주 비즈니스 모델의 혁신을 가속화하고 있다. 그래서 국가 전유물이었던 우주개발 산업의 대중화를 이끌고 있다. 이처럼 우주개발의 패러다임이 정부주도의 올드 스페이스에서 민간주도의 뉴 스페이스 시대로 빠르게 전환되고 있다.

과거 올드 스페이스 시대의 우주전쟁은 제2차 세계대전 후 미국과 구소련 사이의 경쟁을 뜻했다. 그러나 현재의 우주전쟁은 냉전 시기와는 다른 양상을 보이고 있다. 뉴 스페이스의 등장은 정부의 역할이 변화하고 있는 것과도 관련이 있다. 과거 냉전시대의 정부는 국제사회에서 군사적·정치적 우위를 점하는데 국력의 대부분을 쏟아부었다. 이에 미국 정부는 1960년대 중반에는 연방정부 예산의 4% 이상을 NASA 예산으로 투입하기도 했다. 구소련과의 경쟁에서 이겨야 한다는 뚜렷한 목표가 있었기 때문이다.

하지만 냉전이 무너지고 전 세계가 경제부흥에 진력하는 시대에 접어들면서 더이상 이런 조치는 의미를 찾기 어렵게 되었다. NASA의 예산 비중이 아폴로 프로젝트 추진 당시의 10분의 1 수준으로 떨어진 데는 이런 시대적 변화가 자리하고 있다. 이에 미국 정부와 NASA는 우주개발에 민간기업들을 적극 유치하고 있다.

과거 우주탐사는 미국의 '아폴로 계획'처럼 기술적 우위 확보 등 국가적 목표와 과업 수행에 연계된 프로그램이 대다수였다. 그러나 최근에는 우주도시 건설, 우주자원 채굴 등 경제적 이익을 위한 투자가 늘고 있다. 이는 우주관광 등 새로운 우주상품과 서비스를 통한 이익추구 목적의 우주공간 상업화 현상이 뚜렷해지고 있음을 의미한다. 올드 스페이스 시대에는 발사체와 인공위성 등과 같은 하드웨어 시장이 주를 이뤘다면, 뉴 스페이스 시대에는 다양한 우주상품과 서비스 등의 소프트웨어 시장 위주로 재편되고 있다.

우주산업에 참여하는 주체도 다양해졌다. 아마존, 페이스북 등 정보통신 기술을 기반으로 한 민간 우주기업의 비중이 늘고 있다. 아울러 스페이스X의 '스타링크(Starlink)'나 블루 오리진의 '카이퍼 프로젝트(Kuiper project)'처럼 네트워크 형태의 소형 시스템 증가도 눈에 띈다.

뉴 스페이스 기업들의 공통된 특징은 정보통신기술(ICT)을 기반으로 혁신기술을 통해 우주산업 확장을 꾀하고 있다는 점, 그리고 초기 투자자금의 회수에 대한 위험요소를 감수한다는 점이다. 다만, 하드웨어 산업을 추진하더라도 소요되는 막대한 비용을 최대한 절감하는 게 중요해졌다. 큰 비용이 들더라도 높은 성능과 안정성 확보를 최우선으로 추구한 전통 우주산업과 비교되는 대목이다.

그러면 이처럼 미국 정부가 우주개발에 민간을 끌어들이는 이유는 과

우주 패권의 시대, **4차원의 우주 이야기**

연 무엇일까? 우선, 우주개발에 들어가는 막대한 비용을 절감하겠다는 현실적인 이유를 꼽을 수 있다. 다음으로는 민간의 기술혁신을 통해 우주 생태계를 만들겠다는 의도가 깔려있다. NASA는 2019년 6월 국제우주정거장(ISS) 상업화 등 지구 저궤도 상업화 청사진을 발표하였다. 이 자리에서 우주산업의 생태계를 적극 조성해 나가면서 아울러 지구 근거리의 우주탐사는 앞으로 모두 민간으로 넘기겠다는 방침을 밝혔다.

우주탐사를 국가가 아닌 민간이 수행하기 위해서는 여러 조건이 갖춰져야 한다. 우선 무엇보다 한때는 특급 군사기밀이던 관련 기술들이 개방되어야 하고, 또 이 기술들을 사용하기 위한 비용이 낮아져야 한다. 이런 이유로 초기의 민간 우주산업은 오래전부터 정부 우주계획에 참여하고 있던 군수업체를 통해 시작되었다. 그러나 이들이 당시 참여한 업무영역은 돈이 많이 들고 부담스러운 로켓 발사체가 아니라, 로켓에 탑재해 궤도상에 쏘아 올리는 위성체를 만들고 운영하는 일이었다. 이후 로켓 발사체 쪽으로 영역이 확장된 것은 관련 법규 등이 정비된 20세기 말에 이르러서다.

처음 민간업체들이 관심을 가지고 참여한 발사체 관련 분야는 인공위성 발사였다. 인공위성은 통신이나 방송, 위성항법장치(GPS), 기상관측 등 우주와 관련해서 가장 실제적이고 상업적으로 활용되는 분야이기에, 지속적인 로켓 발사 수요가 있는데 기인한다.

그런데 이제는 대형 우주발사체를 쏘아 올리는데도 민간기업들이 참여할 수 있는 길이 열리게 되었다. 이는 로켓의 재활용 기술이 개발되면서 발사비용을 크게 줄인 덕분이다. 더욱이 NASA가 개발한 차세대 심우주

발사체인 우주발사시스템(SLS, Space Launch System)에도 민간기업들이 적극 참여하였다. SLS의 개발이 워낙 대형프로젝트로 소요비용이 엄청나기 때문이다. SLS는 길이가 기존 발사체 약 40~70m의 두 배에 달하는 98m의 대형 발사체다.

또 다른 민간기업 참여 분야는 국제우주정거장(ISS)에 사람과 물건을 나르는 일이다. 이것 역시 새롭게 개척하는 사업이 아니라 이미 궤도상에 존재하는 우주정거장을 지속적으로 관리하는 일이기 때문에 비교적 안정된 수요가 있었다. 특히, 2011년 NASA의 우주왕복선 아틀란티스가 퇴역하면서 그 필요성이 더욱 커졌다. 더욱이 2020년 스페이스X의 크루 드래건 발사 성공은 앞으로 이 분야가 폭발적으로 활성화될 것이라는 기대감을 한층 더 키워주고 있다.

이처럼 민간 우주산업은 점차 그 틀을 잡아가고 있다. 여기에 사업영역도 갈수록 확장되어가고 있다. 무엇보다도 우주관광 사업은 향후 '뉴 스페이스' 프로젝트의 최대 격전장이 될 것으로 예상되고 있다. 이 영역에 아마존 창업자 제프 베조스의 블루 오리진(Blue Origin), 전기자동차 테슬라 CEO 일론 머스크의 스페이스X, 영국의 우주항공 기업가인 리처드 브랜슨의 버진 갤럭틱(Virgin Galactic) 등이 치열한 경쟁을 벌이고 있다.

이제 민간기업들은 위성인터넷 사업으로까지 우주 진출영역을 확대하고 있다. 이를 위해 스페이스X는 '스타링크(Starlink)'라는 위성 인터넷망 구축 프로젝트를 추진 중이다. 이는 2020년대 중반까지 1만 2천여 개에 이르는 통신위성을 발사해 전 세계에 초고속 인터넷을 보급한다는 계획이다. 블루 오리진 또한 인공위성 3,236개를 활용한 인터넷 사업인 '카이퍼 프로젝트(Kuiper project)'를 추진 중이다. 다만, 이렇게 많은 양의 위성이 한꺼번에 올라가서 궤도를 돌게 됨에 따라 상호충돌 가능성과 우주 쓰레기들이 점점 더 많이 생산된다는 문제점이 나타나고 있다.

이와 함께 위성을 통해 얻은 지구 데이터를 분석해 고객에게 제공하는 사업도 주목받고 있다. 미국의 민간 위성업체 카펠라 스페이스(Capella Space)는 2022년 초 러시아가 우크라이나를 침공할 때, 러시아군의 움직임을 파악한 위성사진 등을 공개하며 시장의 관심을 끌었다. 당시 위성 데이터 분석 시장은 군사적 동향뿐만 아니라, 유가 동향을 살피기 위한 각국 정부와 기업의 원유 재고 파악 등 경제적 측면에서도 많은 도움을 주었다. 그리고 우주로 쏘아 올리는 위성이 늘면서 폐기된 위성을 처리하는 우주 쓰레기 청소기업도 점차 증가하고 있다.

민간기업들과 이해가 잘 맞아떨어진 NASA는 달 탐사계획에도 민간을 끌어들이고 있다. 2025~2026년으로 예정된 달 탐사 프로젝트인 '아르테미스 계획(Artemis program)'의 추진에도 스페이스X를 위시한 다수의 민간 우주업체들이 공동으로 참여하는 것으로 되어있다. 그리고 추진 중인 유인(有人) 달 탐사 민관 공동프로젝트가 성공하면 다음은 유인 화성 탐사 프로젝트로 자연스레 이어질 것으로 보인다. 이는 민간 우주업체들이 관심을 가지고 있는 대상은 주로 달과 화성이기 때문이다.

이처럼 뉴 스페이스 시대가 활짝 열리게 되었지만, 정부의 역할은 여전히 중요하다. 발사체와 위성은 군사·안보와 관계가 깊고, 무엇보다 우주산업은 막대한 자금이 오랜 기간 투입돼야 하는 R&D 투자가 필수 불가결한 분야이기 때문이다. 오늘날 미국이 세계 제일의 우주강국으로 우뚝 서게 된 것은 1958년 NASA 설립 후 우주개발 프로그램을 꾸준히 진행하였으며, 아울러 주요 프로젝트에 유능한 민간기업을 활발히 참여시켜 민관이 공동으로 노력한 결과라고 할 것이다.

스페이스 X, 블루 오리진, 버진 갤럭틱

2020년 5월 30일, 스페이스X는 미 플로리다주 케네디우주센터에서 유인우주선 '크루 드래건(Crew Dragon)'을 '팰컨 9(Falcon 9)' 로켓에 실어 국제우주정거장을 향해 쏘아 올렸다. 이날 NASA의 우주비행사 2명을 탑승시킨 유인우주선 크루 드래건에는 과거 미국 우주왕복선 중의 하나이던 '인데버(Endeavour)'라는 이름도 붙여졌다. 그리고 팰컨 9 로켓이 이륙한 39A 발사대는 달여행을 위한 아폴로 우주선을 쏘아 올렸던 바로 그 장소이다.

2020년 11월 17일, 스페이스X는 또다시 크루 드래건에 우주비행사 4명을 탑승시켜 국제우주정거장에 도킹하는데 성공하였다. '크루-1(Crew-1)'으로 명명된 이번 발사 프로젝트는 지난 5월의 시험비행 성과를 바탕으로 지속적으로 운영할 수 있는 유인 우주여행 모델을 만드는 첫 번째 정식비행이다. 국제우주정거장에 도착한 우주비행사들은 6개월간 머물면서 식품 생리학 연구와 유전자 실험 등의 다양한 우주과학 임무를 성공적으로 수행한 후, 2021년 5월 2일 지구로 돌아왔다.

스페이스X는 이번 크루 드래건 발사에 활용된 로켓 팰컨 9의 1단 엔진을 회수하는 데도 성공했다. 또 스페이스X의 우주선 크루 드래건 캡슐은 NASA 인증을 획득한 첫 민간 우주여행용 우주선이 되었다. 이후 스페이스X는 크루 드래건에 민간인들을 태우고 2021년 9월 585km의 우주궤도 여행을 다녀왔고, 2022년 4월에는 국제우주정거장을 다녀오는 데도 성공을 거두었다. 이로 인해 스페이스X는 진정한 민간 유인 우주여행 시대를 여는 주인공이 되었다.

'크루 드래건'은 인류가 만든 9번째 유인우주선이자 첫 번째 민간 유인우주선이다. 미국으로서는 머큐리, 제미니, 아폴로, 우주왕복선에 이은 NASA의 다섯 번째 유인우주선이다. 이전의 유인우주선들은 모두 정부가 소유권과 운영권을 가졌으나, 크루 드래건은 스페이스X가 독자적으로 개발한 순수 민간 우주선이다. 지금까지 유인우주선을 개발한 나라는 미국과 러시아, 중국 세 나라뿐이다. 러시아의 유인우주선은 보스토크· 보스호트(Voskhod)· 소유즈 등이며, 중국은 선저우이다.

미국으로서는 9년 만에 미국인 우주비행사를 미국산 우주선에 태워 미국 땅에서 발사했다는 의미도 있다. 미국 우주비행사들은 2011년 우주왕복선 아틀란티스가 퇴역한 이후 국제우주정거장으로 가기 위해서는 러시아의 소유즈 우주선을 빌려 타야만 했다. 그러나 이번 비행의 성공으로 미국은 더이상 러시아에 의존하지 않고 독자적으로 우주비행 프로그램을 추진할 수 있게 되었다.

스페이스X는 미국의 전기 자동차 회사 '테슬라 모터스(Tesla Motors)'의 CEO 일론 머스크(Elon Musk)가 2002년 설립한 민간 우주 개발업체이다. 본사는 캘리포니아주 호손(Hawthorne)에 위치한다. 스페이스X는 민간 항공우주 기업으로서 지금까지 수많은 업적을 거두어 왔다. 우선, 2008년 세계 최초로 민간 로켓 '팰컨(Falcon)'을 지구궤도에 도달시켰다.

2010년에는 우주선 '드래건(Dragon)'을 발사한 후 궤도 재진입까지 성공하면서 발사부터 귀환까지 모든 기술을 갖춘 최초의 민간기업으로 자리 잡았다. 2012년에는 국제우주정거장에 무인우주선 드래건을 도킹시켰다. 2015년 12월에는 '팰컨 9(Falcon 9)' 로켓으로 위성을 궤도 진입시킨 뒤 추진체 로켓을 그대로 회수하는 데도 성공하였다.

이 스페이스X가 인류 우주 개발사에 커다란 획을 그은 것은 로켓의 재사용 기술이다. 기존에는 1단 로켓이 대기권 상공에서 분리된 이후 우주 공간에 버려졌다. 새로운 발사체를 쏘아 올릴 때마다 1단 로켓을 제작해야 했는데, 문제는 1단 로켓 제작비용이 워낙 비싸다는 점이다. 이 문제를 타개하기 위해 스페이스X는 1단 로켓이 대기권에서 분리된 이후 정해진 위치로 정확히 낙하하도록 함으로써 1단 로켓을 안전하게 회수한 뒤 재사용하는 데 성공하였다. 이를 통해 발사비용을 30% 정도 절감시켰다.

더욱이 지금까지는 전체 가격의 75%를 차지하는 1단 로켓 회수에 집중했지만, 앞으로는 나머지 25%도 철저히 회수해 재활용할 생각이다. 즉 우주선을 우주궤도까지 올리는 2단 로켓과 우주선 덮개까지 모두 회수해 재활용하는 계획을 세운 것이다.

이에 따르면 우선 2단 로켓을 우주선과 분리하지 않고 그대로 우주정거장과 도킹시킨다. 이후 우주정거장의 로봇 팔로 2단 로켓만 분리시켜 다른 곳에 연결시킨다. 마지막으로 2단 로켓의 연료통에 남은 연료를 완전히 없애고 산소로 채운 뒤, 그 안에 실험시설이나 거주시설을 설치하는 것으로 되어있다. 지금까지는 임무를 마친 화물우주선의 경우 우주정거장에서 나온 쓰레기를 채운 뒤 자유 낙하시켜 불태웠다.

스페이스X는 NASA와 국제우주정거장에 화물을 수송하기로 계약을 맺은 후, 여기에 사용되는 화물우주선인 '드래건(Dragon)'을 개발했다. 그리고 2012년부터 지금까지 20차례 이상 우주비행사들을 위한 보급품을 싣고 우주정거장을 다녀왔다. 현재 NASA와 계약을 맺고 우주정거장에 물자를 보급 중인 민간 우주선은 스페이스X의 '드래건(Dragon)', 오비탈을 인수한 노스롭 그루먼(Northrop Grumman)의 '시그너스(Cygnus)', 그리고 2020년 새로 합류한 시에라 네바다(Sierra Nevada)의 '드림 체이서(Dream Chaser)' 등 3개다.

이중 스페이스X의 '드래건 1'은 2020년 3월 미션을 끝으로 퇴역하였고, '드래건 2'가 그 임무를 이어받았다. '드래건 2'는 '크루 드래건'이라고도 하며, 상업 승무원 수송 프로그램의 일환으로 개발되었으나 화물선으로도 활용될 예정이다. 2020년 5월, 국제우주정거장 도킹에 성공함으로써 '드래건 2'는 인류 역사상 최초로 지구궤도에 진출한 민간 유인우주선이 되었다.

또 스페이스X는 2021년 9월, 일반인 4명을 우주선에 태워 고도 585km의 우주공간에서 지구를 공전하는 궤도비행에도 성공하였다. 이는 2021

년 7월에 버진 갤럭틱과 블루 오리진이 성공시킨 100km 우주상공에서 무중력 체험을 하는 준궤도 여행과는 달리 우주궤도를 돌며 실제로 우주공간에서 며칠 지내다 내려오는 코스로, 진정한 의미에서의 우주여행이라 할 수 있다. 또 2022년 4월에는 4명의 민간인을 실어 국제우주정거장에도 다녀왔다.

아울러 2022년 2월, 스페이스X는 지난해 지구궤도 여행의 주인공인 미국 신용카드 결제업체 시프트4 페이먼트(Shift4 Payments)의 CEO 재러드 아이잭먼(Jared Isaacman)과 공동으로 민간 우주여행 장기 프로젝트 '폴라리스 계획(Polaris Program)'을 공개하였다. 이에 따르면 빠르면 2022년 11월부터 시작하여 몇 차례에 걸쳐 우주여행 역사상 가장 먼 1,300km 이상 비행과 첫 번째 민간 우주유영(宇宙游泳)에 도전하게 된다.

나아가 스페이스X는 우주여행뿐만 아니라 심우주 탐사에도 도전한다. 우선 2022년에는 '팰컨 9(Falcon 9)'을 잇는 대형 로켓 '팰컨 헤비(Falcon Heavy)'로 화성과 목성 사이의 소행성 16프시케를 탐사할 우주선 '프시케(Psyche)'를 발사한다.

이어 2023년부터는 달과 화성 착륙선 발사를 목표로 하고 있는데, 이때는 팰컨 헤비에 이어 개발 중인 차세대 발사체 '스타십 발사 시스템(Starship Launch System)'이 활용될 것이다. 또 2024년경 탐사선 '유로파 클리퍼(Europa Clipper)'를 목성의 위성인 유로파(Europa)로 실어 나르는 계약까지도 NASA와 2021년 7월 체결하였다.

스페이스X의 또 다른 사업으로 '스타링크(Starlink)'라는 위성 인터넷망 구축 프로젝트가 있다. 이는 2020년대 중반까지 1만 2천여 개에 이르는 통신위성을 발사해 전 세계에 통신속도 1Gbps의 초고속 인터넷을 보급하겠다는 계획이다. 먼저 저고도에 4,425개의 위성을 발사하고, 그보다 낮은 초저고도에 7,518개의 위성을 발사해 지구 전역을 아우르는 인터넷망을 구축한다는 것이다.

2022년 9월 기준 3,043기의 위성을 쏘아 올렸다. 더 나아가 성능 강화를 위해 추가로 2020년대 말까지 3만 개의 위성을 더 발사하는 계획을 발표하였다. 그 결과 스타링크 시스템에 최종적으로 사용될 위성의 총합은 4만 2천기로, 이는 현재까지 인류가 발사한 모든 인공위성 총합의 4배 이상에 달한다.

향후 스페이스X는 캐나다와 미국 지역을 시작으로 2021년 이후부터는 글로벌 시장 전역에 서비스를 제공할 예정이다. 이 프로젝트는 표면적으로는 지구에 인터넷 그늘을 없애겠다는 목표를 내세우고 있다. 그러나 실제로는 화성까지 인터넷을 빠르고 안정적으로 연결하는 심 우주통신 기술을 획득하고, 관련 인프라의 구축과 자금까지 마련하기 위한 포석이라는 분석이 더 힘을 받고 있다. 다만, 위성에서 배출되는 엄청난 규모의 우주 쓰레기 관리 문제가 제기되고 있어 이에 어떻게 대응할지는 커다란 과제로 남아있다.

또 다른 민간 우주기업인 블루 오리진(Blue Origin)은 세계최대의 물류 및 IT업체인 아마존(Amazon)의 설립자이자 CEO인 제프 베조스(Jeff Bezos)가 2000년에 설립하였다. 낮은 비용과 높은 신뢰성의 로켓으로 개개인이 우주에 접근할 수 있는 기술을 목표로 하고 있다. 생산기지는 플로리다주 케이프 커내버럴에, 발사대는 텍사스주 서부 사막지대에 위치한다.

블루 오리진이 개발 중인 우주 발사체 '뉴 셰퍼드(New Shepherd)'는 궤도에 진입하지 않는, 온전히 관광 목적으로 개발되고 있다. 그동안 총 12회의 실험 중에 첫 번째를 제외하고는 모두 발사체와 캡슐 회수에 성공했다. 2015년 11월, 두 번째 실험으로 약 100km 고도에 도달한 뒤 발사체와 캡슐을 통째로 재활용하는 데 성공했다. 발사체의 착륙 여부로만 따지면 스페이스X '팰컨 9'의 최초 착륙보다 한 달 빠른 성공이었다.

그러나 재활용기술 면에서는 스페이스X가 우위에 있다는 평가를 받고 있다. 이는 블루 오리진이 수직 상승의 탄도비행 이후 재활용에 성공한 데 비해, 스페이스X는 궤도에 우주선을 올리고 발사체를 재활용한 것이기 때문이다. 즉 블루 오리진이 해낸 일은 물건을 수직으로 아주 높이 던졌다가 받아낸 것에 가깝고, 스페이스X는 인공위성 궤도에 화물을 운반한 이후 지상에 착륙한 것이다.

전자보다 후자의 고도가 2배 정도 높은 데다 훨씬 고난도의 제어기술을 필요로 한다. 로켓의 용도 역시 블루 오리진의 뉴 셰퍼드는 관광용으로 대기권과 우주의 경계를 오가는 정도인 반면, 스페이스X의 팰컨은 저궤도부터 정지궤도까지 진입할 수 있는 우주 화물선이다.

현재 블루 오리진은 기존의 뉴 셰퍼드보다 업그레이드된 뉴 글렌(New Glenn) 프로젝트도 진행 중이다. 뉴 글렌은 스페이스X의 팰컨헤비와 비슷한 무게의 로켓으로, 연료를 모두 소진한 뒤 자동으로 회수돼 선박으로 운반해 재활용된다.

블루 오리진은 2018년 초 첫 유인 비행을 할 예정이었으나, 기술적 난항으로 어려움을 겪어오던 중 드디어 2021년 꿈을 이루게 되었다. 2021년 7월 20일, 블루 오리진 창업자 제프 베조스는 자사의 유인 우주캡슐인 뉴 셰퍼드(New Shepherd)를 타고 우주경계선 카르만 라인을 넘어 106km 우주상공에 도달한 후 3~4분간의 무중력 체험을 포함해 약 10분 동안의 우주여행을 성공적으로 마친 후 귀환하였다.

뉴 셰퍼드는 주된 목적이 관광이고 궤도에 오르지도 않고 수직 상승과 낙하만을 할 예정이므로, 안전 때문에 아주 작은 창문만을 설치한 다른 유인우주선들과는 달리 엄청나게 큰 전망 창을 설치한 것이 특징이다. 내부 공간 용적은 15㎡ 정도로 만들어졌다.

당시 동승한 사람은 제프 베조스를 비롯해 그의 동생인 마크 베조스, 그리고 18세의 최연소와 82세의 최고령 우주인으로 각각 자리매김하게 된 두 사람 등 총 4명이었다. 뉴 셰퍼드의 정원은 6명이지만, 완전 자동방식으로 조종이 이뤄져 조종사 없이 승객 4명만 탑승했다.

특히 최고령 우주인이 된 월리 펑크(Wally Funk)는 1960년대 NASA의 우주비행사 시험에서 1등을 했으나 여성이라는 이유로 탈락했었는데, 이번 기회로 60년 만에 결국 꿈을 이루게 되었다. 이후에도 블루 오리진에 의한 우주여행은 지속되어 2022년 7월까지 5차례에 걸쳐 성공적으로 이루어졌다.

한편, 제프 베조스는 달 탐사에도 깊은 관심을 지니고 있다. 우선 매년 아마존 주식 10억 달러를 매각해 달에 인간이 살 수 있는 정착촌 마을을 건설하겠다고 선언한 바 있다. 또 아르테미스 달착륙선 민간 협력사업자 최종 선정에서 탈락하자, 블루 오리진을 달 탐사 작업에 참여시켜주면 20억 달러를 기부하겠다는 의사를 표명하였다. 아울러 인공위성 3,236개를 활용한 인터넷 사업인 '카이퍼 프로젝트(Kuiper project)'도 추진 중이다.

영국 억만장자인 리처드 브랜슨(Richad Branson)이 2004년 설립한 버진 갤럭틱(Virgin Galactic)은 미국 캘리포니아 모하비 사막에서 우주선을 개발하고 있다. 그리고 뉴멕시코에 '스페이스포트 아메리카(Spaceport America)'라는 최초의 상업용 우주공항을 설치·운영하고 있다. 그리고 보잉(Boeing)과 같은 전통적인 항공우주 기업과도 투자 및 기술적 협력을 하고 있다.

사람들을 우주로 보내겠다는 버진 갤럭틱의 야심찬 도전은 2014년 테스트 비행에서 조종사가 사망한 추락 사건을 겪으며 좌절을 맛보기도 했다. 하지만 동사는 2018년 12월 고도 110km 상공에 도달했고, 2020년 6월에도 우주비행에 성공했다. 그리고 마침내 2021년 7월 11일, 리처드 브랜슨이 직접 자사의 우주비행선 'VSS 유니티(UNITY)'를 타고, 고도 86km 상공을 날아 약 4분간의 무중력 체험을 한 뒤 지구로 돌아오는 데 성공을 거두었다. 그 결과 리처드 브랜슨은 사상 최초의 민간 우주여행을 성공시킨 장본인으로 자리매김하게 되었다. 그리고 이를 계기로 앞으로 조만간 상업용 우주관광 비행사업을 본격 추진해 나갈 예정이다.

버진 갤럭틱은 버진 애틀랜틱 항공(Virgin Atlantic Airways)을 비롯한 항공사를 운영하는 그룹에서 만든 회사라서 그런지 다른 우주기업들과 추구하는 기술의 방향이 다르다. 버진 갤럭틱의 우주여행의 특징은 수직 발사되는 로켓이 아닌 우주왕복선 형태의 비행기를 탄다는 점이다.

또 로켓을 지상의 발사대에서 쏘아 올리는 것이 아니라, 모선에 장착하고서 최대한 높은 고도에 올라간 뒤 상공에서 쏘아 올린다. 이런 방식으로 발사하면 지상에서 쏘아 올리는 것에 비해 공기저항도 그만큼 덜 받고, 모선의 가속을 타고 날아갈 수 있어서 연료와 비용을 절감할 수 있다. 이처럼 모선과 우주선이 이착륙하기 때문에 '스페이스포트 아메리카'라는 허브 공항을 두고 있다. 버진 갤럭틱은 2019년 10월, 민간 우주여행 기업으로는 처음 뉴욕증시에 상장하였다.

우주여행

1961년 4월 12일 구소련의 유리 가가린 소령은 보스토크 1호를 타고 지구를 일주했는데, 이로써 그는 세계 최초의 우주인으로 기록되고 있다. 그러나 이는 국가의 우주개발 정책 차원에서 취해진 우주탐사 조치의 일환이었다. 진정한 우주여행은 이보다 훨씬 뒤에야 이뤄지게 된다. 2001년, 미국의 데니스 티토(Dennis Anthony Tito)는 2천만 달러를 지불하고 인류 최초의 우주여행객이 되었다. 그는 소유즈 TM-32호를 타고서 당시 갓 출범한 국제우주정거장을 방문하여 8일 가까이 머물면서 지구를 128회 공전했고, 아울러 몇 가지 과학실험도 수행했다.

이후 시간이 지나면서 민간 우주기업은 보다 저렴한 가격에 우주여행을 할 수 있는 각종 우주관광 상품들을 잇달아 출시하고 있다. 이들이 우주여행의 상품화가 가능하다고 자신하는 핵심 이유 중 하나는 로켓 재활용 기술이다. 로켓을 재활용하면 여행 상품가격이 크게 낮아져 많은 고객을 유치할 수 있기 때문이다. 대표적인 민간 우주기업 스페이스X 및 블루 오리진은 이미 재활용 기술을 확보한 상태이다.

　우선, 성층권 여행상품은 이미 출시되어 있다. 이는 지상 약 50km 이내의 높이인 성층권까지 올라갔다가 내려오는 코스로, 엄밀히 말하면 우주여행이라고 보기는 어렵다. 하지만, 로켓이 없어도 올라갈 수 있다는 장점 때문에 현재로선 가장 현실적인 우주여행 상품이다.

　성층권은 지상과 기온이 비슷하고 중력의 영향을 받아 무중력 훈련을 받지 않고, 산소마스크나 우주복 없이도 편안하게 여행을 즐길 수 있다. 2017년 열기구를 이용해 24km 높이의 우주 상공에 KFC 햄버거를 날려 보낸 바 있는 미국 우주관광기업 월드 뷰 엔터프라이즈(World View Enterprises)가 개발한 성층권 여행상품의 비용은 약 8천만 원 정도이다.

　준궤도 여행상품은 약 100km의 고도까지 올라가서 몇 분 동안 우주에 머물다가 내려오는 코스이다. 일반적으로 인정되고 있는 우주공간의 경계구간은 미 공군에서는 고도 80km부터 시작되며, 과학계와 국제법상에서는 통상 카르만 라인으로 불리는 고도 100km부터 시작된다. 따라서 준궤도 여행부터 실질적인 우주여행이라고 할 수 있을 것이다. 그리고 준궤도 여행은 궤도 여행에 비해 여행경비가 훨씬 싸며 필요한 사전 여행훈련도 간편해서 현재 가장 커다란 관심과 기대를 모으고 있다.

　준궤도 우주여행 상품을 내놓은 대표적인 민간기업체로 버진 갤럭틱, 스페이스X, 블루 오리진 등이 있다. 더욱이 이들 우주탐사 기업의 창립자들이 직접 우주여행에 나서면서 우주여행에 대한 관심은 한층 더 뜨거워지고 있다. 2021년 7월 11일, 버진 갤럭틱의 창업자 리처드 브랜슨에 이어, 9일 뒤인 7월 20일에는 제프 베조스 아마존 회장도 각기 자사의 우주비행선을 이용해 우주여행에 성공을 거두었다.

버진 갤럭틱사는 2005년부터 예약을 받기 시작해 이미 700명 가까이 예약을 마쳤다. 이중에는, 레오나르도 디카프리오, 레이디 가가, 저스틴 비버, 일론 머스크 등 유명인사들이 포함되어 화제를 모았다. 그러나 당초 약속한 발사일정은 안전문제 등으로 지켜지지 못한 채 미뤄왔다. 다행히 2021년 시범비행이 성공하면서 2022년부터는 본격적인 우주여행이 개시될 예정이다.

이미 2022년 2월부터 1,000명을 한정으로 티켓 예약을 받아 판매를 진행하고 있다. 티켓 가격은 1인당 45만 달러다. 동사가 운영하는 우주선 '스페이스십 투(SpaceShip Two)'에는 조종사 2명을 포함해 6명이 탑승할 수 있다. 총 비행시간은 약 90분이나 실제 무중력으로 우주공간에 머무는 시간은 3~5분정도에 불과하다.

제프 베조스가 설립한 민간 우주기업 블루 오리진에서는 뉴 셰퍼드(New Shepherd) 로켓과 블루 오리진 우주캡슐 세트를 이용해 고도 100km에서 3~5분 정도의 무중력 체험을 하는 상품을 내놓았다. 비용은 향후 사업이 본격 궤도에 오르면 1인당 최소 20만 달러 선으로 예상된다.

블루 오리진은 2021년 7월에 이루어진 제프 베조스의 시범 우주여행 이후 2022년 7월까지 5차례의 민간 우주관광을 성공적으로 실시하였다. 그 결과 이제는 기술이 안정적인 궤도에 올랐다는 판단 아래 앞으로 우주

관광사업을 본격적으로 추진해 나갈 예정이다.

한편, 궤도 여행상품은 우주공간에서 무중력 체험을 하는 성격의 준궤도 여행과는 달리 우주궤도를 돌며 실제로 우주공간에서 며칠 지내다 내려오는 코스로, 진정한 의미에서의 우주여행이라 할 수 있다.

테슬라 최고경영자(CEO) 일론 머스크가 설립한 우주 탐사기업 스페이스X는 2021년 9월 일반인 4명을 우주선에 태워 지구를 공전하는 궤도비행에 성공하였다. 4명의 우주 관광객은 억만장자 재러드 아이잭먼과 간호사 헤일리 아르세노, 대학 과학강사 시안 프록터, 이라크전 참전용사 크리스 셈브로스키 등이다. 이들은 스페이스X의 우주선 '크루 드래건'을 타고 우주로 향했다.

국제우주정거장(ISS)보다 160여㎞ 더 높은 지점에 도착한 이들은 사흘 동안 매일 지구를 15바퀴 이상 돌았다. 이들은 음속 22배인 시속 2만 7,359㎞ 속도로 사흘 동안 지구 주위를 궤도 비행하였다. 이는 1시간 30분마다 지구를 한 바퀴 도는 여행이다. 당초 목표 고도는 575㎞이었으나, 실제로는 585㎞ 지점까지 도달하였다. 이는 1972년 종료한 미국 항공우주국(NASA)의 아폴로 계획 이후 인류가 도달한 우주 공간 중 가장 먼 곳이다.

재러드 아이잭먼과 스페이스X는 또다시 공동으로 민간 우주여행 역사상 가장 먼 비행에 도전한다. 2022년 2월 공개된 민간 우주여행 장기 프로젝트 '폴라리스 계획(Polaris Program)'에 따르면, 이들은 빠르면 2022년 11월경 크루 드래건 우주선을 타고 1,300km 이상 목표 고도에 도달한 이후 최대 5일 동안 지구를 도는 궤도비행을 하게 된다. 아울러 이들은 민간 첫 우주유영(宇宙游泳)에도 나설 예정이다.

2차와 3차 폴라리스 우주여행에 대해서는 자세한 일정과 내용이 공개되지 않았다. 다만 3차 우주여행에서는 스페이스X가 화성 탐사용으로 개발한 차세대 우주선이자 발사체인 '스타십(Starship)'이 활용될 것으로 알려졌다.

이제는 우주호텔도 등장할 것으로 보인다. 2030년경 임무 종료가 예정된 국제우주정거장은 점차 우주호텔로 변신중에 있다. 미국 항공우주국 NASA는 2019년 6월, 국제우주정거장을 관광 등 민간 상업용도로 개방한다는 계획을 밝혔다. 이 우주여행은 우주비행사들이 정기적으로 국제우주정거장을 오가는 동안 이 우주선에 동승하여 다녀오는 것이다.

이 국제우주정거장의 하룻밤 숙박비용은 3만 5천 달러에 달할 것으로 알려졌다. 물론 숙박비용이 전부가 아니다. 국제우주정거장에 가려면 유인우주선을 타야 하는데, 그 비용을 포함하면 5~6천만 달러 정도 소요되기에 일반인으로서는 아직 상상만 할 단계이다. 더욱이 국제우주정거장이 항상 민간의 우주여행 용도로 개방되는 것도 아니다. NASA는 일단 1년에 두 차례, 한 번에 최대 30일까지만 방문을 허용할 예정이다. 국제우주정거장에는 최대 6명이 한 번에 머물 수 있어 1년에 최대 12명이 방문할 수 있는 셈이다.

실제로 그동안 민간인들에 의한 국제우주정거장 여행이 몇 차례 이루어졌다. 그중에서 2023년 달 궤도 여행 계약을 체결한 일본인 마에자와가 2021년 12월 다녀온 국제우주정거장 관광 일정은 좀 특별하였다. 그는 떠나기 전 국제우주정거장에 머무는 동안 해봐야 할 100가지 일에 대해 공개적으로 아이디어를 모집하면서 커다란 화제를 모았다. 다만, 그는 스페이스X의 우주선이 아닌 러시아의 소유즈호를 타고 다녀왔다.

2022년 4월에는 드디어 민간인들이 스페이스X의 우주선 크루 드래건을 타고 국제우주정거장에 우주관광을 다녀오는 데도 성공을 거두었다. 우주여행 기업 액시엄 스페이스(Axiom Space) 주관 아래 국제우주정거장을 방문하고 돌아온 '액시엄 1' 팀원 4명은 왕복 10일간의 우주여행 비용으로 1인당 왕복 요금 5,500만 달러와 하루 체류비용 3만 5천 달러씩을 지불했다.

그런데 이제 궤도 여행을 넘어 달과 화성으로 가는 우주여행 상품도 나오고 있다. 블루 오리진을 창업한 제프 베조스 아마존 최고경영자는 우주개발은 선택의 문제가 아니라 인류생존을 위해 반드시 필요한 일이라고 말했다. 그리고 화성보다는 달에 인간이 거주할 수 있는 시설을 짓는 게 더 현실적이라고 보았다. 그래서 매년 아마존 주식 10억 달러를 매각해 달에 인간이 살 수 있는 정착촌 마을을 건설하겠다고 밝혔다. 그리고 준비단계로서 2024년에는 달 관광 상품을 완성해 출시한다는 계획을 내놓았다.

한편, 스페이스X는 2018년 9월, 팰컨헤비 다음 세대의 초대형 로켓인 '스타십(Starship)'에 관광객을 태워 달에 보내는 계약을 성사시켰다고 발표하였다. 2023년 약 1주일간에 걸쳐 이루어질 이 최초의 민간인 달 여행을 하게 될 인물은 일본 기업인 마에자와 유사쿠(前澤友作, Yusaku Maezawa)로 알려졌다. 그런데 이 우주여행은 과학자의 꿈과 예술가의 꿈이 모아지는 흥미로운 여행이 될 것으로 예상된다. 마에자와가 관광 로켓의 전 좌석을 예약하면서, 남는 좌석은 음악가(musician), 패션 디자이너, 영화감독 등 다양한 분야의 예술가와 함께 할 것이라고 밝혔기 때문이다.

마에자와는 또 자신의 홈페이지에서 "파블로 피카소가 달을 가까이에서 볼 수 있었다면 어떤 그림을 그렸을까, 존 레논이 지구의 곡선을 봤다면 어떤 노래를 썼을까?"라며 자신의 우주여행 목적이 예술적 동기에 있음을 내비쳤다. 그는 이 프로젝트를 '#디어문(#DearMoon)'이라고 명명했다. 이 세기의 우주여행에는 일론 머스크도 동참할 의사를 내비친 상태이다.

스페이스X는 화성 여행 프로젝트도 추진 중이다. 화성을 향한 무인 시험발사는 2022년 시작하며, 2024년경에는 인류가 화성으로 여행하는 계획을 세워두고 있다. 이의 일환으로 2019년 인류를 달과 화성으로 실어나를 유인우주선 '스타십(Starship)'을 공개하였다.

이는 '팰컨헤비 로켓(Falcon Heavy Rocket)'을 잇는 초대형 로켓으로, 2단부 우주선인 스타십(Starship)과 1단부 부스터인 슈퍼 헤비(Super Heavy)로 구성된다. 사실상 지구에서만 필요한 슈퍼 헤비보다는 스타십이 중심체이기 때문에, 로켓 전체를 통틀어 '스타십 발사 시스템(SLS, Starship Launch System)', 혹은 단순히 '스타십'으로 부르고 있다. 한때 '빅 팰컨헤비 로켓(BFR, Big Falcon Rocket)'이라고도 불리다가 최종적으로는 스타십으로 이름이 붙여졌다.

이 우주선에는 우주 승객들이 탑승할 수 있는 출입구와 우주를 내다볼 수 있는 창도 설치될 예정이다. 비용은 초기에는 1인당 20만 달러이며, 장기적으로는 10만 달러 혹은 그 미만으로 낮추는 것을 목표로 하고 있다.

다만, 이 일정은 '스타십 발사 시스템'이 기대만큼 빨리 개발되지 않고 있어 다소 지연될 것으로 보인다. 한편, 스페이스X의 화성여행 최종 목표는 2050년까지 화성에 100만 명 규모의 도시를 건립하는 것이다.

이 가슴 벅찬 우주여행은 물론 돈만 있다고 할 수 있는 것도 아니다. 우주 관광객들도 NASA의 우주비행사들과 마찬가지로 의료검진 과정을 통과해야 하며 필요한 훈련절차도 거쳐야 한다. 우주여행을 위해서는 일정한 신체적 조건을 충족해야 한다. 우주선 좌석과 우주복 규격에 맞아야 하므로 키는 150~190㎝, 앉은키는 99㎝ 이하, 몸무게는 50~90kg 수준이어야 한다.

또 충치가 있으면 우주를 여행하기 힘들다. 우주는 기압이 낮아 공기가 팽창하기 때문에 충치의 빈 공간 속 공기가 팽창하면 극심한 치통을 느낀다. 라섹이나 라식 수술을 받은 사람들도 여행을 할 수 없다. 수술로 얇아진 각막은 우주의 압력을 견디기 어렵기 때문이다. 저혈압, 골다공증 환자 또한 여행하기 어렵다.

이러한 절차와 과정을 통과해도 우주여행이 즐거운 것만은 아니다. 우주를 여행하는 사람의 반은 멀미로 현기증과 구역질에 시달린다. 더 큰 문제가 되는 것은 혈액순환에 이상이 생길 수 있고, 간장이나 심장 같은 기관이 잘 움직일 것인지도 의문이라는 점이다. 또 근육이 약해지기 때문에 선내에서는 근육을 유지하는 운동이 필수적이다. 가장 큰 문제는 칼슘이 결핍되어 뼈가 약해지는 것이다. 장기간에 걸친 우주여행이 가져오는 심리적인 영향도 큰 문제가 될 것이다. 이에 대해서는 아직까지 잘 알려지지 않았지만 긴 우주여행은 이러한 위험을 감수해야 한다.

우주여행을 위해서는 당연히 우주복을 착용해야 한다. 우주복은 우주인의 편안함뿐만 아니라 생명유지를 위한 다양한 조건도 갖추어야 한다. 따라서 우주복은 산소·이산화탄소·수증기 등의 과도한 생성을 막는 장치, 고열·추위·방사선 등으로부터 보호할 수 있는 장치, 태양 빛을 흡수하여 눈을 보호하는 장치, 말을 통해 의사전달을 하기 위한 장치, 배설물의 임시 저장을 위한 장치 등을 골고루 갖추고 있어야 한다. 이처럼 우주복은 옷 안팎의 큰 압력 차에 견디면서도 태양열이 속으로 새어들지 않도록 2~4층의 구조로 되어있기에 매우 육중할 수밖에 없었다.

그런데, 2020년 스페이스X가 직접 제작해서 선보인 우주복은 이런 관념을 완전히 깨버렸다. 거동이 불편할 정도로 부피가 컸던 기존 우주복과 비교할 때 새 우주복은 몸에 맞고 깔끔한 디자인으로 제작되었기 때문이다. 이 우주복은 열과 충격에 강하게 만들어졌으며, 통신 기능과 온도 조절 기능 등이 내장되어 있다. 3D 프린팅 기술로 맞춤 제작된 헬멧에는 라디오와 마이크 기능이 탑재되었다. 다만, 이 우주복은 우주선 내에서만 입을 수 있도록 만들어졌다. 우주선 밖에서 이동할 때는 NASA가 만든 특수 이동장치를 이용할 예정이다.

이처럼 우주선으로 우주를 다녀오는 데는 여전히 경비가 많이 들며 위험이 따르고 있다. 그래서 이제는 우주 엘리베이터 (space elevator)에 대한 연구가 진행 중이다. 이는 지구의 정지궤도 상에 거대한 인공위성을 띄우고, 지표면에서 그 위성까지 케이블을 연결해서 엘리베이터와 같은 방식으로 우주에 사람과 물건을 운송하자는 아이디어이다.

우주 엘리베이터는 지상의 기지와 우주기지, 그리고 이 기지를 잇는 엘리베이터 줄과 이 줄에 매달려 사람이나 짐을 실어 나를 장치로 구성될 것이다. 이 우주 엘리베이터를 활용하게 되면 우주 발사에 따른 위험부담뿐만 아니라 비용도 대폭 줄일 수 있다. 기존 로켓 추진 방법에 비해 우주 엘리베이터를 이용한다면 우주로 가는 비용이 무려 100분의 1 정도로 줄어들게 된다고 한다.

그렇다면 이렇게 좋은 아이디어가 왜 아직까지 개발되지 않고 있는 것일까? 그것은 엘리베이터의 핵심이 되는 줄을 개발하지 못했기 때문이다. 가벼우면서도 끊어지지 않는 엘리베이터 줄을 개발하기 위해 지금도 수많은 과학자들이 연구를 진행하고 있다. 얼마 전부터는 강철보다도 무려 180배나 강한 탄소 나노튜브(nanotube)로 된 엘리베이터 줄을 제작하는 방법이 연구되기 시작했다. 나노튜브는 머리카락의 1,000분의 1 정도 굵기로, 자체 질량의 5만 배나 되는 무게를 지탱할 수 있는 것으로 밝혀졌다.

우주 엘리베이터의 제작 연구는 특히 일본에서 활발하다. 일본 우주항공연구개발기구(JAXA)는 우주 엘리베이터와 관련한 실험을 진행한 바 있다. 물론 이는 지구에서 우주까지 한 번에 가는 대형 엘리베이터가 아닌, 높이 6cm 정도의 소형 엘리베이터 실험이었다.

초소형 위성 2기를 우주공간으로 내보내고 두 위성을 길이 10m의 강철 케이블로 연결한 뒤, 그 공간을 미니 엘리베이터가 오가는 방식이었다. 또 일본의 한 민간업체는 시속 200km로 움직이며 한 번에 30명까지 태울 수 있고, 목적지까지 7일이 걸리는 우주 엘리베이터를 2050년까지 완성한다는 계획을 세워놓고 있다.

그러나 우주 엘리베이터가 완성되기까지에는 아직 풀어야 할 기술적인 어려움이 여러 가지 남아있다. 우주 방사선에 노출될 우려가 있고 인공위성과의 충돌 위험도 있다. 또 구조물을 건설했다 하더라도, 3만km 이상을 여행해야 할 텐데 그것을 어떤 동력원으로 어떻게 끌어올릴 것인지에 대한 연구도 필요하다. 엘리베이터의 속력 또한 로켓보다 크게 느려질 수밖에 없을 것이다.

이런 문제들을 해소하는 차원에서 '스카이후크(Skyhook)'라는 새로운 대안이 제시되고 있다. 이는 우주 엘리베이터가 꼭 지표면에서 출발할 필요는 없다는 아이디어에서 출발했는데, 대기권 바깥에서부터 시작되는 우주 엘리베이터로 생각하면 될 것이다.

인공위성

인공위성(Artificial Satellite, Earth Satellite)은 지구의 중력에 의해 지구 주위를 공전하는 인공적인 천체를 의미한다. 넓게는 화성이나 목성 등 태양계의 다른 천체 주변 궤도를 도는 각종 우주탐사선까지 포함한다. 우주탐사선이란 지구 중력권을 넘어서 심(深)우주 공간으로 항행을 하면서 각종 과학 및 공학 임무를 수행하는 데 초점을 둔 무인우주선을 말한다. 그러나 좁게는 지구 주변을 도는 위성만을 뜻하며, 실제로 발사되는 인공위성의 99%는 이에 해당한다. 국제우주정거장도 인공위성의 일종이다.

쉽게 말해 인공위성은 지구 주변에서의 임무 수행, 우주탐사선은 지구 외 우주 공간에서의 임무 수행을 목적으로 하고 있다고 보면 된다. 인공위성 시스템은 위성체, 위성과 통신을 수행하는 지상국, 위성을 임무궤도까지 올려주는 발사체로 구성된다. 위성체는 다시 탑재체와 위성 본체로 구성되어 있고, 위성 본체는 여러 서브시스템(sub system)으로 구성되어 있다. 탑재체로는 관측위성의 경우 관측 카메라, 통신위성의 경우 통신 중계기 등이 이에 해당한다.

이 인공위성의 원리는 만유인력의 법칙에서 비롯되었다. 돌을 수평 방향으로 던지면 중력에 의해 곧 땅에 떨어진다. 그러나 더 빠르게 돌을 던지면 좀 더 멀리 가서 땅에 떨어지게 된다. 이렇게 속도를 증가시키다 보면 땅에 떨어지지 않고 계속 돌 수 있게 될 것이다. 이 원리를 이용하여 인공위성이 만들어지게 되었다. 즉 인공위성이 '제1 우주속도'인 7.9㎞/s에 근접하는 속력으로 나아가면 땅에 떨어지지 않고 지구 주위를 돌게 되는 것이다.

최초의 인공위성은 1957년 10월 4일에 발사된 소련의 '스푸트니크 1호' 이다. 당시는 냉전시대였기에 그냥 우주에 무엇이든 쏴 올렸다는 사실만으로 상대방에게 충격과 공포를 주었다. 이후 미국은 '스푸트니크 충격'에서 벗어나기 위해 인공위성 개발에 적극적으로 나서면서 이제는 가장 많은 인공위성을 지닌 나라가 되었다. 우리나라의 최초 인공위성은 1992년 8월 11일에 발사한 '우리별 1호'이다. 우리별 1호는 유럽우주기구가 제작한 '아리안 로켓'에 실려서 발사되었다.

지금도 우주공간에는 수없이 많은 인공위성이 떠돌고 있다. 그런데 문제는 이 인공위성이 실종되거나 혹은 고장이라도 나면 바로 우주 쓰레기가 된다는 것이다. 저궤도의 경우에는 알아서 타버리지만, 문제는 정지궤도의 인공위성이다. 지금도 정지궤도 상에는 수많은 우주 쓰레기가 날아다니고 있는데, 이들은 다른 인공위성과 지구를 위협하고 있다. 최근에는 이 우주 쓰레기를 청소하는 인공위성도 출현한 상황이다.

인공위성의 종류는 사용 목적과 임무, 형상, 안정화 방식, 운용궤도 등에 따라 다양하게 나뉘는데, 그중에서도 특히 사용 목적과 운용궤도에 의한 구분이 중요하다.

우선, 사용 목적에 따라 군사위성, 항법위성, 통신위성, 기상위성, 방송위성, 과학위성 등으로 분류된다. 군사위성을 대표하는 정찰위성은 카메라를 달고 목표지점 상공을 지나가면서 사진을 찍어 해당 지역의 영상을 제공한다. 특히 냉전시대에 많이 활용되었다. 미국이나 러시아의 경우 지금도 각자 수백 개 이상의 군사위성을 보유하고 있다. 우리나라도 2020년 7월, 군사전용 통신위성 '아나시스(Anasis) 2호'가 3만 6천㎞의 정지궤도에 안착함으로써, 세계 10번째 군사위성 보유국이 되었다.

항법위성(航法衛星, navigation satellite)은 위성을 사용해 지상에서 자신의 위치를 확인하기 위한 위성이다. 'GPS(Global positioning system)'가 대표적인 사례이다. GPS는 세계 어느 곳에서든지 인공위성을 이용하여 자신의 위치를 정확히 알 수 있는 미국에서 개발하고 관리하는 시스템이다. 지금은 민간용으로도 활용되지만 본래 군사용으로 개발된 위성이다. 다만, 아직도 민간용과 군사용은 주파수를 다르게 하고 있다.

초창기에는 단순히 GPS가 제공하는 신호를 받아 위치 정보를 표시하는 기능에 머물렀으나, 지금은 내비게이션(navigation)이나 휴대폰 등에 탑재되어 다양하게 활용되고 있다. 특히 스마트폰으로는 주변정보 검색, 사진이나 블로그 등의 위치가 기록되는 지오태깅(Geo Tagging), 증강현실 애플리케이션 등 각종 첨단 기능을 즐길 수 있다.

항법위성은 최소 4대의 위성이 필요하고, 전 세계에 서비스하려면

20~30기의 위성이 필요하기에 매우 많은 비용이 소요된다. 이에 따라 미국· 러시아· 중국 정도만이 본격적으로 개발 및 운용 중이다. 다만, EU· 인도· 일본도 특정 지역에는 서비스가 가능한 등 제한적으로 운용하고 있다. 특히, 중국은 2020년 6월 완료한 '베이더우(北斗)' 시스템을 통해 일대일로(一帶一路) 참여국들에게 필요한 서비스를 제공할 예정이다.

이제 우리나라도 2022년부터 2035년까지 총사업비 3조 7,200억 원을 투자하여 '한국형 위성항법시스템(KPS, Korean Positioning System)'을 개발할 예정이다. 한국형 위성항법시스템은 4차산업 시대의 핵심 인프라인 초정밀 위치· 항법· 시각 정보를 한반도와 그 인근에 제공하는 것을 목적으로 한다.

이의 일환으로 2022년 6월 23일, 위치 오차를 최대 1m 이내로 보정해주는 '한국형 항공위성서비스(KASS)' 운용을 위한 항공위성 1호기가 성공적으로 발사되었다. 위성이 고도 약 3만 6천㎞의 정지궤도에 안착하면 신호 시험 등을 거쳐 2023년부터 본격적인 서비스를 시작한다. 우리나라 상공에 떠 있는 위성이기 때문에 24시간, 전국 어디에서나, 누구나, 무료로 신호를 이용할 수 있다.

우리나라가 개발한 KASS는 현재 15~33m 수준인 위치정보시스템(GPS)의 위치 오차를 1.0~1.6m 수준으로 실시간 보정해 정확한 위치정보를 위성으로 제공하는 국제표준 위성항법보정시스템으로, 세계 7번째로 국제민간항공기구(ICAO)에 공식 등재되었다. 이번 발사된 항공위성을 통해 보다 정밀하고 신뢰도 높은 KASS 위치정보 서비스를 제공할 수 있게 되었으며, 향후 드론, 자율주행, 도심항공교통 등 미래 모빌리티(Mobility)

위치기반서비스 산업에도 활용할 수 있을 것이다. 아울러 2035년까지 항공위성 2·3·4·5호기를 개발할 예정이다.

기상관측을 주목적으로 설계된 최초의 기상위성은 미국의 '타이로스(TIROS, Television and Infrared Observation Satellite)'이다. 1960년 4월에 1호가 발사된 후 1965년 7월의 10호까지, 10개가 발사되어 모두 궤도에 올랐다. 텔레비전 카메라와 적외선 감지기를 이용해서 지표면 기상을 관측하였다. 우리나라는 과거에는 자체적인 기상위성이 없어서, 일본과 미국의 정지 기상위성 관측결과를 30분 단위로 받아 사용하였다. 그러다 마침내 2010년 기상관측위성인 '천리안' 위성을 발사하여, 기상정보의 자급자족이 가능하게 되었다.

통신위성은 지구 상공 일정한 궤도에서 지구 주위를 회전하면서 지상 통신국으로부터 송신하는 신호를 수신하여, 그 신호를 증폭 변환한 후 다시 상대 지구국에 재송신하는 우주 전파중계소 역할을 하는 인공위성을 말한다. 지금은 소멸되었지만 세계를 단일 통신권으로 묶는다는 계획으로 추진되었던 '이리듐 계획(Iridium project)'은 대표적인 사례이다. 이는 1991년 미국 모토로라가 주축이 되어 계획한 초대형 저궤도 위성통신 시스템이나, 운영난으로 성공을 거두지 못했다. 우리나라의 통신위성으로는 '무궁화', '올레', '한별' 등이 있다.

과학적 목적으로 쏘아 올린 최초의 과학위성은 '스푸트니크 1호'이다. 이로부터 4개월 후인 1958년 1월에 발사된 '익스플로러(Explorer) 1호'는 미국이 최초로 궤도에 진입시킨 우주위성이다. 이후 익스플로러는 1975년까지 50대 이상을 쏘아 올림으로서 최장수 인공위성 프로젝트의 하나로 기록되었다. 이 기간에 고리 모양으로 지구를 둘러싸고 있는 방사능대인 밴앨런 대(van Allen Belt)를 관측하는데 기여했고, 우주에서의 저주파에 대한 연구도 수행하였다. 우리나라에는 '우리별 위성'과 '과학기술위성', 그리고 나로호에 실었던 '과학기술위성 2A, 2B'와 '나로과학위성' 등이 있다.

이와 함께, 인공위성의 종류는 운용되고 있는 궤도에 따라서도 다양하게 나뉜다. 먼저, 인공위성이 돌고 있는 궤도의 높이에 따른 분류이다. 저궤도(LEO, Low Earth Orbit)방식은 지구를 중심으로 해수면 기준 대략 160km~ 2,000km의 고도를 가지고 도는 위성이다. 공간 해상도가 높아야 하는 정찰위성이나 지구관측위성은 대부분 저궤도 위성이라고 보면 된다. 국제우주정거장 또한 고도 약 400km의 상당히 낮은 궤도의 저궤도 인공위성이다. 우리나라의 지구관측 등 다목적 위성인 '아리랑 위성'도 저궤도에서 운용되고 있다.

중궤도(MEO, Medium Earth Orbit)는 지구 중심으로 고도 2,000km부터 35,786km 사이의 궤도이다. 'NAVSTAR(Navigation Satellite Timing And Ranging) GPS' 위성이 이 궤도를 이용한다. 고궤도(HEO, High Earth Orbit)는 지구 중심으로 35,786km보다 높은 고도를 가지는 궤도이다. 핵폭발을 감지하기 위한 미국의 'VELA 위성'이 이 궤도를 사용하고 있다.

지구동기궤도(GSO, Geo-Synchronous Orbit)는 지구 중심으로 35,786km의 고도를 가지는 궤도이다. 이 궤도에서는 인공위성의 회전 방향이 지구의 자전 방향과 같으며, 각속도(角速度)는 지구 자전속도와 동일해진다. 지구동기궤도 중에서도 특별히 궤도면이 지구의 적도 면과 일치하는 경우, 이를 정지궤도(GEO, Geo-Stationary Equatorial Orbit)라 한다. 정지궤도를 따라 공전하는 물체는 지표면의 관측자가 항상 같은 위치에서 관측할 수 있다.

이런 특성 때문에 현재 약 600기에 달하는 통신 및 기상관측 인공위성이 이 정지궤도상에 자리하고 있다. 우리나라의 '무궁화 위성'과 '천리안 위성'도 이 궤도를 이용한다. 언제나 인공위성이 같은 면을 보고 있기에 고정안테나를 사용할 수 있어 비용도 절약할 수 있다. 그러나 고위도 지역, 보다 정밀한 통신과 관측에는 활용하기 어려운 단점도 있다. 참고로 GPS 시스템에 사용되는 위성이 정지궤도가 아닌 중궤도를 활용하는 이유는 지구 전체를 관장하고 또 24대나 있기에 굳이 한 자리를 지킬 필요가 없기 때문이다.

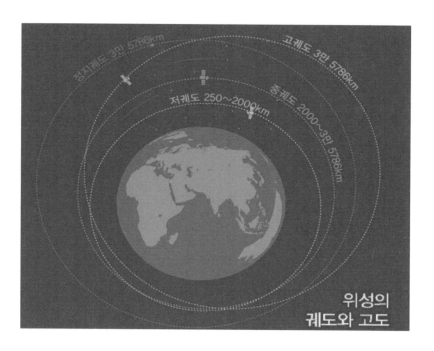

위성의 궤도와 고도

다음은 궤도의 각도에 따른 분류이다. 극궤도(Polar Orbit)는 경사각을 90도로 가져서 궤도가 극지방을 지나가는 궤도이다. 지구가 자전을 하기 때문에 위성이 지구를 한 바퀴 돌 때마다 지구가 자전한 만큼 서쪽으로 이동하게 된다. 따라서 지구 전체를 관측할 수 있기에 많은 위성들이 극궤도로 운영되고 있다. 정지궤도는 지구동기궤도 중 경사각이 0인 형태의 궤도이다. 그래서 지표면에서 봤을 때 항상 같은 위치에 인공위성이 정지해 위치한 것처럼 보이는 특성이 있다.

태양동기궤도(SSO, Sun Synchronous Orbit)는 극궤도의 한 형태로 항상 동일한 시간에 같은 지점을 지나가도록 설계한 궤도이다. 이렇게 운영하면 매일 동일한 시간에 동일한 곳을 관측할 수 있기에 일별 변화를 추적하기 좋은 특성을 가진다. '아리랑 위성'이 태양동기궤도로 운용되고 있다.

라그랑주 점도 인공위성이 위치하기 적합한 장소이다. '라그랑주 점(Lagrangian Point)'은 공전하는 두 개의 천체 사이에서 중력과 위성의 원심력이 상쇄되어 실질적으로 중력의 영향을 받지 않게 되는 평형점을 말한다.

구체적으로는 질량이 커다란 물체 M1과 그 물체를 중심으로 공전하는 상대적으로 작은 질량의 물체 M2가 있을 경우, M1과 M2에 비해 무시할 수 있을 정도의 질량을 가진 M3이 M1과 M2에 대해 상대적으로 정지할 수 있는 공간상의 지점을 가리킨다. 태양과 지구 사이의 인공위성이 대표적인 예로, 태양-지구의 라그랑주 점에 올려놓은 인공위성은 태양과 지구에서 볼 때 한 곳에 정지한 상태가 된다. 이러한 특성 때문에 라그랑주 점은 우주개발에서 매우 중요한 기능을 한다.

라그랑주 점은 다섯 곳(L1~L5)이 존재하는 것으로 알려져 있으며, 다시 완전평형점과 불완전 평형점으로 나뉜다. 불완전 평형점(unstable saddle points)이란 두 천체의 직선상에 있는 라그랑주 점으로, 평형점에 있던 물체의 위치가 약간만 벗어나게 되면 원래 있던 평형점으로 되돌아오지 못하는 점이다. 이에는 태양과 지구를 이은 직선상에 위치하는 L1, L2, L3이 있다. L1은 태양과 지구 사이에 존재하며, L2는 지구의 태양 반대편에 존재하고, L3은 태양의 지구 반대편에 존재한다.

따라서 지구에서 가장 가까운 점은 L1이고, 가장 먼 점은 L3다. 태양빛이 항상 가려지는 L2 라그랑주 점에는 항상 지구의 그늘에 위치하기 때문에, 우주관측을 목적으로 하는 우주망원경을 설치하기에 적절하다. NASA의 제임스웹 우주망원경이 이 지점에 설치되었다. 참고로 이 지점은 지구에서 약 150만 km 떨어져 있으며, 지구와 달 38만km의 4배 정도 되는 거리이다.

한편, 완전 평형점(stable points)이란 물체들의 위치가 약간 벗어나도 원래 있던 평형점으로 되돌아오는 안정된 지점을 말한다. 태양과 지구의 직선상에 있지 않은 라그랑주 점 L4, L5가 이에 해당한다. 이곳에 놓인 물체는 외부의 힘이 가해지지 않는 한 계속 지구와 일정한 거리를 유지하며 머무르게 된다. 이러한 특성으로 인해 집합적으로 트로이(trojan) 소행성군이라고 불리는 수천 개의 소행성이 이 부근에 존재한다.

우주 쓰레기

우주 쓰레기(Space debris)란 우주 공간을 떠도는 다양한 크기의 인공적인 모든 물체들을 말한다. 고장이 나거나 임무를 완료하여 더는 사용하지 않고 내버려 둔 길이 수십m에 이르는 인공위성이 대표적이다. 이 외에도 인공위성의 추진제로부터 흘러나오는 아주 작은 미세한 입자들, 로켓 혹은 우주왕복선의 몸체에서 떨어져 나온 작은 페인트 조각, 심지어는 우주 비행사가 놓친 스패너(spanner)와 같은 도구 등 다양한 것들이 우주 쓰레기가 될 수 있다.

1978년 NASA 소속의 과학자 도널드 케슬러(Donald J. Kessler)는 우주 쓰레기가 다른 위성과 충돌하면 파편이 생겨 또 다른 우주 쓰레기가 되고, 이것이 연쇄반응을 일으켜서 결국 궤도 전체가 우주 쓰레기로 가득 찰 것이라고 주장했다. 이 주장은 '케슬러 신드롬(Kessler Syndrome)'으로 불리며 큰 반향을 일으켰는데, 이렇게 되면 인공위성 활용이 어려워지고 우주로 진출하려는 유인우주선의 운용에 심각한 타격이 예상되기 때문이다.

그런데 실제로 각국은 인공위성을 경쟁적으로 발사하고 있어 우주 쓰레기 문제는 갈수록 심각해지고 있다. 여기에 대륙 간 탄도 미사일(ICBM) 요격 훈련도 우주 쓰레기를 증가시키는 큰 요인이 되고 있다. 물론 우주 탐사선과 인공위성의 경우 수명이 다하거나 고장 등으로 기능을 수행하지 못하면 통상 대기권에 진입시켜 불타도록 하고 있다. 하지만 통제가 제대로 되지 않고 있기에 우주에 떠 있는 우주 쓰레기의 양은 증가할 수밖에 없다.

우주 쓰레기는 광학카메라와 레이더를 이용하거나, 우주감시용 인공위성을 통해 확인할 수 있다. 현재의 기술 수준에서는, 고도 2,000km 이하에서는 지름이 약 5cm~10cm, 정지궤도 상에는 약 0.5m~1m보다 큰 경우에만 지구에서 직접 관측을 통해 확인이 가능하다. 따라서 이보다 작은 크기의 우주 쓰레기는 간접적인 방법으로 확인할 수밖에 없다.

이를 위해 NASA는 1984년 'LDEF(Long Duration Exposure Facility)'라는 위성을 궤도에 올린 후 1990년에 우주왕복선으로 회수한 적이 있다. 이 LDEF 위성은 우주 쓰레기와 일부러 부딪치는 것이 주 임무인 우주 쓰레기 탐지용 인공위성이었다. 12면체 모양의 LDEF 위성에는 다양한 재질의 판이 붙어있는데, 우주왕복선을 이용해 위성을 회수한 다음 우주 쓰레기와 충돌 횟수 등을 분석하였다.

또 우주왕복선이 각종 우주 쓰레기와의 충돌로 인해 발생한 표면의 움푹 파인 흔적 등을 조사함으로써 미세한 우주 쓰레기의 분포를 간접적으로 추정하기도 했다. 물론 지상 실험실에서도 인공위성 모형에 총알 모양의 가상 우주 쓰레기를 충돌시켜보고, 이때 발생하는 파편들의 발생량을 토대로 우주 공간에서의 쓰레기 발생량을 추정하기도 한다.

지구 주위의 우주 공간을 떠도는 우주 쓰레기는 총중량이 약 1만 톤에 달하는 것으로 추정되고 있다. 개수는 세기도 어려울 정도로 많다. 지름 10cm 이상의 우주 쓰레기는 약 3만 7천 개로 파악되며, 1~10cm 사이의 우주 쓰레기는 약 70만 개, 지름 1cm 이하는 3억 3천만 개에 달하는 것으로 추정되고 있다.

그런데 이 우주 쓰레기는 고도 2,000km 이하인 저궤도 상에 70% 이상 존재하는 것으로 추정되고 있다. 저궤도 중에서도 고도가 800~1,000km 사이에 가장 많은 우주 쓰레기가 몰려있다. 그 이유는 고도 800km 부근에 지구관측위성들이 많이 운용되고 있고, 이 부근의 우주 쓰레기들은 자연적인 고도낙하에 의해 소멸되는 시간이 매우 길기 때문이다.

2006년 NASA에서 만든 모델에 따르면, 새로 인공위성을 발사하지 않아도 2055년까지는 지금의 우주 쓰레기 수치를 유지하다가 그 이후로는 스스로 증식할 것으로 예상된다. 2009년도에 열렸던 유럽 항공우주회의에서 사우샘프턴 대학(The University of Southampton)의 휴 루이스(Hugh Lewis) 교수는 다가올 10년 안에 우주 쓰레기의 양은 2배로, 50년 안에는 4배로 증대할 것으로 예측했다. 2011년에는 미국 국립 연구회(National Research Council)가 궤도상에 있는 우주 쓰레기의 양이 이미 임계점을 돌파하였고, 서로 충돌하면서 그 양은 앞으로 더 크게 늘어갈 것이라고 경고하기도 했다.

우주 쓰레기는 초속 7.9~11.2km의 매우 빠른 속도로 움직인다. 따라서 만약 이 우주 쓰레기가 인공위성이나 유인우주선, 국제우주정거장 등과 충돌하면 시설에 막대한 피해를 줄 뿐 아니라 우주인의 생명도 위협할 수 있다. 콩알 크기의 쓰레기와 부딪혀도 몇조 원에 달하는 우주시설이 파괴되니 주의를 기울이지 않을 수 없다. NASA에 의하면 우주 쓰레기에 의한 위험성이 우주왕복선 전체적인 위험요소의 절반 정도를 차지한다고 한다.

실제로 우주 쓰레기와 충돌한 사고는 여러 차례 있었다. 특히 갈수록 사고 빈도가 늘어나고 있다. 1981년 소련에서 쏜 인공위성 '코스모스(Kosmos) 1275'는 발사 한 달 만에 통신이 두절되었고, 300개 이상의 새로운 쓰레기들을 만들어 냈다. 1993년 '코스모스 1484'도 비슷한 사고로 파괴되었다. 1996년에는 프랑스에서 발사한 소형위성인 '세리스(Cerise)'가 1986년 폭발한 '아리안-1(Ariane-1)'의 부스터와 충돌해 심각한 손상을 입었다.

2009년 2월에는 수명이 다한 러시아의 인공위성인 '코스모스 2251'과 미국의 통신위성인 '이리듐 33'이 충돌해 두 위성이 폭발하면서 엄청난 양의 우주 쓰레기를 만들어 내었다. 이는 예측하지 못한 인공위성 간의 자연적인 첫 충돌 사례로 주목을 끌었다. 2015년에는 우리나라 과학기술위성 3호가 우주 쓰레기와 1km 차이로 충돌을 피한 적이 있다.

또 국제우주정거장은 이러한 우주 쓰레기와의 충돌을 피하기 위해 그동안 15차례 이상의 회피 기동을 단행하였다. 특히, 2011년 6월에는 우주 쓰레기와 국제우주정거장이 거의 충돌할 뻔해서 승무원 6명이 소유즈 탈출용 캡슐에 탑승해 지구로 긴급탈출을 준비하는 사태까지 벌어졌다.

이제 달에도 우주 쓰레기가 쌓일 태세이다. 2022년 3월, 중국산 우주물체의 잔해로 추정되는 대형 우주 쓰레기가 사상 처음으로 달에 우연히 충돌하였다. 인간이 만든 물체가 의도하지 않은 채 달에 추락하는 첫 번째 사례였다. 이를 관측한 과학자들은 앞으로 달이 우주 쓰레기 하치장이 될 우려가 있다며 국제협약을 체결해 체계적으로 관리해야 할 필요성을 제기하고 있다.

이와 함께 지상으로 우주 쓰레기가 낙하하는 사건도 일어나고 있다. 1997년 미국 오클라호마주에 거주하는 여성이 10x13cm 크기의 검게 변색된 금속물체에 어깨를 맞았는데, 이는 1996년 미국 공군에서 발사한 델타2 로켓의 추진제 탱크였다. 또 중국은 2007년 미사일을 이용해 우주공간 고도 865km 상공에서 자국 인공위성을 폭파시키는 실험을 했는데, 이로 인해 3,000개가 넘는 새로운 잔해가 대량으로 발생하였다.

2018년에는 중국의 우주정거장 '톈궁 1호'가 지구 재진입 과정에서 통제 불가능한 상태가 초래되었다. 만약 8.5톤 무게의 버스 크기만 한 톈궁 1호의 잔해가 사람 사는 곳에 떨어진다면 커다란 피해 발생을 피할 수 없었기 때문이다. 당시 세계 각국은 그 추락 궤도를 실시간으로 예측하며 혹시 모를 피해 발생에 대비하였고, 우리나라 또한 위성추락상황실을 운영했었다. 다행히 톈궁 1호는 남태평양에 추락했다.

우주 쓰레기가 지구 주위 우주탐사 환경을 위협하고 있어 우주강국들이 우주 쓰레기 수거나 제거 기술을 개발하고 있지만, 이를 본격적으로 활용하려면 아직 멀었다. 미국 국방부 산하의 합동우주작전국(Joint Space

Operations Center)도 2010년부터 우주 쓰레기와의 충돌위험을 조사하고 있다. 이 시스템은 고성능 우주감시 레이더 26대와 지름 2m 이상의 대형 우주감시 망원경 3대로 지름 10cm가 넘는 우주 쓰레기를 파악한다. 이 과정에서 러시아 및 유럽연합과 정보를 상호 교환하며, 또 민간의 인공위성 운영자들에게 분석 결과를 담은 보고서를 제공하고 있다.

2019년 창설된 미국 우주군은 민간업체와 함께 우주 청소를 시작할 계획이다. 미국 우주군은 2022년 2월, 홈페이지를 통해 우주 쓰레기를 청소하거나 재활용할 '오비탈 프라임(Orbital Prime)' 프로그램 아이디어를 모집하는 공고를 게시했다. 이는 러시아가 난데없이 자국 위성을 미사일을 요격해 파괴한 데 따른 것이다. 2021년 11월 15일, 러시아는 옛 소련 시절 위성 '첼리나-D(Tselina-D)'를 무기실험 명분으로 미사일로 폭파하였다. 이로인해 1,500개 이상의 우주 파편이 발생하였고, 국제우주정거장의 승무원들이 한때 긴급 대피하는 소동이 일어나기도 했다.

미국 외에도 다수의 국가들이 우주 쓰레기 제거작업에 동참하고 있다. 유럽우주국은 2019년 말, 인공위성을 발사하여 2025년부터는 본격적인 우주 쓰레기 수거작업을 추진해 나가겠다는 계획을 발표하였다. 2020년 5월 결성된 일본 우주작전대의 첫 임무도 자국의 인공위성을 우주 쓰레기로부터 지키는 감시업무였다.

우리나라 또한 2015년부터 천문연구원(KASI)이 우주위험감시센터를 운영하고 있다. 이 센터는 우주환경 감시기관 역할 수행을 위한 전담부서로, 우주위험에 대한 체계적 감시 및 대응을 위한 연구개발 업무를 수행하고 있다.

그런데 우주 쓰레기 처리 문제는 어느 한 국가만 나서서 해결하기는 사실상 어렵다. 이런 인식이 제고되면서 국제사회는 각국의 위성들을 우주 쓰레기로부터 보호하기 위해 상호 협력하는 노력을 강화해 나가고 있다. 2009년 설립된 'SDA(Space Data Association)'라는 비영리기구도 그중 하나다. SDA는 상업적 목적으로 쏘아 올린 인공위성 운영자들을 대상으로 각자가 수집한 위성들의 궤도데이터를 상호 공유할 수 있게 도와주며, 아울러 인공위성 상호 간의 충돌위험 분석서비스를 제공하고 있다.

우주 쓰레기 처리를 위한 민간의 비즈니스 활동 또한 크게 늘어나고 있다. 즉 우주로 쏘아 올리는 위성이 늘면서 스위스 클리어스페이스(Clear Space), 일본 아스트로스케일(Astroscale) 등 폐기된 위성을 처리하는 우주 쓰레기 청소기업이 점차 증가하고 있다.

그러면 실제로 우주 쓰레기를 줄이는 방안은 무엇일까? 가장 근원적인 대책은 국제규약을 만들어서 지키고 최대한 우주 쓰레기를 적게 만드는 것이다. 그러나 현실적으로는 우주탐사 과정에서 우주 쓰레기가 발생하기 마련이다. 그래서 이렇게 발생한 우주 쓰레기를 제거하는 기술적인 대책들이 여러모로 강구되고 있다.

우선, 크기가 큰 우주 쓰레기는 직접 랑데부를 해서 회수한 뒤 재활용하고, 크기가 작은 것은 대기권에 밀어 넣어 태우는 방법이 있다. 그러나 이 방법은 비용이 너무 많이 든다는 문제로 당장은 현실성이 떨어진다.

다음은 특수한 청소위성으로 비중이 무거운 기체를 분사해 마치 빗자루나 공기 압축기(air compressor)로 쓸어 모으듯이 우주 쓰레기들을 임의의 수거지역으로 모아서 처리하는 방식이다. 이는 우주 쓰레기와 직접 접촉하는 위험이 없고, 기존의 방식으로 수거나 처리가 힘든 작은 크기의 쓰레기도 모아서 처리할 수 있는 장점이 있다. 또 우주에 극세사로 된 그물을 펼쳐서 쓰레기를 잡는 우주그물 방식도 활용되고 있다.

1990년대부터 미국 공군이 시행 중인 레이저(laser) 빗자루 방식도 좋은 대안이 되고 있다. 이는 지상에서 레이저를 발사하여 우주 쓰레기의 궤도를 바꾸어 한곳으로 모으거나 지구 대기권으로 떨어지게 하는 방법이다.

또 일본의 JAXA에서는 전기역학 끈을 개발 중에 있다고 한다. 이는 자기력을 통해 우주 쓰레기의 궤도를 변경시켜 떨어지게 해 쓰레기를 불태우는 방식이라고 한다. 이 방식이 성공하면 비교적 적은 양의 전기만으로 작동시킬 수 있기에 효율성 측면에서 좋은 평가를 받고 있다. 이 밖에도 우주 플라즈마와 우주 자석을 활용해 우주 쓰레기를 소각하는 방안 등 다양한 방안들이 강구되고 있다.

한편, 발생한 우주 쓰레기를 치우는 방안 외에도 수명이 다한 인공위성이 우주 쓰레기로 전락하는 것을 사전에 방지하는 방안도 강구되고 있다. 인공위성에 처음부터 초박막(超薄膜, ultra-thin) 섬유 소재 돛을 달아서 발사하면, 나중에 수명이 다했을 때 돛을 펴서 지구 대기권으로 떨어뜨릴 수 있다. 이 방법은 제작비용이 적게 들고 가볍다는 장점이 있지만, 돛을 펼칠 위치와 고도를 미리 정확히 계산해야 하는 기술적 어려움이 따른다.

발사체 개발

로켓(Rocket)이란 연료를 폭발시켜서 얻은 높은 온도와 압력의 가스를 뿜어내어 그 반동으로 날아가는 비행체를 통칭하는 말이다. 간혹 추진기관으로서의 로켓엔진 부분만을 따로 로켓이라고 부르기도 한다.

로켓엔진은 지구 대기권과 우주를 비행하는 추진력을 내는 발사체의 핵심기술이다. 연료와 산화제를 엔진 내부에서 태울 때 나오는 고온 고압의 가스가 분출하는 힘을 활용하여 수백 kg에서 수십t에 달하는 탑재체를 우주공간으로 실어 나른다. 따라서 로켓은 다른 행성으로의 비행, 지구의 상층 대기에 대한 과학 조사, 미사일 공격 등 다양한 목적을 가지고 이용되고 있다.

이 중에서 각종 위성과 달 탐사선 등 우주비행체를 해당 궤도에 진입시키기 위해 사용되는 로켓을 '우주발사체(Space Launch Vehicle)'라고 부른다. 이에 비해 로켓에 핵탄두 등 무기를 실으면 미사일이 된다. 즉 로켓이 핵탄두와 결합하면 핵미사일 또는 대륙간탄도미사일(ICBM, Intercontinental Ballistic Missile)이 되며, 인공위성을 실으면 우주발사체가 되는 것이다. 따라서 이 양쪽의 기술을 엄밀하게 구별하기란 쉽지 않다.

다만, 발사 이후 비행체의 궤적을 살펴보면 탄도미사일과 우주발사체 여부를 식별할 수 있다. 우주선 혹은 인공위성은 수직으로 발사되어 계속해서 우주공간으로 날아오른다. 이에 비해 탄도미사일은 수직으로 발사되기는 하지만 곧바로 30도 각도로 누워서 날아가는데, 이는 그래야만 최대의 사거리(射距離)를 낼 수 있기 때문이다.

이런 관점에서 우주발사체의 개발은 ICBM 개발과 같은 국방 과학기술과 밀접한 관계를 맺고 있다고 하겠다. 다시 말해 멀리 보낼 수 있는 미사일을 제작할 수 있다면, 지면을 박차는 추력(推力, Thrust)이 큰 우주발사체를 만드는 일도 가능하다는 것이다.

이처럼 우주발사체는 인공위성과 우주선을 탑재하여 우주공간에 진입시키는 역할을 한다. 과학위성이나 통신위성 등 각종 위성과 우주선을 개발할 수 있는 기술력을 갖추는 것 이상으로, 이들 탑재체를 우주로 발사하는 우주발사체를 독자적으로 확보하는 것은 안정된 우주개발을 위한 중요한 과제이다. 만약 자체 발사체를 개발하지 못하면 엄청난 비용을 주고 외국의 발사체를 빌려 사용해야만 한다. 우주발사체 개발은 초반에는 러시아와 미국 2개국 주도 아래 시작되었다. 그러나 1990년대 후반부터는 EU, 중국, 일본, 인도 등의 신흥 우주기술 강국들도 경쟁에 뛰어들고 있다.

우주 패권의 시대, 4차원의 우주 이야기

우주발사체의 발사원리는 물체 A가 물체 B에 어떤 힘을 작용하면, 물체 A에도 그와 똑같은 크기의 힘이 정반대 방향으로 작용하게 된다는 뉴턴의 제3 법칙인 '작용-반작용의 법칙'에 의한 것이다. 그런데 발사체는 매우 무거우며, 날아가야 할 길도 멀고, 빠른 속도로 날아가야만 한다.

　이 때문에 발사체는 연료를 지속적으로 태워서 고온 고압의 연소가스를 엄청나게 빠른 속도로 뿜어내는 등 높은 에너지를 낼 수 있는 추진기관이 필요하다. 또 발사체는 중력의 크기를 줄여 같은 무게일 때 추진제를 더 많이 실을 수 있도록 하는 기술력도 요구된다.

　제1 우주속도인 초속 7.9km에 가까운 속도로 날아가는 인공위성을 우주공간으로 쏘아 올리기 위해서는 우주발사체 엔진의 힘이 매우 커야만 한다. 그래서 우주발사체의 90%는 고체나 액체 형태의 연료를 가득 실은 추진체가 차지하고, 위성 등 탑재체와 장비부품은 10% 내외로 구성된다.

　대형 우주선 발사에 사용되는 발사체에는 보통 2~3개의 로켓 추진장치가 연속으로 이어져 설치된다. 이러한 장치에서 각 단의 추진제 탱크와 발사체 구조물은 하중을 줄이기 위해 연료가 소모되자마자 분리되어 떨어져 나간다. 발사체 엔진은 압력이 높을수록 배출 가스를 분사해 밀어내는 힘이 강하게 작용한다. 아무리 많은 연료가 있어도 압력이 낮으면 빠른 속력을 낼 수가 없다. 발사체 엔진은 연료와 액체산소를 연소시켜 압력을 발생시키며, 이 압력을 외부로 배출해 속력을 높인다.

　엔진의 크기를 확장하고 압력을 견딜 수 있는 내구성을 갖추려면 발사체의 무게 즉 중력이 늘어나기 마련이다. 그런데 무게는 가속에 영향을 미치는데 전체 무게가 늘어나면 발사체는 속도가 느리고 멀리 날아가지 못하게 된다. 따라서 발사체는 총 중력 대비 추진력을 갖출 수 있는 기술이 관건이라 하겠다.

이에 따라 대부분의 우주발사체는 여러 단으로 나누어져 있고, 이 단을 연결한 다단(multi-stage)구성을 하고 있다. 즉 궤도에 진입할 때의 단의 개수에 따라 1단계, 2단계, 3단계 등 궤도 진입 발사체로 나누고 있다. 여기서 단(段, stage)이란 그 자체가 추진엔진을 가진 독립적인 로켓을 말한다. 1단 추진체의 연료가 다하면 이를 분리해 전체 무게를 줄이고, 다음 단계의 추진체로 다시 가속하는 방식이다.

이처럼 현재 우주로 보내는 모든 로켓은 다단식 로켓(multi-stage rocket)을 사용한다. 다단식 발사체는 하나하나가 독립적인 로켓이라고 볼 수 있는 각 단을 차곡차곡 쌓아 올려 만들어진다. 그래서 연료를 모두 소모해 쓸모가 없어진 단은 분리시킴으로써 발사체의 무게를 효율적으로 관리할 수 있다.

또 로켓을 발사할 때 초반에는 강력한 힘을 보유한 엔진이 필요하지만, 중반 이후에는 힘이 약해도 효율이 좋은 엔진을 필요로 한다. 따라서 적절한 시점에 무겁고 불필요한 엔진을 버리고 새로운 엔진으로 바꿔가며 최적의 운행을 하게 된다.

하지만 모든 로켓공학자가 꿈꾸는 최종 목표는 단식 로켓(single-stage to orbit)이다. 분리할 필요가 없기에 구조가 간단해져 전체 시스템의 고장 확률이 낮아질뿐더러 안전성도 높아진다. 나아가 우주선이 통째로 지구로 귀환하면 연료만 채워서 그대로 재사용할 수 있을지도 모른다. 이 경우 발사비용은 지금보다 10분의 1 이하로 줄어들 것으로 예상된다.

발사체의 종류는 다양하다. 우선, 한 번 이상 다시 사용할 수 있는지 여부에 따라 소모성과 재사용 우주발사체로 나눌 수 있다. 소모성 우주발사체(Expendable Launch Vehicle)는 한 번 쏘아 올리면 다시 사용하는 것이 불가능하나, 재사용 우주발사체(Reusable Launch Vehicle)는 수거 후 다시 사용할 수 있다.

통상의 우주발사체는 70% 이상의 추진력을 내는 하단 로켓과 우주선이나 인공위성을 머리에 탑재한 상단 로켓으로 나뉜다. 1단에서는 지상이륙과 함께 중력을 이겨내고 대기권을 탈출하는 힘이 필요하기 때문에 가장 많은 연료와 산화제가 들어간다. 그리고 점화한 지 몇 분 정도 지나면 다른 로켓과 분리돼 지구로 떨어진다. 상단 로켓 역시 탑재한 위성과 우주선을 정해진 우주 궤도에 진입시킨 후 지구 중력에 이끌려 낙하하면서 대기권과의 마찰로 불타버린다.

그러나 최근 들어서는 하단 로켓뿐만 아니라 상단 로켓까지도 재활용하는 기술이 도입되고 있어 비용을 크게 줄여나가고 있다. 이에 지금은 대다수가 재사용 발사체인데, 그 대표적인 사례가 우주왕복선이다. 우주왕복선은 기존의 발사체에 비해 상당히 발전된 형태인데, 기존 발사체들과는 달리 주요 부품의 대부분을 회수·재사용할 수 있도록 설계했기 때문에 여러 차례 비행할 수 있다.

그리고 단을 배열하는 방식에 따라 우주발사체의 모양이 달라진다. 크게 직렬형, 병렬형, 부착형, 피기백(piggy-back) 방식 등으로 나눌 수 있다.

대부분의 우주발사체에 사용되는 단 연결 방식은 직렬형으로, 큰 로켓 위에 작은 로켓을 올려놓은 모양이다. 아랫단인 1단의 규모가 가장 크고 그 위의 2단 혹은 3단의 크기는 점점 작아지는 형태이다. 이 경우 추진제를 전부 사용한 단은 즉시 분리되며 그다음 단이 순서대로 점화하게 된다.

이에 비해 병렬형이나 부착형은 옆으로 단을 연결하는 방식이다. 이는 2단 로켓을 중심으로 1단 로켓 2~4개가 붙어있는 형태를 지니고 있다. 이 경우 2단과 1단이 함께 점화되며 낮은 추력으로 작동되다가 2단이 분리된 이후에는 최대치의 추력으로 올라가게 된다. 피기백(piggy-back) 방식은 1단 로켓에 2단 로켓이 등에 업히듯이 붙은 모양을 하고 있다.

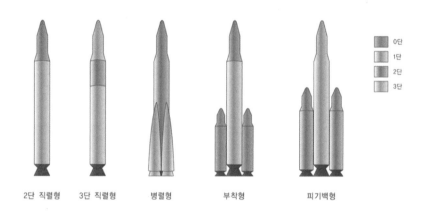

| 2단 직렬형 | 3단 직렬형 | 병렬형 | 부착형 | 피기백형 |

또 우주발사체는 연료 즉 추진제(推進劑, propellant)의 종류에 따라서도 액체로켓과 고체로켓으로 나뉜다. 고체로켓은 액체로켓보다 구조가 간단해 제작하기 쉽고 개발에 들어가는 비용이 저렴하다. 발사 과정이 단순하다는 점도 고체로켓의 장점이다. 액체로켓은 산화제인 액체산소와 연료를 쓰는데 극저온 상태를 유지한 채 발사 수일 전부터 주입해야 한다. 반

면 고체로켓은 연료를 넣은 상태로 보관이 가능해 언제든 발사를 할 수 있다.

물론 액체로켓도 장점이 많다. 필요할 때 엔진을 켜고 끌 수 있어 로켓을 정밀하게 제어할 수 있다. 이런 이유로 정지궤도 위성이나 달 궤도선을 쏘아 올릴 때 사용하는 대형 우주발사체의 경우 제어가 쉬운 액체로켓을 주로 쓰고, 고체로켓은 보조용 로켓인 부스터(booster)나 상단의 추력을 높이는 데 사용한다. 이에 대다수 국가들은 혼합형 발사체를 활용하고 있다.

우리나라는 미국과의 군사협정에 의거 우주발사체의 고체연료 사용이 제한되어왔다. 그동안 수차례 걸친 '한미 미사일 지침' 개정으로 사거리와 탑재체 중량은 늘어났지만, 고체연료의 사용은 여전히 불가능했다. 미사일과 로켓의 자체 제작을 억제하기 위해서였다. 그 결과 우리나라는 액체연료를 사용한 우주발사체의 제작만 가능했다.

그러나 2020년 7월의 한미 군사협정 개정과 2021년 5월 한미정상회담에서의 한미 미사일 지침 종료 합의를 통해 이러한 제한이 철폐되었다. 이로 인해 이제는 고체연료도 사용할 수 있게 되어 다양한 우주발사체의 개발과 생산이 가능해지게 되었고, 그 결과 민간 우주기업체가 등장할 발판도 마련된 것이다.

실제로 2022년 3월, 우리 군부대는 '고체 추진 우주발사체'의 첫 시험 발사를 성공적으로 마무리 지었다. 2021년 7월에 이뤄진 고체 추진 엔진 개발 성공에 이어, 그 엔진을 부착한 발사체가 하늘을 나는 데까지 성공한 것이다. 확보된 기술은 민간으로 이전할 계획이다. 이에 따라 앞으로 소형 위성을 쏘아 올릴 수 있는 발사체 개발에도 속도가 붙을 것으로 보인다. 향후 이 고체 추진 우주발사체는 추가 검증을 완료한 뒤 2025년경에는 실제 위성을 탑재해 발사할 예정이다.

이제는 드디어 우리나라가 독자적인 우주발사체를 개발·확보하는 데도 성공하였다. 2022년 6월, 한국형 발사체 '누리호(KSLV-II)' 발사가 성공하면서 우주기술 독립국으로 우뚝 서게 되었다. 이처럼 우리나라는 독자 기술에 의한 위성·발사체·발사장을 모두 확보하여 우주탐사와 우주개발을 위한 핵심 설비와 인프라(Infrastructure)를 갖추게 되면서, 조만간 우주 강국으로 도약할 수 있을 것으로 기대된다.

우주발사체는 날이 갈수록 빠르게 진화하고 있다. 미국 스페이스X의 '팰컨 헤비(Falcon Heavy)'는 '팰컨 9(Falcon 9)'을 잇는 대형 발사체로 저궤도에 64t, 정지궤도에 27t의 인공위성을 투입할 수 있을 만큼 고성능이다. 그뿐만 아니라 재사용 발사체 시대를 열어 기존의 발사비용을 획기적으로 낮추고 우주를 경제성이 있는 영역으로 만들었다. 실제로 kg당 우주탑재체 발사비용은 스페이스셔틀(Space shuttle)의 5만 5천 달러에서 팰컨 헤비는 1,400달러까지 급격히 낮아지고 있다.

아울러 스페이스X는 완전한 재사용이 가능하고 100t 이상을 지구 저궤도에 올릴 수 있는 초대형 발사체 '스타십 발사 시스템(Starship Launch System)'을 개발 중이다. 이는 다목적 초대형 우주발사체로, 단기적으로는 팰컨 9과 팰컨 헤비를 대체하며 달과 화성 탐사, 그리고 장차 먼 미래의 행성 간 탐사계획까지 고려해 설계된 발사체이자 우주선이다.

스페이스X의 우주 경쟁업체인 블루 오리진도 기존의 뉴 셰퍼드(New

Shepherd) 보다 업그레이드된 뉴 글렌(New Glenn) 프로젝트를 진행 중이다. 뉴 글렌은 스페이스X의 팰컨 헤비(Falcon Heavy)와 비슷한 무게의 로켓으로, 연료를 모두 소진한 뒤 자동으로 회수돼 선박으로 운반해 재활용된다.

또 NASA는 2014년부터 230억 달러를 들여 '차세대 대형 우주발사체 SLS(Space Launch System)'를 개발하였다. 이 발사체로 아르테미스 프로젝트의 일환인 유인 달 탐사선 오리온(Orion)을 달에 보낼 계획이다. 이와 함께 유럽우주국(ESA)은 21t을 지구 저궤도에 올릴 수 있는 우주발사체 아리안(Aryan) 6를, 중국도 140t을 지구 저궤도에 올릴 수 있는 초대형 발사체 창정(長征) 9호를 개발 중이다. 우리나라 또한 누리호 후속 사업으로 2023년부터 2031년까지 1조 9,330억 원을 투입하여 '차세대 발사체 개발사업'을 추진해 나갈 예정이다.

누리호 발사
성공의 의미

우주 강국을 향한 꿈을 담은 한국형 발사체 '누리호(KSLV-Ⅱ)'가 2022년 6월 21일 오후 4시 전남 고흥군 나로우주센터에서 날아올랐다. 이어 오후 5시 12분쯤 누리호 2차 발사 성공을 공식화했다.

누리호는 2018년 11월 엔진 성능 검증을 위한 시험발사체 발사가 성공적으로 수행된 이후, 2021년 3월에는 1단에 탑재되는 300t급 엔진의 연소 시험에 성공했다. 2021년 10월에는 공식적인 1차 발사가 이루어졌지만, 3단 로켓엔진이 조기 연소 종료되면서 실패의 아픔을 경험하게 되었다. 그러나 이를 딛고 8개월 후에는 마침내 성공을 거둠으로써 대망의 7대 우주 강국 도약의 발판을 마련하게 되었다.

3단 로켓으로 구성된 누리호는 이날 오후 4시 전남 고흥의 나로우주센터에서 발사되고 127초 뒤 고도 59㎞에서 1단이 분리되었다. 233초 뒤 고도 191㎞에서 위성 등 발사체 탑재물을 보호하는 역할을 하는 페어링이,

274초 뒤 고도 258㎞에서는 2단이 떨어져 나갔다. 897초 후 고도 700㎞에 도달한 누리호는 3단 엔진이 꺼지며 성능검증위성을 성공적으로 분리시켰다. 이후 967초에는 위성모사체까지 무사히 분리되면서 모든 과정이 정상적으로 진행됐다.

목표 고도인 700㎞에 성공적으로 도달한 누리호는 성능검증위성을 적정 속도로 궤도에 밀어내는 후속 과정도 성공적으로 이행했다. 누리호는 목표 고도에 도달하는 순간을 기점으로 3단 엔진이 정지된다. 5초 뒤에는 발사체에서 위성이 잘 분리되었는지, 위성을 궤도로 밀어내는 속도는 목표한 대로 나왔는지 등을 3단에 탑재된 센서를 통해 알 수 있게 설계되었다. 위성은 초속 7.5㎞의 속도로 목표 궤도의 오차 범위 내에 안착한 것으로 확인됐다.

누리호는 발사 후 42여 분이 흐른 뒤 남극 세종기지와 첫 지상국 교신에도 성공했다. 이 교신에서 위성은 위성항법장치(GPS) 데이터를 송신했고 이를 받은 연구진은 위성이 제 궤도에 잘 안착했는지를 재차 확인했다. 위성은 이후 1주일간 메인 지상국인 대전 한국항공우주연구원(KARI) 지상국과 통신을 이어가면서 궤도 안착 여부를 지속적으로 확인받았다.

'누리호'는 국내 독자기술로 개발한 탑재 중량 1.5톤(t), 총중량 200톤, 길이 47.2m의 3단형 로켓이다. 2010년 3월부터 지상 600~800km 지구저궤도 및 태양동기궤도에 1.5t 실용위성을 실어 나를 수 있는 성능을 완성하기 위해 개발이 추진되었다. 이 누리호에는 순수 국내기술로 제작된 한

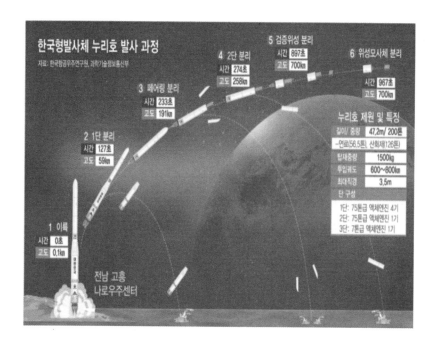

한국형발사체 누리호 발사 과정
자료: 한국항공우주연구원, 과학기술정보통신부

1 이륙
시간 0초
고도 0.1km

2 1단 분리
시간 127초
고도 59km

3 페어링 분리
시간 233초
고도 191km

4 2단 분리
시간 274초
고도 258km

5 검증위성 분리
시간 897초
고도 700km

6 위성모사체 분리
시간 967초
고도 700km

누리호 제원 및 특징
길이/중량   47.2m/200톤
-연료(56.5톤), 산화제(126톤)
탑재중량   1500kg
투입궤도   600~800km
최대직경   3.5m

단 구성
1단: 75톤급 액체엔진 4기
2단: 75톤급 액체엔진 1기
3단: 7톤급 액체엔진 1기

전남 고흥
나로우주센터

국형 발사체라는 수식어가 항상 따라붙는다. 75t급 액체엔진, 대형 산화제 탱크, 초고온 가스가 흐르는 배관, 발사대 등 핵심 영역이 모두 순수 국내기술의 성과이기 때문이다.

순수 국산기술 발사체 누리호의 개발 과정은 나로호 개발로 거슬러 올라간다. 2009년 나로호 첫 발사에서의 페어링 분리 실패, 2010년 1단 비행 구간에서의 폭발사고를 극복하고, 2013년 어렵사리 세 번째 시도 끝에 발사에 성공했다.

나로호는 러시아의 경제적 어려움 속에서 어렵게 성립된 한러 협력을 통해, 러시아의 1단 액체로켓과 우리의 2단 고체로켓을 결합하는 형태로 개발했다. 이처럼 우주발사체의 가장 중요한 1단 엔진이 러시아제였기 때문에 한국의 우주발사체라고 하기는 어려웠다. 그러나 누리호는 1단 액체

엔진을 비롯한 모든 부품이 순수 국내기술로 개발됐다. 우리 발사체로 우리 위성을 쏘아 올리고 우주탐사를 실현할 수 있는 진정한 우주자립을 이루게 된 것이다.

그렇지만 이번 누리호 2차 발사 성공의 배경에는 1차 발사 실패라는 뼈아픈 경험도 겪어야만 했다. 2021년 10월 21일 첫 발사 당시, 누리호는 목표 고도 700km 도달에는 성공했다. 그러나 3단 로켓엔진의 속도가 초속 6.5km로, 목표 궤도속도인 7.5km/초에는 미치지 못하였다. 이는 3단의 7t 엔진이 예상 시간보다 일찍 연소를 종료했기 때문이다.

당시 누리호에 탑재했던 위성모사체를 궤도에 올려놓기 위해서 3단 엔진은 521초 동안 연소해야 했는데, 427초만 연소했다. 이 때문에 목표 고도인 700km까지 상승하고도 위성모사체의 목표 속도인 7.5km/초까지 밀어붙일 수 없었다. 인공위성이 지구 중력을 이기면서 지구 저궤도를 안정적으로 돌기 위해 필요한 속도는 제1 우주속도에 근접하는 7.5km이다. 그런데 이에 도달하지 못했던 당시 누리호 위성모사체는 지구 대기권으로 재진입해 타버렸을 것으로 추정된다.

1차 발사가 실패한 후 연구진들은 3단 엔진이 목표 궤도속도에 도달하지 못한 이유가 산화제 탱크 내부에 있는 고압 헬륨탱크의 고정 장치가 풀리면서 엔진이 일찍 꺼진 데 있었다는 사실을 밝혀내었다. 이에 2차 발사 시에는 3단 산화제탱크 내부의 고압 헬륨탱크가 움직이지 않도록 고정부를 보강하고 산화제 탱크 덮개의 두께를 강화함으로써 마침내 성공을 거두게 되었다.

또 1차 발사 때는 기능이 없는 1.5t의 위성모사체 (dummy 위성)만 탑재했지만, 2차 발사에서는 실제 위성을 실었다는 점이 큰 차이다. 2차 발사 때 누리호가 우주로 쏘아 올린 위성은 위성모사체와 함께 성능검증위성, 4기의 큐브위성까지 모두 3종류다.

가로와 세로 약 1m, 무게 약 162.5kg의 성능검증위성은 2년간 지구궤도를 돌며 임무를 수행한다. 첫 번째 임무는 누리호가 목표 궤도에 위성을 투입했는지 검증하는 것이다. 성능검증위성에는 GPS 수신기가 달려있어 정확한 궤도 계산이 가능하다. 누리호 발사 후 42분경, 성능검증위성과 남극 세종기지의 첫 교신이 이루어짐으로써 성공적인 발사를 확인할 수 있었다. 그리고 발사 이튿날인 22일 오전 3시경, 성능검증위성과 대전 지상국 간 양방향 교신까지 이루어짐에 따라 누리호의 위성궤도 투입 성능은 완전하게 확인되었다.

궤도투입 성능검증을 마무리 지은 후에는 우리 기술진이 자체 개발한 우주 핵심기술을 담은 부품들의 성능을 약 2년 동안 700km 상공의 우주공간에서 실험하는 기회를 제공한다. 이를 위해 성능검증위성에는 총 5개의 탑재체와 큐브위성 4기가 탑재되었다. 큐브위성 제작에는 조선대와 서울대, 연세대, KAIST가 참여했으며 우주 전문인력 양성의 일환으로 지난 2년간 설계부터 제작까지 각 대학의 학생들이 모든 과정을 직접 수행했다.

가장 먼저 사출된 조선대의 큐브위성은 백두산 천지 폭발징후 등을 포함해 광학·중적외선·장적외선 관측, 서울대 위성은 우주에서 GPS 신호를 받아 지구 대기관측, 연세대 위성은 한반도 서해상공에 있는 미세먼지

흐름 관측, KAIST 위성에는 초분광 카메라가 탑재돼 지구를 촬영하고 이를 지상국으로 송신하는 임무를 각각 지니고 있었다. 그러나 4기 모두 사출은 성공했지만, KAIST 위성을 제외하고는 송수신에 문제가 생기면서 상태를 알 수 없는 상황에 놓여있다.

더미 위성과 4개의 큐브위성을 모두 사출한 이후 성능검증위성은 2년의 남은 임무기간 동안 위성에 탑재된 부품인 탑재체가 우주 공간 내에서 잘 작동하는지를 검증하는 임무를 수행할 예정이다.

이번 누리호 발사의 성공으로 우리나라는 첨단 과학기술 발전의 실상을 전 세계에 입증하였다. 아울러 국제우주정거장이나 화성·소행성 탐사 등 국제 우주개발 협력에서도 한국의 위상을 더 높일 수 있게 되었다. 한마디로 명실공히 세계 7대 우주강국 진입에 성큼 다가서게 된 것이다. 그러면 누리호 발사 성공의 의미를 보다 구체적으로 알아보자.

첫째, 무엇보다도 해외 기술력에 의존하지 않는 자체 발사 기술을 기반으로 다양한 우주개발 사업을 추진할 수 있게 되었다는 점이다. 발사체 개발기술은 국가 간 기술이전이 엄격히 금지된 분야다. 누리호는 설계와 제작, 시험, 발사 운용 등 모든 과정이 국내기술로 진행되었다. 지난 2010년 3월부터 1조 9,572억 원을 들여 진행된 이번 프로젝트를 통해 한국은 중대형 액체로켓엔진·대형추진체·발사대 등 발사체 관련 핵심기술을 확보한 것이다.

발사체 기술은 군사 기술에 직결되기 때문에 선진국 견제가 매우 심한 편이다. 그러기에 이번 누리호 발사 성공은 한층 더 값지다. 로켓은 극저

온과 초고온을 동시에 제어해야 하는 고난도 기술이다. 누리호는 75t급 액체엔진 4개를 묶은 1단, 75t급 액체엔진 1개로 이뤄진 2단, 7t급 액체엔진 1개인 3단으로 구성되어 있다. 1~3단 로켓 모두 우리 기술로 개발한 최초의 발사체다.

특히, 이 가운데 1단 로켓의 경우 가장 큰 추력을 내어야 하기에 한 개의 엔진만 사용하는 2단 및 3단과는 달리 75t급 액체엔진 4개가 묶여 있다. 이 기술은 엔진 4개가 동시에 점화되고 출력과 성능이 거의 같아야 발사체를 제어할 수 있기에 실현이 매우 어렵다.

누리호는 1.5t급 실용위성을 지구 저궤도에 투입할 수 있는 우주 발사체다. 이번 성공으로 우리나라는 세계에서 7번째로 1t 이상의 실용급 위성 발사가 가능한 중대형 액체로켓엔진을 개발해 보유한 나라로 자리매김하게 되었다.

위성 발사가 가능한 국가는 러시아(1957년), 미국(1958년), 유럽(프랑스 등 1965년), 중국과 일본(1970년), 인도(1980년), 이스라엘(1988년), 이란(2009년), 북한(2012년) 등 11개국이다. 그러나 이 중 이스라엘과 이란, 북한은 300kg 이하 위성의 발사능력만 갖추었을 뿐이다.

이와 함께 누리호 개발 과정에서 우주발사체 엔진개발 설비를 구축하고 대형 추진제 탱크 제작 기술과 발사대 구축 기술을 확보한 점도 의미가 있다. 이번 발사가 이뤄진 제2 발사대도 순수 국내기술로 구축했다. 제1 발사대는 나로호 개발 당시 러시아로부터 기본 도면을 입수한 후 국산화 과정을 거쳐 개발된 발사대였다. 이외에 초경량 대형 추진제 탱크와 초저온을 견디는 배관, 엔진 4기의 정확한 정렬과 균일한 추진력을 위한 클러스터링 기술 등도 국내 연구로 개발되었다.

여기에 더해 우주발사체의 경제성을 획기적으로 높일 수 있는 '엔진 재점화(再點火, reignition)' 기술을 확보하는 데도 성공하였다. 엔진 재점화 기술은 말 그대로 한 번 점화된 엔진을 멈췄다가 다시 점화시켜 추력을 자유자재로 확보하는 기술로, '재사용 발사체'를 향해 가는 원천기술로 여겨진다.

2021년 11월, 한국항공우주연구원(KARI)은 위성 다중 발사와 발사체 재활용의 핵심기술을 확보하기 위해 개발한 9t급 엔진 검증 시제의 재점화 연소 시험에 성공했다고 밝혔다. 앞으로도 반복적인 실험을 통해 기술의 완성도를 높이는 등 안정성 확보를 위한 시험을 추진해 나갈 예정이다.

만약 '재점화' 기술에서 출발한 '재사용' 기술이 확보된다면, 발사 단가를 낮춰 경제적인 발사체 운용이 가능하게 된다. 다만, 재사용 발사체를 만들려면 재점화 엔진뿐만 아니라 복잡한 자세제어(Attitude Control) 기술 확보 및 낙하 중 안정성 확보를 위한 각종 부품 및 설계기술 확보가 이뤄져야 한다. 앞으로 이 재점화와 재사용 기술들이 성공적으로 확보되면 누리호 성능개량 및 차세대 발사체 개발에 활용될 예정이다.

둘째, 누리호 발사 성공을 통해 이제 우리도 민간주도의 뉴 스페이스 시대를 열어나가는 초석을 마련할 수 있게 되었다는 점이다. 누리호에 들어가는 부품은 약 37만 개로 일반 자동차 약 2만 개, 항공기 20만 개에 들어가는 부품 개수를 크게 웃돈다. 이에 따라 2010년 개발이 시작된 누리호 사업에는 국내 300여 개의 기업이 참여했다. 특히, 로켓엔진과 총조립

등 핵심기술은 민간기업 주도로 이뤄졌다. 그 결과 총사업비 1조 9,572억 원의 77%인 약 1조 5,000억 원 규모가 산업체를 통해 집행된 것이다.

2014년부터 누리호 사업에 참여한 한국항공우주산업(KAI)은 총조립과 1단 추진제 탱크 개발을 맡았다. 한화 에어로스페이스는 누리호의 심장으로 불리는 엔진 및 엔진부품인 터보펌프, 밸브류 제작과 함께 엔진 전체 조립까지 담당했다. 현대중공업은 45m 규모의 한국형발사체 발사대 건립을 총괄했고, 현대로템은 연소시험과 유지 보수를 맡았다. 이밖에도 한국화이바, 덕산넵코어즈, 단암시스템즈, 기가알에프, 스페이스솔루션, 두원중공업, 이앤이 등이 각각 역할을 분담해 이번 누리호 발사 성공을 이끌었다.

그러나 누리호 발사가 성공했지만, 우주산업을 우리의 미래 먹거리 산업으로 발전시키기 위해서는 아직도 많은 과제가 남아있다. 따라서 상용화, 산업화까지 이뤄야 진짜 성공이라는 생각으로, 민간 중심의 우주개발을 가속해 나가야만 한다.

셋째, 누리호 발사의 성공은 우리 국방력 강화에도 커다란 도움이 될 수 있다는 의미를 지닌다. 다른 나라에 공개하기 힘든 군사위성을 언제든 우리 힘으로 발사할 수 있는 길이 열렸기 때문이다. 현재 위성 발사 대행을 하는 나라는 미국·러시아·유럽·일본·중국·인도 등에 불과하다. 하지만 중국과 인도에는 우리 위성 발사를 맡길 수 없다. 우리 위성에는 미국 기술들이 들어가 있어 미국이 우주기술 수출을 금지한 중국과 인도에서는 발사할 수 없기 때문이다.

우주 발사체 기술이 대륙간탄도미사일(ICBM) 기술과 본질적으로 같다는 점도 주목된다. 누리호는 ICBM과 추진 방식, 구조, 단 분리, 유도항법

제어 등 대부분 기술이 일치한다. 발사 후 지상으로부터 200㎞의 대기권을 넘어간 후 목표 궤도에 진입해 인공위성을 분리하느냐, 아니면 1,000㎞의 고도까지 계속 상승했다가 지구 중력에 의해 낙하해 지상을 공격하느냐의 차이가 있을 뿐이다. 그 결과 발사체 끝에 위성을 실으면 우주 발사체, 탄두를 탑재하면 미사일이라고 불린다.

한편, 정부는 1, 2차 발사 경험에서 축적된 경험을 바탕으로 2027년까지 누리호를 반복 발사하면서 한국형 발사체 기술을 지속적으로 고도화하며 신뢰성을 확보해나갈 예정이다. 반복 발사로 발사체 신뢰성을 강화하고 기술력을 고도화해 우주개발 독립 시대의 문을 더 활짝 연다는 목표다. 동시에 이 과정에서 발사체 기술력을 민간으로 이전해 민간이 우주개발을 주도하는 '뉴 스페이스 시대' 견인에도 박차를 가한다는 비전이다.

우선, 한국항공우주연구원은 누리호와 동일한 성능의 기체를 2027년까지 4번 더 발사할 예정이다. 2023년과 2024년, 2026년, 2027년에 쏠 예정인데, 모두 위성을 실을 계획이다. 2차 발사의 성공으로 '누리호 개발사업'의 주요 과정은 끝났지만, 기술 성숙도를 높이기 위해 반복적인 발사에 나서는 것이다. 그리고 이러한 과정을 통해 발사체 기술을 민간으로 이전하면서 체계적으로 발사체 종합기업을 육성한다는 방침이다.

아울러 정부는 누리호보다 성능이 더 좋은 발사체를 만들기 위한 작업에도 착수했다. 즉 누리호 후속 사업으로 2023년부터 2031년까지 1조 9,330억 원을 투입하여 '차세대 발사체 개발사업'을 추진해 나갈 예정이다. 발사체 규모는 100t급 엔진 5기와 10t 엔진 2기가 탑재된 2단 발사체이다. 제작하고 있는 누리호 3호기는 한국형 발사체 고도화사업의 1호기가 될 것으로 전망된다.

누리호와 차세대 발사체 최대 적재량을 비교해 보면 지구저궤도까지 보낸다고 가정했을 때 누리호는 최대 3.3t밖에 싣지 못하지만, 차세대 발사체로는 10t까지 가능하도록 한다는 목표다. 이 경우 우주관광, 대형 화물수송이 가능해진다. 그리고 달로 가는 궤도에는 1.8t, 화성으로 가는 궤도에는 1t 중량의 물체를 띄워 보낼 수 있다. 지구궤도를 벗어나 먼 우주로 특정 물체를 보낼 수 있는 확실한 능력을 갖추게 되는 것이다. 이에 따라 차세대 발사체가 완성되면 2030년대 달에 착륙선을 보낼 때 쓰일 예정이다.

차세대 발사체는 누리호와 외형도 다르다. 현재 누리호는 3단이지만, 차세대 발사체는 2단으로 구성될 예정이다. 하지만 차세대 발사체가 힘은 더 세다. 발사체를 지구에서 밀어 올릴 때 핵심 역할을 하는 1단 엔진을 따져 보면 누리호 1단은 75t급 엔진 4기를 묶어 300t의 추력을 만든다. 차세대 발사체는 100t급 엔진 5기로 500t을 만든다. 특히, 차세대 발사체에는 '다단연소 사이클'이란 추진력 발생 방식이 적용된다. 다단연소 사이클은 로켓엔진에서 나온 배출가스를 다시 태워 연소 효율을 약 10% 높이는 방법이다. 이렇게 하면 같은 양의 연료로 더 강한 힘을 낼 수 있다.

우주산업의
비즈니스 발전 모델

　우주개발에는 엄청난 비용이 든다. 과학기술 지식과 생산현장 경험 등
을 총동원해 기존에는 존재하지 않던 새로운 기술을 개발해내야 하기 때
문이다. 그동안 아폴로 계획을 비롯한 대형 우주개발 프로젝트들은 국력
과시와 체제 경쟁을 넘어 경제적인 효과도 톡톡히 거두면서 인류의 삶에
크게 공헌하였다. 우선 우주개발 과정에서 로켓 발사체와 항공산업 등의
하드웨어 산업뿐만 아니라 컴퓨터와 인터넷 등 소프트웨어 산업도 크게
발전하였다.

　그리고 우주개발 과정에서 사용되었던 기술들이 대거 민간에 제공되
면서 인류의 생활기술로도 활용되고 있다. 이를 우리는 흔히 'NASA 스
핀오프(spin-off) 기술'로 부르고 있다. NASA에는 'Technology Transfer
Program'이 있다. 이는 개발팀이 우주선을 만들던 중 일상에 적용하면 괜
찮을 것 같은 기술이 있다면, 이를 민간에 연결해 주는 역할을 하는 것이
다. 실제로 NASA가 항공과 우주 관련 연구개발을 활발히 하던 때에는 과

학, 공학 모든 분야가 그 대상이었다고 해도 과언이 아니다.

그러면 과연 그동안 이루어진 우주산업과 우주기술의 발전은 인류의 삶과 생활에 어떻게 기여하고 있을까? 우선 무엇보다 항공우주 산업을 발전시켰다. 이는 항공기, 우주비행체, 관련 부속 기계류 또는 관련 소재를 제작 및 가공, 수리하는 산업이다.

이 산업은 지식 및 기술 집약적인 고부가가치 산업, 생산 및 기술 파급효과가 큰 기간산업, 규모의 경제가 작동하는 산업, 수요의 소득탄력성이 큰 미래산업, 위험부담이 큰 모험산업 등의 특성을 지닌다. 하나의 예로 우주발사체 누리호 제작에 들어가는 부품 개수는 약 37만 개로 일반 자동차 약 2만 개, 항공기 20만 개를 크게 웃돈다.

또 인공위성과 로켓 비즈니스도 발전시켰다. 지금 우주공간에는 수많은 인공위성들이 쏘아 올려져 있다. 이들은 기후와 지형에 대한 조사, 위치정보의 제공 등에 이용되고 있다. 특히 통신위성 사업은 인터넷 통신회선의 공급 등 유비쿼터스(Ubiquitous) 시대의 근간이 되었다. 또 인공위성을 쏘아 올리는 데 필요한 로켓을 개발·판매하는 비즈니스도 크게 활성화되었다.

이와 함께 컴퓨터의 발전에도 우주 관련 수요가 커다란 자극제 역할을 하였다. 한 치의 오차도 허용하지 않는 우주선 발사작업에는 고도의 연산작업이 필요했기에 용량이 크고 성능이 우수한 컴퓨터의 개발을 촉진하였다. 그리고 민간에서 개발한 디지털 이미지 센서, 데이터 저장 CD 등 다양한 디지털 기술 또한 우주선에 적용되면서 비약적으로 발전하였다. 컴퓨터를 쓸 때 항상 사용하는 마우스도 우주선 제어시스템 작동을 위해 개발한 장치를 응용해 만든 입력기기다.

개발된 우주개발 기술이 민간생활에 활용되는 사례도 적지 않다. 건강 및 의료 부문에서는 병원에서 흔히 사용하는 적외선 귀 체온계가 대표적이다. NASA는 별과 행성의 지표온도를 측정하는 방식을 응용하여 귀 체온계를 만들었다. 인공심장이나 심장마비 환자 발생 시 사용하는 장비인 심박동기(心搏動器)도 NASA에서 원천기술을 개발했다. 레이저 시력 교정에 사용하는 라식기술과 흠이 나지 않는 렌즈도 마찬가지다.

우주선에서는 작은 흠도 큰 사고로 이어질 수 있기에 NASA는 안전기술 개발에도 많은 투자를 했다. 민간에 넘어간 관련 기술로는 항공기 결빙방지 기술, 불에 타지 않는 내화 소재, 화학물질 탐지기, 화재 탐지기 등이 요긴하게 사용되고 있다. 소방을 위한 다양한 시스템도 NASA가 원천기술을 제공했다. 가정에서 사용하는 무선청소기에도 아폴로 달 착륙에 활용됐던 기술이 적용되었다. NASA는 배터리로 작동하는 휴대용 드릴을 개발해서 달에서 sample을 채취하였고, 이후 민간기업이 이 기술을 적용한 무선청소기를 만들어 내었다.

우주복은 극한 환경에서도 견딜 수 있도록 고기능 첨단소재를 사용했다. 다름 아닌 나일론계열로 내구성과 내열성이 뛰어난 노멕스(nomex)와 캡톤/폴리이미드 필름(Kapton/polyimide film), 스판덱스(spandex) 등이다. 이러한 첨단소재 덕분에 달 표면에 착륙한 우주인들은 낮에는 섭씨 120°, 야간에는 영하 170°를 오가는 달 표면에서 생존할 수 있었다.

신발 등의 충격 흡수재나 배게, 여성 의류 등의 형상기억 소재도 NASA에서 민간으로 이전되었다. 유인우주선을 발사할 때 탑승자는 로켓 추진력으로 인해 물리적 충격을 받게 된다. 이에 NASA는 우주인 보호를 위해 스펀지와 같은 소재의 패딩을 만들었고, 이것이 메모리폼(Memory foam)으로 재탄생하게 된 것이다.

우주식량을 개발하면서 나온 다양한 기술도 민간으로 이전되었다. 냉동건조 식품 기술과 필터 정수기가 대표적이다. NASA는 아폴로 계획에 투입된 우주인들이 우주공간에서 식사를 간편하게 해결할 수 있도록 냉동건조 식품을 만들었고, 이것을 모티브로 새로운 시장이 형성됐다. 또 우주선에 사용되던 필터를 정수기에 사용함으로써 필터 정수기가 탄생할 수 있게 되었다.

그러면 이제 뉴 스페이스 시대에 우주산업은 어떻게 발전해 나갈 것인가? 우선, 앞으로 우주개발로 인해 가장 유망한 사업으로 기대를 모으는 분야는 우주 관광 및 운송택배업이라 하겠다. 신비에 쌓여 있던 상상 속의 우주공간을 실제로 체험하는 우주관광산업 분야는 현재 스페이스X, 블루 오리진, 버진 갤럭틱 등의 3대 업체가 선도하고 있으나, 앞으로는 더 많은 기업체들이 나타날 것으로 예상된다. 우주 운송택배업은 NASA가 중심이 되어 구축한 국제우주정거장의 물자수송 서비스를 비롯하여 우주개발 과정에서 생기는 우주 쓰레기의 제거 서비스 등을 포괄한다.

항법위성과 초고속 인터넷 사업도 유망분야이다. 항법위성은 정확한 위치정보를 제공해 자율주행차 등 미래산업에 필수적일 뿐만 아니라, 재난재해 관리와 작물재배 등 다양한 분야에 걸쳐 활용될 것으로 예상된다. 우주 초고속 인터넷 사업은 스페이스X의 '스타링크'와 블루 오리진의 '카이퍼 프로젝트'가 이에 해당한다. 구글, 페이스북 등의 IT업체들도 최근 우주개발에 관심을 쏟고 있다. 그 이유는 우주개발 사업 자체를 선점하려는 목적도 있지만, 그보다는 우주기술 개발 과정에서 다양한 파생효과가 크기 때문인 것으로 분석된다.

생명공학과 신소재 산업도 유망분야이다. 이는 지구에서는 불가능했던 무중력 상태에서의 인체실험과 화학반응에 관한 여러 가지 연구실험이 가능하기 때문이다. 무중력 상태에서는 지구와 달리 정밀한 화학반응이 일어나 불순물이나 균열이 잘 생기지 않고 성분이 일정한 화합물을 만드는 게 가능하다.

이에 따라 순도 100%의 결정체를 만들 수 있으며, 이러한 기술은 특수 신소재나 새로운 의약품 개발에 도움이 된다. 그리고 우주에서는 어떤 종류의 금속도 모두 혼합할 수 있기에 이론적으로만 가능했던 센서 소재, 고성능 반도체 등 특수 재료를 개발할 수도 있을 것이다.

아울러 우주로 나아갈 때 필수품인 탄소소재 산업도 유망한 분야이다. 탄소소재 산업은 탄소원료로 우수한 물성을 지닌 탄소섬유, 인조흑연, 활성탄소, 카본블랙, 탄소나노튜브(CNT), 그래핀 등의 소재를 생산하고, 수요산업에 적용해 제품성능을 제고하며 부가가치를 창출하는 산업을 뜻한다.

에너지와 광물산업의 미래도 밝은 편이다. 지구의 에너지 자원은 빠르게 고갈되어 가고 있다. 고갈 전에도 지구온난화와 공해유발 문제 등으로 석탄과 석유 같은 화석자원의 활용에는 많은 제약이 따르고 있다. 이러한 에너지 문제를 해결하기 위해 지구정지궤도에 거대한 태양광 발전위성을 쏘아 올려 우주 태양광 발전소를 건설하는 아이디어가 나오고 있다.

지구에서는 밤이 오면 발전이 제한되지만, 우주 태양광 발전소는 밤에도 전기를 꾸준히 생산할 수 있고, 날씨의 영향도 없으며 패널에 먼지가 쌓여 이를 제거할 일도 없다. 또 지구에서처럼 발전소를 짓기 위해 산림을 훼손해 부지를 마련할 필요조차 없다.

우주 태양광 발전소에서 생산된 전기는 마이크로파(microwave)를 통해 지상으로 전송돼 송전탑과 송전선도 필요하지 않다. 여기다 전문가들은 우주 태양광이 지상 발전보다 10~20배 정도 효율이 높을 것으로 보고 있다. 에너지 산업이 지금도 전 세계 GDP의 약 30%를 차지하고 있는 점을 감안할 때 우주 태양광 발전은 사업성이 매우 클 것으로 보인다.

자원개발(Space Mining) 산업도 기대를 모으고 있다. 태양 주위를 돌고 있는 소행성 중에는 귀중한 광물이 다량 존재하는 행성이 있는 것으로 알려져 있다. 우주 산업계에 따르면, 지구 인근 소행성에서 채굴 가능한 철의 양은 37조 톤에 이를 것으로 추정된다. 니켈은 250만 톤, 코발트 20만 톤, 백금 1,800톤이 각각 매장돼 있을 것으로 예측된다.

이를 캐내어 우주에서 활용하거나 지구로 가져와 활용할 수 있을 것이다. 즉 고가의 금과 은, 백금(Platinum) 등은 지구로 가져오고, 알루미늄· 니켈· 코발트· 티타늄 등은 우주에서 각종 부품제작이나 우주 구조물 건설에 활용할 수 있다. 그리고 물과 산소는 우주인의 생존에, 수소와 암모니아 등은 로켓 추진제로 활용할 수 있을 것이다.

달에는 21세기 최고의 전략 자원으로 꼽히는 희토류 외에도 우라늄과 헬륨3 등이 풍부하게 매장된 것으로 추정된다.

희토류(Rare-Earth Element)는 말 그대로 땅에서 구할 수는 있으나 거의 없는 성분을 말한다. 란타넘(lanthanum), 세륨(cerium), 디스프로슘(dysprosium) 등 땅속 함유량이 100만분의 300에 불과한 희토류는 열과 전기가 잘 통하기 때문에 전기·전자, 촉매, 광학, 초전도체, 자동차산업의 핵심소재다.

반면, 희토류의 매장은 세계 일부 지역에 한정되어 있다. 그 결과 세계 최대의 매장량과 생산량을 지닌 중국은 이를 전략적으로 활용하고 있다. 실제 중국의 희토류 공급 비중은 90% 이상으로 추정된다.

그런데 NASA는 21세기 안에 달 표면에서 희토류 채굴이 가능해질 것으로 보인다고 밝힌 바 있다. 달에는 우주에서 날아온 운석이 그대로 표면에 쌓이고 풍화작용도 일어나지 않는다. 이 때문에 일부 희토류는 달에 지구보다 10배 이상 많이 매장돼 있는 것으로 알려졌다.

특히, 지구에는 거의 없지만 달에는 최소 100만t이 존재하는 것으로 추정되는 헬륨3(3He)은 인류의 미래를 풍요롭게 해줄 강력한 대체 에너지원으로 꼽힌다. 헬륨3은 가볍고 안정한 헬륨의 동위 원소 중의 하나로, 두 개의 양성자와 한 개의 중성자를 갖고 있다. 헬륨3은 입자 간의 상호작용을 하지 않기에 쉽게 핵반응을 일으킨다. 따라서 헬륨3을 핵융합에 활용하면 유해 방사성폐기물 없이 원자력 발전의 5배 이상 효율로 전기 에너지를 만들 수 있다고 한다.

또 달에는 인류의 생명 자원인 산소가 충분히 매장되어 있다. 달 표면 토양의 약 45%가 산소로 구성돼 있을 정도라고 한다. 이론적으로 이를 100% 전환할 수 있다고 가정하면 달 표면토양 1㎥당 약 630kg의 산소를 얻을 수 있으며, 이는 성인 1명이 2.16년간 사용할 수 있는 양이다.

2020년 6월에는 중국 연구진이 인공 달 먼지로 콘크리트보다 강도가 22배 더 강한 건설 자재를 제작하는 데 성공했다고 발표했다. 이 물질은 이른바 현무암 섬유로 불리는 것으로, 달기지 건설에 사용할 수 있다는 가능성을 보여주었다. 이처럼 우주 태양광 발전이 지구 전력수요의 대부분을 감당하고, 부족한 희귀 광물을 우주로부터 조달하면 인류는 에너지와 자원부족 현상에서 해방될 수 있을 것이다.

인류는 지금 제2의 지구를 찾아서, 그리고 새로운 대륙이자 미지의 세계 우주를 향하여 힘찬 발걸음을 내딛고 있다. 이에 따라 새로운 산업과 시장이 만들어지고 있다. 2020년 전 세계 우주산업 규모는 전년 대비 4.4% 증가한 4,470억 달러로, 약 530조 원이었다. 이는 반도체 시장 규모에 버금가는 수준이다. 미국의 금융투자업체 모건스탠리(Morgan Stanley)는 2017년 보고서를 통해 당시 3,240억 달러 규모인 글로벌 우주산업 시장이 2040년에는 1조 1천억 달러 규모로 성장할 것으로 전망했다.

또 뱅크 오브 아메리카(Bank Of America)는 이보다 더 빠르게 우주산업이 성장하여 2030년 1조 4천억 달러에 이를 것으로 내다보았다. 특히 민간 우주업체 스페이스X의 유인우주선 발사 성공은 이러한 우주경제 확장에 대한 기대를 한층 더 키우고 있다. 많은 투자전문가들은 이제 인류의 마지막 투자처는 우주가 될 것으로 내다보고 있다.

한국의
미래 우주개발 방향

　우리나라의 본격적인 우주개발 역사는 한국항공우주연구원(KARI)이 설립된 1980년대부터 시작되었다. 우주개발의 서막을 연 것은 '우리별 1호'다. 해외 과학자들로부터 전수받은 기술을 토대로 제작한 첫 국산 인공위성 '우리별 1호'가 1992년 프랑스령 기아나 우주 센터에서 발사되었다.

　그러나 우리별 1호는 영국 서리 대학(University of Surrey)에서 제작되었기 때문에 완전한 우리 기술로 만든 인공위성이라고 보기는 힘들다. 진정한 한국 기술로 만들어진 첫 인공위성은 1993년 발사된 '우리별 2호'였다. 이후 1995년 무궁화 1호, 1999년에는 우리별 3호와 첫 다목적 실용위성인 아리랑 1호까지 위성 제작 및 발사가 연달아 이루어졌다.

　2010년 6월에는 최초의 해양관측, 기상관측, 통신서비스를 담당하는 통신해양기상위성인 '천리안 1호' 위성이 발사되었다. 이로써 대한민국은 세계 10번째의 정지궤도 통신위성 자체개발 국가이자, 세계 7번째로 기상관측위성 보유국이 되었다. 아울러 해양관측 정지궤도 위성으로는 세계에서 최초이며, 독자적인 위성개발 국가라는 이미지도 얻게 되었다.

2009년 6월, 전남 고흥군 부지에 우리나라 최초 우주발사체 발사기지인 '나로우주센터'가 7년간의 공사기간을 마치고 문을 열었다. 그리고 첫 발사체 '나로호'가 발사되었으나 궤도 진입에는 실패하였다. 2013년 1월, 세 번째로 발사된 '나로호 KSLV-I'가 마침내 위성을 정상궤도에 진입시키는 데 성공했다.

그러나 이 역시 발사체의 조립과 발사 운용을 러시아 로켓제조업체 흐루니체프(Khrunichev)와 공동으로 수행하였다. 러시아가 1단 액체엔진을 개발하였고, 국내에서는 2단 고체 킥모터를 개발한 것이다. 이후 2022년 6월 마침내 순수 우리 기술에 의한 '누리호(KSLV-II)' 발사에 성공을 거두게 된다.

한편, 정부는 우리나라 우주개발 프로그램을 보다 체계적으로 추진해 나가기 위하여 1996년 '우주개발 중장기기본계획'을 처음으로 마련하였다. 이후 2007년부터는 우주개발진흥법에 의거 5년 단위로 '우주개발진흥 기본계획'을 수립해오고 있다. 2013년 나로호 발사가 성공하면서 새로이 수립된 '우주개발 중장기계획'의 주요 내용은 한국형 발사체의 조기 개발, 독자적인 달 탐사 계획 추진, 민간 우주산업 육성, 우주개발 선진화를 위한 기반 확충 등으로 나누어진다.

이 밖에도 나로우주센터와는 별도의 해상/적도발사장 검토, 한국형 위성항법시스템 구축, 독자 대형 우주망원경 개발 등의 내용이 담겼다. 이 계획은 추진일정이 조정되는 등 일부 수정이 없지 않았지만, 큰 골격은 지금까지 유지되면서 다른 우주개발 중장기계획의 내용에 반영되고 있다.

2020년 이후의 우주탐사와 개발 계획도 마련되어 있으며, 이를 차질없이 추진해 나갈 예정이다. 우선, 2015년부터 개발해온 '차세대중형위성' 1호가 2021년 러시아 소유즈 발사체에 실려 우주로 떠났다. 민간주도 인공위성 개발의 기폭제가 될 차세대중형위성은 독자 개발한 위성표준 플랫폼을 기반으로 제작되는 위성이다.

2021년 1호 발사에 이어 2022년 하반기 중에는 2호를 우주로 보낼 예정이다. 500kg급 차세대중형위성 2호는 광학 탑재체를 싣고 국토관리 임무를 수행하는 관측위성 역할을 한다. 이와 함께 우주과학 및 우주발사체 검증을 위한 3호, 농림 및 산림관리를 위한 관측 임무를 수행하는 4호, 수자원 관리를 위한 5호 등은 본격적인 설계에 들어가 3호와 4호는 2023년에, 5호는 2025년 발사될 예정이다.

또한, 2022년 하반기부터 2023년 중에는 다목적 실용위성 '아리랑 6호'와 '아리랑 7호' 발사가 예정되어 있다. 아리랑 6호는 태양동기궤도 505㎞에서 한반도 지상 및 해양관측 임무를 맡는다. 아리랑 7호는 국가안보와 관련된 지역을 선별해 관측하는 초고해상도 위성이다. 두 위성이 성공적으로 임무를 수행하면 초정밀 지구관측이 가능해질 전망이다. 이와 함께 정지궤도 공공복합통신위성인 '천리안 3호' 설계가 2022년부터 본격화되고, 주요 국가 위성을 하나로 통합 관제·운영할 위성통합운영센터 구축과 위성정보 빅 데이터 활용체계 고도화 사업도 추진된다.

나아가 이제는 달 탐사에도 도전하였다. 2022년 8월, 우리나라가 개발한 달 궤도선 '다누리(KPLO, Korea Pathfinder Lunar Orbiter)'호가 미국 플로리다주 케이프커내버럴(Cape Canaveral) 우주군 기지에서 스페이스X사 팰컨

9 발사체에 탑재되어 발사되었다. 얼마 전 우리 기술에 의한 발사체인 '누리호'가 개발되었지만, 당장 이를 활용하여 달로 탐사선을 보낼 수 있는 것은 아니다.

이처럼 다누리호 발사에 누리호 기술이 쓰이지 못한 이유는 지구 중력을 완전히 벗어나 다른 천체로 가려면 초속 11.2㎞ 이상이 되어야 하지만, 누리호가 도달할 수 있는 최대 속도는 초속 7.5㎞에 불과하기 때문이다. 다시 말해 아직도 탐사선을 어떤 방법으로, 어떤 항로를 따라 달로 보내는지 등 우주선진국으로부터 배워야 할 점들이 많다는 뜻이다.

그런데 이번 탐사선 다누리가 달에 도착하는 데는 독특한 방식에 의해 이루어졌다. 지구에서 달까지의 거리는 약 38만㎞로, 우주선이 직선으로 가면 3일 정도 걸린다. 그러나 다누리는 4개월 반 동안 약 600만㎞를 항행한다. 이유는 직선 경로로 곧장 날아가지 않고 멀리 돌아가기 때문이다. 지구와 달은 약 38만㎞ 떨어져 있지만 다누리는 무한대 기호(∞) 모양의 궤적을 그리며 지구로부터 최대 156만㎞ 떨어진 지점까지 갔다가 다시 돌아오는 셈이다.

이처럼 지구·달·태양의 중력을 활용해 달 궤도에 진입하는 방식을 '탄도형 달 전이 방식(BLT·Ballistic Lunar Transfer)'이라고 부른다. 다누리가 BLT 방식으로 이동하는 것은 연료를 아껴 탐사선의 작동 수명을 늘리기 위해서다. 이 방식을 따르면 다누리가 천체의 중력을 이용해 추진력과 운동량을 얻을 수 있어 달로 직접 쏘는 것보다 연료 소모량이 25%가량 적다. 우주선의 한정된 연료를 아끼게 되면, 실을 수 있는 탑재체가 늘어나고 우주선 자체의 수명도 길어진다.

한편, '다누리'가 일단 목표 항로에 진입하는 데 성공했지만, 달에 도착하기 위해서는 아직 5개월간 긴 항해를 해야 한다. 12월이 되어야 달 근처에 도달하고, 본격적인 달 탐사 임무는 2023년 1월에 시작한다. 다누리는 달 상공 100㎞ 궤도에서 달 주위를 돌며 5개의 탑재체로 1년간 달을 관측하는 임무를 수행한다. 즉 지구 주변을 도는 지구 인공위성처럼 달 주변을 118분마다 한 바퀴씩, 즉 하루에 12번씩 돌면서 달의 표면을 관측한다. 이를 통해 2030년경 예정인 달착륙선 착륙 후보지를 탐색하고, 우주 풍화를 연구하는 데 필요한 데이터를 수집한다.

또 달 표면에 분포한 자기 이상 지역과 달 우주 환경 연구, 달 원소 지도 제작, 달기지 건설에 활용될 건설 자원 탐색, 우주통신 기술 검증 등의 임무도 수행한다. 특히, 해상도 1.7m급 Shadow Cam을 통해 촬영한 얼음이 있을 것으로 추정되는 달 극 지역 데이터는 향후 미국의 달 탐사 프로젝트 아르테미스 계획에 활용될 예정이다.

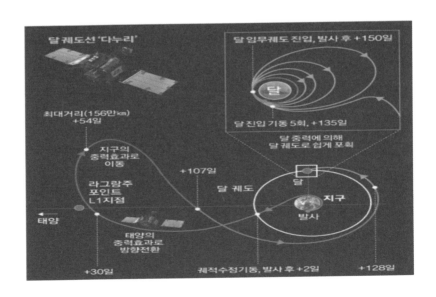

그러면 우리나라의 우주개발 실력은 과연 어느 수준에 와 있을까? 우리나라의 위성개발 및 운용 능력은 수준급으로 평가받는다. 2018년의 천리안 2A에 이어 2020년 2월 쏜 '천리안 위성 2B호'는 위성 본체를 국내 독자기술로 만든 해양 및 환경관측 정지궤도 위성이다. 세계 최초로 미세먼지 관측 기능을 탑재하여, 미세먼지를 유발하는 물질이 주로 어디에서 발생하고 어느 쪽으로 움직이며 어떻게 소멸되는지 상세히 분석할 수 있게 되었다. 해양관측 기능도 업그레이드되어 해빙과 해무는 물론이고, 기후변화로 발생하는 해양 환경변화를 더 상세히 관측할 수 있게 됐다.

그러나 발사체 기술은 위성에 비해 상대적으로 더딘 편이다. 독자 발사체를 가지고 있다는 것은 위성을 원하는 시점에 우주로 발사할 수 있다는 것을 의미하는 것으로, 우주강국으로 도약하는데 반드시 필요하다. 인공위성을 쏘아 올리려고 해도 독자 발사체가 없으면 외국에서 빌려 써야 하는데 그 비용이 만만찮다. 따라서 각국은 발사체 개발에 엄청난 노력을 기울이고 있다.

2013년 발사에 성공한 '나로호'는 우리나라 최초의 우주발사체이지만, 순수 우리 기술로 제작된 것이라고는 할 수 없다. 로켓이 지구를 떠날 때 가장 핵심이라고 볼 수 있는 1단 로켓 부분은 우주강국인 러시아의 도움을 받았고, 핵심기술 이전도 없었기 때문이다.

2022년 6월에는 한국형 발사체 누리호가 발사에 성공함으로써 우리도 마침내 독자기술에 의한 우주발사체를 갖출 수 있게 되었다. 우리나라 우주개발 40년 역사상 기념비적 사건이었다. 그러나 이 역시 이제 막 첫발을 내딛은 것으로, 우주발사체 개발·운용 면에서 우주 선진국들과 비교하면 걸음마 수준에 불과하다.

누리호가 1.5t 위성을 600~800㎞ 저궤도에 투입할 수 있는 성능인 데 비해, 미국 스페이스X의 팰컨 헤비(Falcon Heavy)는 저궤도에 64t, 정지궤도에 27t을 투입할 수 있을 만큼 고성능이다. 그뿐만 아니라 일론 머스크는 스페이스X의 팰컨 9을 통해 재사용 발사체 시대를 열어 기존의 발사 비용을 획기적으로 낮추고 우주를 경제성이 있는 영역으로 만들었다. 또 우리나라 최초의 달 탐사선 '다누리'호도 '누리호'가 아닌 미국 스페이스X의 팰컨 9 로켓에 실려 날아갔다. 이런 사실들에서 우리의 우주기술 위상이 어느 수준인지가 잘 드러나고 있다.

뉴 스페이스 시대를 맞이하면서 우주개발의 패러다임이 바뀌고 있다. 우주강국들의 경우 이미 민간기업들이 재활용기술을 개발하여 우주로 로켓을 발사해 우주인과 화물을 실어 나르고 있다. 또 각종 우주관광 상품도 쏟아내고 있다. 과거에는 우주산업이라고 하면 우주발사체나 인공위성을 만드는 일만 떠올렸지만, 이제는 우주 관광부터 물류, 위성 영상분석, 우주 인터넷 등 무궁무진한 서비스가 가능해진다. 플랫폼이 갖춰지면 다양한 서비스가 등장하는 것은 시간문제이기 때문이다.

시간이 좀 더 지나면 우주채굴 사업, 우주공장과 우주도시 건설도 실현될 것으로 예상된다. 우주강국들은 이러한 비즈니스 과정이 원활히 진행될 수 있도록 정부와 기업은 상호 역할을 체계적으로 분담하고 있으며, 기업들 상호 간에도 대기업과 스타트업(startup)들이 적극 협력해 나가고 있다.

그런데 우리의 경우 여전히 정부주도의 우주개발 프로젝트를 추진하고 있다. 더욱이 정부 자체의 우주개발 인프라 또한 매우 취약한 실정이다. 우리나라의 우주개발 사업 예산은 NASA의 2%에 불과하며, 일본의 20%, 인도의 60% 선에 지나지 않는다. 아울러 예산의 운용 효율성도 낮은 편이다. 예를 들면 재사용 로켓 기술이 상용화되고 있는 만큼 발사체 기술 자립화에만 매달려서는 곤란하다. 기술자립이 물론 중요하지만, 우주발사체 개발 이후 성능개량이나 발사 서비스 등의 활용 전략도 아울러 강구해 나가야 한다는 것이다.

우주개발 전담 조직이 약하다는 지적도 받는다. 우주개발은 과학기술뿐 아니라 통신, 기상, 환경, 안보 등 여러 부처 조정능력이 필요한 분야다. 고도의 전문성과 함께 천문학적 비용도 요구된다. 그런 만큼 이런 업무수행 능력을 갖춘 조직력이 뒷받침되어야 할 것이다. 미국 NASA, 일본 JAXA, 유럽 ESA 등의 주요국 우주개발기구들이 정부 부처와 동일한 위상을 갖는 상설 독립법인이라는 점을 참고할 필요가 있을 것이다.

우주산업은 수학과 물리학 등 기초학문부터 인공지능(AI), 생명과학, 전기전자, 통신, 기계 등 산업과 전후방 파급효과가 매우 크다. 국가안보에 미치는 영향도 지대하다. 그런 만큼 우리는 빠른 시일에 우주강국을 실현하는 한편, 우주산업을 미래 먹거리 산업으로 적극 육성 개발해 나가야 할 것이다.

이를 위해서는 무엇보다도 우주개발 추진체계를 과감하게 민간주도로 전환해 나가야 한다. 그리고 대학의 인재 육성 및 연구개발 역량도 획기적으로 키워 나가야 한다. 우주기술은 매우 전문적인 분야로 우수한 인재를 필요로 하기 때문이다. 우주 전문가들은 앞으로 우리나라가 진정한 우주강국으로 도약하기 위해서는 무엇보다 인재양성과 연구역량의 강화가 중요한 과제라고 말한다. 그들은 좁은 인재풀(pool)과 연구 인프라 부족 등의 문제를 해결하지 못한다면 결국 우주산업 선도국과의 기술격차를 좁히는 것이 불가능해질 것으로 보고 있다. 아울러 우주기술의 상용화와 우주산업 생태계 조성이 크게 낙후되어 있는 점도 개선해 나가야 한다고 지적하고 있다.

이와 함께 혁신적인 스타트업을 적극 발굴하고 육성해 나가야 한다. 그 이유는 스페이스X의 예를 통해 잘 알 수 있을 것이다. 스페이스X도 처음에는 스타트업으로 시작하였고 한때는 파산위기도 겪었다. 그러나 불굴의 투지와 과감한 혁신능력을 통해 어려움을 딛고 일어나, 지금은 대표적인 글로벌 우주기업으로 우뚝 서게 되었다.

지금 인류는 제2의 지구를 찾아서, 그리고 새로운 대륙이자 미지의 세계인 우주를 향해 힘찬 발걸음을 내딛고 있다. 우리도 결코 이 대열에서 뒤처질 수 없다. 한시바삐 관련 인프라를 정비하고 우주산업의 생태계도 육성해 나가야 한다. 다행히 우주강국 실현을 위한 우리의 기초자산은 꽤 튼튼한 편이다. IT라든지, 통신과 반도체 등의 분야에서 기술적 우위를 가지고 있기 때문이다. 이를 우주개발에 접목시킨다면 우리의 우주산업 또한 세계적인 경쟁력을 갖출 수 있게 될 것이다. 빠른 시일에 우리 대한민국이 우주강국으로 우뚝 설 수 있기를 기대해 본다.

우주 패권의 시대, 4차원의 우주 이야기

초판 1쇄 인쇄 2022년 10월 20일
초판 2쇄 발행 2023년 5월 30일

지은이 | 이철환
발행인 | 전익균
이 사 | 정정오, 김영진, 김기충

기 획 | 권태형,백현서,조양제
편 집 | 김 정
디자인 | 얼앤똘비악 earl_tolbiac@naver.com
관 리 | 김희선, 유민정
언론홍보 | (주)새빛컴즈
마케팅 | 팀메이츠

펴낸곳 | 새빛북스, (주)아미푸드앤미디어
전 화 | 02)2203-1996, 031)427-4399 팩스 050)4328-4393
출판문의 및 원고투고 이메일 | svcoms@naver.com
등록번호 | 제215-92-61832호 등록일자 | 2010. 7. 12

가격 18,000원

ISBN 979-11-91517-26-2(03440)